U0791799

国家示范院校重点建设专业

水利水电建筑工程专业课程改革系列教材

水工建筑物监测与维护

◎ 主　编　胡昱玲　毕守一
◎ 副主编　王　强　关水平
◎ 主　审　万会林

中国水利水电出版社
www.waterpub.com.cn

内 容 提 要

本书是按照高职高专水利工程及相关专业培养目标的要求，以工作过程为导向，结合现行标准和先进的水工建筑物监测、除险加固和防汛抢险技术编写的。全书分为绪论和6个学习项目，分别是：土石坝的监测与维护、混凝土及砌石坝的监测与维护、水闸的养护与修理、溢洪道的养护与修理、渠道及渠系建筑物养护与修理、堤坝防汛抢险。

本书可作为高职高专院校水利类各专业及其他成人高校相应专业的教材，也可作为相关工程技术人员的参考用书。

图书在版编目（CIP）数据

水工建筑物监测与维护 / 胡昱玲，毕守一主编. -- 北京 : 中国水利水电出版社，2010.3(2024.2重印)
（国家示范院校重点建设专业、水利水电建筑工程专业课程改革系列教材）
ISBN 978-7-5084-7293-5

Ⅰ. ①水… Ⅱ. ①胡… ②毕… Ⅲ. ①水工建筑物－监测－高等学校：技术学校－教材②水工建筑物－维护－高等学校：技术学校－教材 Ⅳ. ①TV6

中国版本图书馆CIP数据核字(2010)第039509号

书　　名	国家示范院校重点建设专业 水利水电建筑工程专业课程改革系列教材 **水工建筑物监测与维护**
作　　者	主　编　胡昱玲　毕守一 副主编　王　强　关水平 主　审　万会林
出版发行	中国水利水电出版社 （北京市海淀区玉渊潭南路1号D座　100038） 网址：www.waterpub.com.cn E-mail：sales@mwr.gov.cn 电话：(010) 68545888（营销中心）
经　　售	北京科水图书销售有限公司 电话：(010) 68545874、63202643 全国各地新华书店和相关出版物销售网点
排　　版	中国水利水电出版社微机排版中心
印　　刷	天津嘉恒印务有限公司
规　　格	184mm×260mm　16开本　14印张　340千字
版　　次	2010年3月第1版　2024年2月第4次印刷
印　　数	8001—11000册
定　　价	**45.00**元

前言

教材事关国家和民族的前途命运，教材建设必须坚持正确的政治方向和价值导向。本书坚持党的二十大精神，全面贯彻党的教育方针，落实立德树人根本任务，为党育人，为国育才，弘扬劳动光荣、技能宝贵、创造伟大的时代风尚。

本教材是国家示范院校重点建设专业——水利水电建筑工程专业的课程改革成果之一。根据改革实施方案和课程改革的基本思想，《水工建筑物监测与维护》在课程整体设计过程中以职业能力培养为重点，与企业合作进行基于工作过程的课程开发与设计，课程的设计充分体现职业性、实践性和开放性的特点。

《水工建筑物监测与维护》课程内容的选取标准是，内容要有针对性和实用性。根据专业发展需要，根据学生未来工作岗位所需要的知识、能力和素质的要求，我们把以往《水利工程管理》的内容进行了解构和重构，其中把用水管理和水库运用调度以及经营管理内容删去，水闸项目和溢洪道项目分开。根据项目导向的指导思想，全书划分为 6 个学习项目，分别是土石坝项目、混凝土及砌石坝项目、水闸项目、溢洪道项目、渠道及渠系建筑物项目和堤防项目，每个学习项目以水工建筑物的管理任务即检查、观测、养护、维修为主线，构成一个水工建筑物管理的工作过程。

在编写过程中，体现两个育人主体、两个育人环境的本质特征，明确了在校内水上管理仿真实训场的真实场景下实训的目标和任务，依托真实的学习情境，配套了适量的综合实训项目；注重学生的职业能力的训练和个性培养，坚持学生知识、能力、素质协调发展，力求实现学生由“会干”向“能干”的转变、教学过程“以教师演示为主”向“以学生自学实作为主”转变、理论和实践分开教学向两者融于工作过程教学转变。

本教材由安徽水利水电职业技术学院胡昱玲、毕守一任主编，王强、关水平任副主编。全书共 6 个学习项目，由以下人员完成：安徽水利水电职业技术学院关水平（项目 1）、胡昱玲（项目 2、项目 5）、毕守一（项目 3、项目 4）、王强（项目 6）。全书由胡昱玲统稿。

本教材在编写过程中，专业建设团队的领导和全体老师提出了许多宝贵意见，学院及教务处领导也给予了大力支持，同时得到安徽水安建设发展股份有限公司、安徽省水利厅质检站和合肥海恒项目管理有限公司的有关专家积极参与和大力帮助，万会林副院长（原淠史杭工程管理处和驷马山引江工程管理处主任）也在百忙中抽出宝贵的时间进行了主审，在此表示最诚挚的感谢。

由于时间紧，作者水平有限，本书难免有一些疏漏，不足之处，恳请广大师生和读者提出意见和建议，以便我们再版时进一步完善。

编者

目录

前言

绪　　论

学习情境 0.1　概　　述

我国水资源贫乏，年径流总量约 2.78 万 m^3，人均约 2140m^3；我国水能资源却十分丰富，据最新可靠复查数据，我国大陆的水电理论蕴藏量约 6.944 亿 kW，其中，技术可开发利用的达 5.416 亿 kW，经济可开发量达 4.48 亿 kW，居世界首位。为了开发利用这些水资源和水能资源，我国迄今已修建约 8.4 万座堤坝，其中 15m 以上大坝有 1.9 万余座，水库总库容在 5100 亿 m^3，总装机容量约 1 亿 kW，灌溉面积约 0.55 亿 hm^2。这些水利水电工程在防洪、灌溉或供水、发电和航运等方面产生了巨大的社会经济效益。

据水利部和国家电力公司对所属大坝的安全定期检查发现，截至 1999 年底，我国已建水利堤坝（即以防洪、灌溉和供水为主的大坝，由水利部门管理）中，有 30413 座为病险坝，其中，大型坝 145 座、中型坝 1118 座、小型坝 29150 座，从 1991～2002 年垮坝达 245 座；电力部门所管理的以发电为主的 130 多座水电站大坝中有 9 座为病险大坝。检查发现，大坝的主要缺陷和隐患是由于设计洪水标准、坝基及库岸地质、施工质量、工程设计和运行管理等方面的问题引起的，尤其是 20 世纪 60～70 年代修建的大坝，由于多种原因，隐患病害尤为严重。

学习情境 0.2　水工建筑物监测与维护的重要性

水工建筑物的安全状况，不仅关系到其自身能否正常运用和充分发挥经济效益，更重要的是大坝安全关系到下游人民生命财产的安全和国家建设的发展。我国许多水库大坝下游人口稠密，有重要的城市、广阔的农村、铁路公路交通干线，比其他工程对公众事业的安全有更大的影响。有时因各种原因不得不在自然条件恶劣的坝址修建大坝和水电站，更增加了工程的复杂性和水工建筑物安全监测与维护的重大意义。

与其他建筑物相比，水工建筑物有如下一些显著的特点：

(1) 大中型水工建筑物承受巨大的荷载，受力和运行条件复杂。在水库蓄水运用以后，挡水、引水建筑物经常在水下工作，承受水压力、泥沙压力、冰压力、风浪压力和作用于基础的扬压力等荷载。引水、泄水和排沙建筑物除承受上述荷载外，还要经受高速水流的冲刷和磨蚀作用。

(2) 水下和基础部位的许多工程是隐蔽的，损坏不易察觉。如大坝基础的断层破碎带和软弱部位在水压力作用下发生某些变化，往往不易被发现，泄水建筑物发生空蚀以及下游河床发生淘刷，也往往不能及时发现。引水隧洞或压力钢管经常处于连续运行状态，不能随时停机检查，也难于及时发现缺陷。因此，加强水工建筑物的运行维护和安全监测有着重要意义，可防止某些损坏恶化和发生突然事故。

(3) 每座水电站或水库都是根据自己的条件单独设计的，具有自身的特点和特殊要求。设计也不可能尽善尽美，有些问题往往需要运行阶段解决；自然现象的复杂变化，也威胁着水工建筑物的安全，如发生大洪水和强烈地震，可能使水工建筑物遭致严重破坏。新丰江水库诱发地震，使大坝遭到严重破坏，产生裂缝，不得不进行加固处理。坝址或水库近坝区的滑坡，可能引起巨大涌浪翻坝，对大坝造成严重威胁。

大坝基础处理设计和施工质量是决定大坝安全的最重要的因素之一。一些重大的垮坝事故，如法国的马尔巴赛坝、美国的铁堂坝失事是由于坝基地质复杂，处理不当造成的。软土坝基在建设时未作适当处理，水库蓄水后在渗水压力作用下，可能会发生渗透失稳，严重的坝基渗漏，可能引起管涌或流土，以致基础脱空沉陷，造成基础破坏，引起大坝失事。岩石坝基如有断层破碎带处理不当，运行中会发生渗漏加大，扬压力升高，威胁大坝稳定，甚至引起大坝失事。

建筑材料老化，也是一种自然规律。混凝土老化使强度和抗渗抗侵蚀性能降低；基础水泥灌浆帷幕老化，防渗作用降低甚至失效；土坝边坡破坏和颗粒破裂，是土坝多年不断变化的重要原因；特别是在施工中产生的缺陷和质量隐患，蓄水后在水压力和水质侵蚀作用下，逐渐向不利方向发展。材料老化虽然发展缓慢，但当出现明显迹象时，往往是很危险的，处理不及时可能导致严重的事故。

为了加强水工建筑物运行管理，充分发挥其效益，应重视水工建筑物运行维护和安全监测工作，建立必要的管理制度，定期进行检查和观测。在汛前和汛后、发生地震之后或发生大洪水之后，还应进行特殊检查，掌握水工建筑物的变化规律和工作状态。特别要注意水下工程和隐蔽工程的状况，要防微杜渐，发现缺陷或异常及时采取措施处理。一般在运行多年，缺陷较多或有重大异常现象时，应组织技术鉴定，提出处理方案，重大工程应作专门设计。

学习情境 0.3　水工建筑物监测与维护工作的内容和要求

0.3.1　水工建筑物监测与维护工作的内容

水工建筑物监测与维护工作的内容包括：

（1）水工建筑物的巡查工作。巡查即巡视检查，是用眼看、耳听、手摸等直观方法并辅以简单的工具，对水工建筑物外露的部分进行检查，以发现一切不正常现象，并从中分析、判断建筑物内部的问题，从而进一步进行检查和观测，并采取相应的修理措施。人工巡视检查是大坝安全监测的重要内容，能较好地弥补仪器监测的局限性，但这种检查只能进行外表检查，难以发现内部存在的隐患。

（2）水工建筑物的观测工作。水工建筑物在施工及运行过程中，受外荷载作用及各种因素影响，其状态不断变化，这种变化常常是隐蔽、缓慢、直观不易察觉的。为了监视水工建筑物的安全运行状态，通常在坝体和坝基内埋设各种监测仪器，以定期或实时监测埋设仪器部位的变形、应力应变和温度、渗流等，并对这些监测资料进行整理分析，评价和监控水工建筑物的安全状况。然而，在出现隐患、病害的部位不一定预埋监测仪器，或者因仪器使用寿命而失效，因此需要用巡视检查和现场检测加以弥补。

（3）水工建筑物的养护工作。养护是指保持工程完整状态和正常运用的日常维护工作，它是经常、定期、有计划、有次序地进行的。

（4）水工建筑物的维修工作。维修工作一般可分为岁修、大修和抢修三种。岁修：在每年汛后检查发现工程问题，而后编制岁修计划，报批后进行的修理。大修：工程发生较大损坏，修复工作量大，技术较复杂，管理单位报请上级主管部门批准，邀请设计、施工和科研单位共同研究制定修复计划，报批后修理。抢修：工程发生事故，危及工程安全时，管理单位应立即组织力量进行抢险，同时上报主管部门，采取进一步的处理措施。

（5）防汛抢险工作。各级机构应建立防汛机构，组织防汛队伍，准备物资器材，立足于防大汛抢大险，确保工程安全。不断总结抢险的经验教训，及时发现险情，准确判断险情的类型和程度，采取正确措施处理险情，迅速有力地把险情消灭在萌芽状况，是取得防汛抢险的胜利的关键。

0.3.2 水工建筑物监测工作的要求和步骤

1. 监测工作的基本要求

（1）检查观测的项目要有明确的目的性和针对性，既要全面，又要有重点，要能满足监视工程的工作情况、掌握工程状态变化规律的需要。有关建筑物状态变化的观测项目应与荷载及其他影响因素的观测项目同时进行，相互影响的观测项目应配合进行，以求正确地反映客观实际情况。

（2）观测设备要合理布置，精心埋设，测点布局要有足够的代表性，能够掌握工程变化的全貌。

（3）观测时间和测次的规定，应保证资料的系统性和连续性，要能反映工程变化的过程。一般在运行的初期，测次较密，经过长期运行和高水位考验后，如果工作正常，则可减少测次；当发现异常现象时，应增加观测项目和测次。增减观测项目或测次均应报请主管部门批准。

（4）制定切实可行的检查观测制度，加强岗位责任制。观测必须按时，测值必须符合精度要求，记录必须真实，观测成果应及时进行整理和分析，保证观测资料的真实性和准确性，正确地反映客观实际情况。

2. 监测工作的步骤

（1）监测系统设计。设计是安全监测的龙头，监测设计不仅要满足建筑物性态分析和安全监控的需要，还要根据工程规模大小、建筑物结构型式、工程具体情况和需要，确定监测项目和仪器设备布置，制定技术要求，设计出全面的监测系统。

（2）仪器选型。仪器是安全监测的基础，它不仅要求质量优良，具有长期工作的稳定性和恶劣环境下的可靠性，而且要求技术上先进，能适应复杂工程安全监测的需要。

（3）仪器埋设安装。监测施工是安全监测的保障，监测施工应按照监测设计和规范规定要求进行，对所需的观测仪器和设备进行检查、安装和埋设。

（3）现场观测。按规定的测次和技术要求，定期进行各种项目的观测。

（4）监测资料分析。资料分析是安全监测的重要环节，资料分析不仅要对建筑物运行性态作出解释，对安全状况作出评价，而且要通过监测资料及时发现工程安全隐患，为除险加固提供依据。

（5）安全评估和监控。监控是安全监测的关键，对建筑物安全状态进行监控，是工程安全监测的根本性目的，安全监控不仅要力求准确，不枉不纵，而且要实现实时在线。

学习情境 0.4 水工建筑物监测与维护工作的任务

1. 水工建筑物监测与维护工作中存在的问题

在过去很长一段时期，人们往往只重建设而轻视管理，只讲投资而不讲效益，不重视对水工建筑物的安全监测和维护工作，致使水利工程存在诸多问题，主要表现在以下几个方面：

(1) 水利工程失修、设备老化，需要进行更新改造。

(2) 不少工程遭到一定程度的人为和生物性破坏现象。

(3) 工程的配套不够，设备利用率低，经济效益不高。

(4) 安全检测与维修技术落后，监测与维修水平有待提高。

(5) 跑、冒、滴、漏、渗等问题严重，能源消耗较大。

(6) 有些工程的抗御灾害的标准偏低，特别是大江、大河、大坝的安全问题。

2. 水工建筑物监测与维护工作的任务

针对水工建筑物安全监测与维护工作中存在的问题，可以知道安全监测与维护工作是保证水利工程的安全，充分发挥水利工程的效益，更好地为工农业生产服务的一项重要的基本工作。为了做好这项工作，首先应当详细了解工程的情况，在工程施工阶段应筹建管理机构，并派人员参与施工；工程竣工后，要严格履行验收交接手续，要求设计和施工单位将勘测、设计和施工资料一并交给管理单位；管理单位要根据工程具体情况，制定出水工建筑物监测与维护工作规章制度，并要做到认真贯彻执行，保证工程的正常运行，充分发挥其效益。

对水工建筑物进行监测与维护，必须本着以防为主，防重于修，修重于抢的原则。做好日常检查和养护工作，防止工程出现病害或发展扩大，发现水工建筑物出现病害后，应及时进行维修。做到小坏小修，随坏随修，以免造成更大的损失。在水工建筑物的维修工作中，应根据监测的结果，吸取先进的经验教训，因地制宜，力求取得最大的经济效益。对于难以解决的某些特殊情况，应请设计、施工和科研等单位协商，确定处理措施，并及时进行观测，验证其效果。当水工建筑物出现险情，应在党和政府的统一领导下，充分发动群众，立即进行抢护，从思想上、组织上、物质上和技术上，充分做好防汛抢险准备，做好相应的抢险方案，尽可能减少洪水损失。

几十年来，我国工程安全监测技术人员为保障工程安全付出了大量心血，取得了丰硕的成就。各级水利部门十分重视水工建筑物养护维修工作，取得了很好的效果，积累了许多整治病害的经验。在水库安全监控和除险加固中引进了许多新技术、新材料、新工艺。例如：土坝渗流热监测技术，光纤传感技术在隧道健康监测中的应用，4S 技术在堤坝安全监测中发展并应用，采用一些防水堵漏新技术，在土坝中采用劈裂灌浆法处理渗漏，应用土工膜和土工织物防渗排渗，采用新技术、新工艺防止钢闸门腐蚀，使用新品种水泥和新型防水材料等。

总之，水工建筑物监测与维护工作的任务就是：通过检查观测了解水工建筑物的工作状态，及时发现隐患，对水工建筑物进行经常养护，对病害及时处理，以确保水利工程的安全、完整，充分发挥水利工程的效益。

学习情境0.5　水利枢纽的三种状态

水利枢纽的三种状态分别是：正常状态、病害状态和危险状态。

如果水利枢纽的主要建筑物均达到设计防洪标准，工程质量良好，都能够安全可靠地运行，充分发挥应有的效益，并能安全度汛，则该枢纽是处于正常状态。具体有以下标志：

（1）大坝的水平位移和垂直位移变化规律正常，符合设计计算数值；坝身无贯穿性裂缝，坝坡或坝体的抗滑稳定性能达到设计要求；坝基和坝端两岸无渗透破坏迹象，渗流量在允许范围以内，渗透水清澈透明；土坝坝身浸润线无突然升高现象；混凝土及砌石坝的扬压力符合设计要求。

（2）泄洪建筑物的尺寸和泄洪能力均符合设计要求，下泄洪水能安全地泄入下游河道。

（3）放水建筑物在各种运用水位条件下均能安全放水，坝下涵管与坝体结合紧密，无断裂漏水现象。

（4）泄水、放水建筑物的闸门和启闭设备操作灵活可靠，能够准确而迅速地控制流量；闸门关闭后无严重漏水现象，开启放水时无严重振动或空蚀现象；下游消能设施可靠，不致产生危及建筑物安全的冲刷。

如果水库枢纽的主要建筑物虽能达到设计防洪标准，但存在一定病害或隐患，而这些病害或隐患能较快维修处理，不影响安全度汛，则为病害水库。

如果水库枢纽的主要建筑物没有达到设计防洪标准，或存在严重病害，难以较快维修，不能保证安全度汛，则为危险水库。

对于病险水库，必须加强养护维修，提出有效的安全度汛方案，确保安全，并及时对病害进行研究分析，提出整治措施，报请批准后，积极进行除险加固。而对于正常状态的水利枢纽，要进行有计划、有次序、经常的检查观测和养护工作，保证水库枢纽处于正常状态，不向病害状态转变。

项目1　土石坝的监测与维护

学习情境1.1　土石坝的运行特点

土石坝是指由当地土料、石料或土石混合料，经过抛填、碾压等方法堆筑成的挡水建筑物。

1.1.1　土石坝的工作特点

土石坝按坝高可分为：低坝、中坝和高坝。按施工方法可分为碾压式土石坝、水力冲填坝、水中填土坝、定向爆破堆石坝等，应用最为广泛的是碾压式土石坝。按坝体材料的组合和防渗体的相对位置，碾压式土石坝又可分为均质坝、土质心墙坝、土质斜心墙坝、土质斜墙坝以及人工材料心墙坝、人工材料面板坝。

由于填筑坝体的土石料为散粒体，抗剪强度低，颗粒间孔隙较大，因此易受到渗流、冲刷、沉陷、冰冻、地震等方面的影响。在运用过程中常常会因渗流使水库损失水量，还易引起管涌、流土等渗透变形，并使浸润线以下的土料承受着渗透动水压力，使土的内摩擦角和黏聚力减小，对坝坡稳定不利；因抗剪能力小、边坡不够平缓、渗流等而产生滑坡；因土粒间联结力小，抗冲能力很低，在风浪、降雨等作用下而造成坝坡的冲蚀、侵蚀和护坡的破坏，所以不允许坝顶过水；因沉降导致坝顶高程不够和产生裂缝；因气温的剧烈变化而引起坝体土料冻胀和干裂等。故要求土石坝有稳定的坝坡、合理的防渗排水设施、坚固的护坡及适当的坝顶构造，并应在水库的运用过程中加强监测和维护。

1.1.2　土石坝的失事

我国现有运行的土石坝中许多存在不同程度的缺陷和病害，严重的则导致大坝失事。促使病害产生并影响土石坝安全的因素很多，主要有以下几点：

（1）运用过程中，长期受到水的渗透、冲刷、空蚀和磨损等物理作用和侵蚀、腐蚀等化学作用。

（2）由于勘测、规划、设计和施工的原因使土石坝结构本身存在一些不足和缺陷。

（3）工程管理不当及人为因素。

（4）遭遇不可见的自然因素和非常因素的作用。

1981年原水利电力部水管司对全国1000件土石坝工程事故原因调查分析显示：坝体裂缝占12.9%，防渗铺盖裂缝占6.7%，坝体漏水占7%，坝头山体漏水占3.1%，管涌占5.3%，其他建筑物漏水占9.6%，坝体滑坡、坍塌占7.8%，岸边塌滑占3.1%，护坡破坏占6.5%，冲刷破坏占11.2%，空蚀破坏占3%，闸门启闭失灵占4.8%，白蚁钻洞及其他事故占6.6%。从中可看出，运行中的土石坝主要病害是大坝的渗漏和裂缝，其次是大坝的滑坡和坍塌。从上述已失事大坝的破坏原因和运行大坝的病害分析中可看出，土石坝维护与加固重点在于处理大坝渗漏，其次是处理大坝的裂缝和滑坡。多年来，我国对于有缺陷和发生病害的大坝，采取积极有效的措施，进行了大量的维护和加固工作，使一些病险坝转危为安，发挥了应有的工程效益，并总结出一套切实可行的维护加固原则，指导土石坝维护和加固工程的顺利实施。

学习情境 1.2 土石坝的巡视检查

土石坝的巡视检查是用眼看、耳听、手摸等直观方法并辅以简单的工具，对水工建筑物外露的部分进行检查，以发现一切不正常现象，并从中分析、判断建筑物内部的问题，从而进一步进行检查和观测，并采取相应的修理措施。

土石坝的观测是用专门的仪器设备进行定期定量观测，这可以获得比较精确的数据。但仅用仪器设备对坝体进行观测是不能完全说明问题的，这是因为在坝的表面和内部设置的测点是典型断面和个别部位上的一些点．而坝的表面和内部异常情况的发生，往往不一定刚好发生在测点位置上，这就造成在测点上有可能测不出局部破坏情况。其次，用仪器观测是定时进行，定时的时间间隔一般较长，这就可能造成坝的异常情况发生在未观测时而错过及时发现故障的时机。例如某大型水库在一个深夜于库水位下的上游坝面发生滑坡，是保安人员巡视发现的。据国内外水工建筑物的检查观测统计，大部分异常情况不是首先由仪器观测发现的，而是由平时的巡查发现的。

土石坝的检查观测工作分为三个时期；初蓄期（第一期）是从施工期到首次蓄水至设计水位后 1 个月，此阶段坝体与坝基的应力、渗漏、变形较大、较快，是对土石坝加强检查观测的时期；第一期后经过 3～5 年或更长时间，土石坝的性能及变形渐趋稳定，称为稳定运行期（第二期）；经过第二期以后的运用期，有时又称为坝的老化期（第三期）。水工建筑物的检查观测在各阶段的要求是不同的。

1.2.1 土石坝巡视检查的制度和内容

土石坝的巡视检查工作分为经常检查、定期检查、特别检查和安全鉴定等 4 项。

经常检查由工程管理单位的职能科（股）组织有关专职人员进行，用直观的方法经常对土石坝表面、坝趾、坝体与岸坡连接处等部位进行巡查，以了解坝的形态和性能变化，发现不正常或影响安全的情况，保证土坝安全、完整、清洁、美观。经常检查在初蓄期每周至少 1 次，稳定运行期每月至少 2 次，老化期每月至少 1 次。

定期检查是在每年汛前汛后、用水期前后、第一次高水位、冻害地区的冰冻期，由工程管理单位组织有关科（股）人员和专职人员，对土石坝进行较全面或专项的巡查，上级部门可视情况抽查或复查。定期检查主要是了解土石坝可否正常蓄水拦洪，或经过汛期运用有无不正常现象，防凌、防冻措施效果如何，冰冻对坝坡有无破坏现象。

特别检查是当土石坝发生比较严重的险情或破坏现象，或发生特大洪水、3 年一遇暴雨、7 级以上大风、5 级以上地震，以及第一次最高水位、库水位日降落 0.5m 以上等非常运用情况下，由工程管理单位组织专门力量进行的巡查，必要时可邀请上级主管部门和设计、施工等单位共同进行。特别检查应结合观测资料进行分析研究，判断外界因素对土石坝状态和性能的影响，并对水库的管理运用提出结论性报告。

安全鉴定在水库建成的第一、第二时期每隔 3～5 年进行 1 次，第三期每隔 6～10 年进行 1 次。按照工程分级管理的原则，由上级主管部门组织管理、设计、施工、科研等单位及有关专业人员共同参加的鉴定工作，应对土石坝的安全情况作出鉴定报告，评价工程建筑物的运行状态，如需处理应提出措施。

为了保证巡视检查工作的正常开展，必须要有专人负责，落实巡视检查工作的“五定”要求：定制度、定人员、定时间、定部位、定任务。同时确定巡视检查路线和顺序。特别应注意在高水位期间，要加强对背水坡、排水设备、两岸接头处、下游坝脚一带和其他渗透出逸部位进行巡视检查，在大风浪期间加强对上游护坡的巡视检查，在暴雨期间加强对坝面排水系统和两岸截流排水设施的巡视检查，在泄流期间加强对坝脚可能被水流淘刷部位的巡视检查，在库水位骤降期间加强上游坝坡可能发生滑坡的巡视检查，在冰冻、有感地震后加强对坝体结构、渗流、两岸及地基进行巡视检查，观察是否有异常现象。

1. 土石坝巡视检查的要求

对土石坝进行巡视检查应注意以下要求：

（1）每次巡视检查都应按照规定的内容、要求、方法、路线、时间进行，每项工作都应落实专人，要明确各自的任务和责任。

（2）发现异常情况应及时上报，上级主管部门应分析决定是否进行高一级巡视检查工作。

（3）应加强水库安全运行的宣传工作，号召坝区群众爱护工程设施，爱护观测设备，做到防患于未然。

2. 土石坝巡视检查的内容

土石坝的巡视检查一般包括以下内容：

（1）坝体有无裂缝、塌坑、隆起、滑坡、冲蚀等现象，有无兽害，有无白蚁活动迹象。

（2）坝面排水系统有无裂缝、损坏，排水沟有无堆积物等。

（3）坝面块石护坡有无翻起、松动、垫层流失、架空、风化等现象，还应注意观察砌块下坝面有无裂缝。

（4）背水坡、两端接头和坝脚一带有无散浸、漏水、堵塞、管涌、流土或沼泽化现象，减压井、反滤排水沟的渗水是否正常。

（5）防浪墙有无变形、裂缝、倾斜和损坏。

（6）对于堤防，还应注意护岸、护坡是否完好，有无冲刷和坍塌，堤身有无挖坑、取土和耕作，护坡草皮和防护林是否完好，河道水流有无变化，险工是否有上提下挫。

影响土石坝安全运用的病害主要有裂缝、渗漏、滑坡等，因此巡视检查时这些方面应是重点。

1.2.2 裂缝的巡视检查观测

土石坝裂缝是最常见的病害现象，对坝的安全威胁很大。个别横向裂缝还会发展成集中渗流通道，有的纵向裂缝可能造成滑坡。有资料显示，在土坝出现的各种事故中，因裂缝造成的事故要占到1/4。因此，对土石坝裂缝的巡视检查必须引起重视。

土石坝裂缝的巡视检查主要凭肉眼观察。对于观察到的裂缝，应设置标志并编号，保护好缝口。对于缝宽大于5mm裂缝，或缝宽小于5mm但长度较长、深度较深或穿过坝轴线的横向裂缝、弧形裂缝（可能是滑坡迹象的裂缝）、明显的垂直错缝以及与混凝土建筑物连接处的裂缝，还必须进行定期观测，观测内容包括裂缝的位置、走向、长度、宽度和深度等。

观测裂缝位置时，可在裂缝地段按土坝桩号和距离，用石灰或小木桩画出大小适宜的方格网进行测量，并绘制裂缝平面图。

裂缝长度可用皮尺沿缝迹测量。对于缝宽，可在整条缝上选择几个有代表性的测点，在测点处裂缝两侧各打一排小木桩，木桩间距以 50cm 为宜。木桩顶部各打一小铁钉。用钢尺量测两铁钉距离，其距离的变化量即为缝宽变化量。也可在测点处撒石灰水，直接用尺量测缝宽。

必要时可对裂缝深度进行观测，在裂缝中灌入石灰水，然后挖坑探测，深度以挖至裂缝尽头为准，如此即可量测缝深及走向。

对土石坝裂缝观测的同时，应观测库水位和渗水情况，并作好观测记录，见表 1.2.1。

表 1.2.1　裂缝观测记录表

日期	编号	裂缝位置及走向	缝长（m）	缝深（cm）	测点缝宽（cm）			温度（℃）		上游水位（cm）	裂缝渗水情况	备注

观测者：　　　　　　　　校核者：

土坝裂缝巡测的测次，应视裂缝发展情况而定。在裂缝发生的初期，应每天巡测 1 次。待裂缝发展缓慢后，可适当延长间隔时间，但在裂缝有明显发展和库水位骤变时，应加密测次，雨后还应加测。特别是对于可能出现滑坡的裂缝，在变化阶段，应每隔 1～2h 巡测 1 次。

1.2.3 渗漏巡视检查

土石坝渗漏的巡视检查也是用肉眼观察坝体、坝基、反滤坝趾、岸坡、坝体与岸坡或混凝土建筑物结合处是否有渗水、阴湿以及渗流量的变化等。

在进行渗漏巡视检查时，应记录渗漏发生的时间、部位、渗漏量增大或减小的情况，渗水浑浊度的变化等，同时应记录相应的库水位。渗水由清变浑或明显带有土粒，漏水冒沙现象，渗流量增大，是坝体发生渗透破坏的征兆。若渗水时清时浊、时大时小，则可能是渗漏通道塌顶，也可能由蚁患引起，但这种情况可观察到菌圃屑或白蚁随水流出，此时应加强巡视检查和渗漏观测，并采取措施予以处理。

如下游坝基发生涌水冒沙现象，说明坝基已发生渗透破坏。出现这种情况时，涌水口附近开始会形成沙环，以后沙环逐渐增大。当渗水再增大时沙粒会被带走，涌水口附近可能出现塌坑。

巡视检查中如发现库水位达到某一高程时，下游坝坡开始出现渗水，就应检查迎水面是否有裂缝或漏水孔洞。

1.2.4 滑坡巡视检查

在水库运用的关键时刻，如初蓄、汛期高水位、特大暴雨、库水位骤降、连续放水、有感地震或坝区附近大爆破时，应巡视检查坝体是否发生滑坡。在北方地区，春季解冻后，坝体冻土因体积膨胀，干容重减小。融化后土体软化，抗剪强度降低，坝坡的稳定性变差，也可能发生滑坡。坝体滑坡之前往往在坝体上部先出现裂缝，因此应加强对坝体裂缝的巡视检查。

学习情境1.3 土石坝的变形观测

1.3.1 概述

土坝坝体和土基在荷载作用下将会发生变形。由于土体中的土粒和孔隙水变形十分微小，一般可以忽略不计，因此，可以认为土体的变形主要是由于孔隙水和空气被排出使孔隙变小而引起的。这个过程就叫做土体的固结。土体固结使土面下沉，产生垂直位移，通常称为沉陷。由于土坝坝体填土厚度不同，坝基土面也不是个水平面，加之受水压力等影响，土坝固结时，坝面土粒不是垂直下沉，而有水平方向的移动，通常称之为水平位移。

土坝和土基发生固结、沉陷和水平位移是必然的客观现象。我们研究土坝的变形，目的在于了解土坝实际发生的变形是否符合客观规律，是否在正常范围之内。如果土坝变形发生异常情况，就有可能是发生裂缝或滑坡等破坏现象。为此，为了保证土坝的安全和稳定，必须在水库的整个运用期间对土坝进行变形观测。

土坝的变形监测一般是指表面沿上下游方向的变形和铅直方向的变形。

土坝的水平位移通常是在坝面布置适当的测点，用仪器设备量测出测点在水平方向的位移量来观测的。对于土坝，主要是了解垂直坝轴线方向的位移，因此一般用视准线法进行观测，对一些较长的坝或折线形坝，则常用前方交会法或视准线和前方交会结合法进行观测。

土坝的沉陷也是在坝面布置适当的测点，用仪器设备测量其垂直方向的位移量，即测点的高程变化，因此也可称为垂直位移观测。测量测点高程变化通常采用水准测量或连通管法。

当土坝发生裂缝时，需进行裂缝观测。

变形观测的符号规定：

（1）水平位移。向下游为正，向左岸为正；反之为负。

（2）竖向位移。向下为正，向上为负。

（3）裂缝三向位移。对开合，张开为正，闭合为负；对沉陷，规定同（2）；对滑移，向坡下为正，向左岸为正，反之为负。

土坝变形随着时间的增长而逐渐减缓，亦即间隔变形量与时间成反比。以沉陷为例，土坝建成后，第一年产生的沉陷量最大，以后逐年减小，在相当长时间以后，如果荷重不发生变化，坝体固结到一定程度后，变形趋近于零，即不再继续沉陷。因此，土坝变形的测次可随时间相应减少。根据有关规定，土坝施工期，每月测3～6次；初蓄期，每月测4～10次；运行期，每年测2～6次。变形基本稳定或已基本掌握其变化规律后，测次可适当减少，但每年不得少于2次。当水位超过运用以来最高水位时，增加测次。

1.3.2 视准线法测定土坝水平位移

1.3.2.1 观测原理

视准线法又称方向线法。由于视准线法观测方便、计算简单、成果可靠，因此是观测水工建筑物水平位移的一种常用方法，其观测原理如图1.3.1所示。在坝端两岸山坡上设工作基点 A 和 B，将经纬仪安置在 A 点（或 B）上，后视 B（或 A），构成视准线。由于 A、

B 点在两岸山坡上，不受土坝变形影响，因此 AB 构成的视准线是固定不变的，以此作为观测坝体变形的基准线。然后沿视准线在坝体上每隔适当距离埋设水平位移标点，如 a、b、c、d、e。测出标点中心离视线的距离 l_{a0}、l_{b0}、l_{c0}、l_{d0}、l_{e0}，作为初测成果，记录了各位移标点与视准线的相对位置。当坝体发生水平位移后，各位移标点与视准线相对位置发生变化。再用经纬仪安置在工作基点 A(或 B) 上，后视 B(或 A) 点，可测出各位移标点离视准线的距离 l_{a1}、l_{b1}、l_{c1}、l_{d1}、l_{e1}，与初测成果的差值即为该位移标点在垂直视准线方向的水平位移量。以 c 点为例，初测成果为 l_{c0}，变位后离视准线距离为 l_{c1}，l_{c1} 与 l_{c0} 的差值即为位移标点 c 的水平位移量 δ_{c1}。

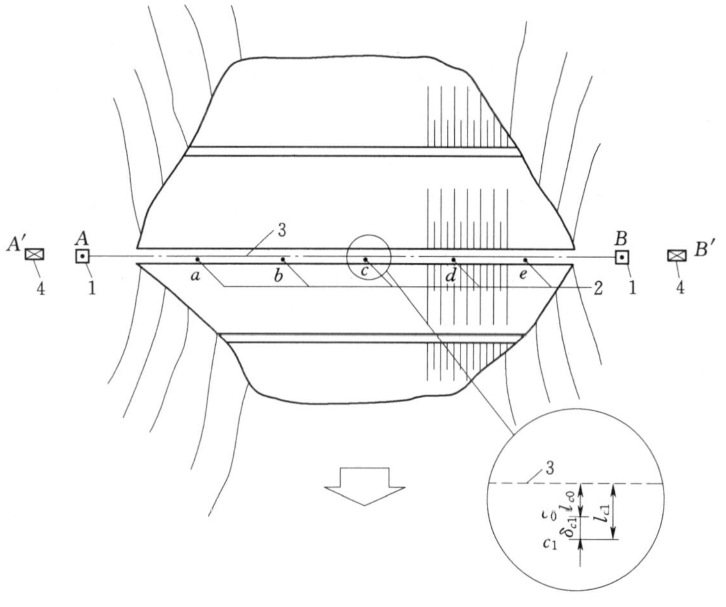

图 1.3.1　视准线法观测水平位移示意图

1—工作基点；2—位移标点；3—视准线；4—校核基点

1.3.2.2　测点的布设

为了全面掌握土坝的水平位移规律，同时又不使观测工作过于繁重，就要在土坝坝体上选择有代表性的部位布设适当数量的测点进行观测。一般布置是：坝顶靠下游坝肩布设一排测点；兴利最高水位以上的上游坡布设一排；下游坡布设 2～3 排。每排测点的间距为 50～100m。每排测点延长线两端山坡上各设一个工作基点。为了校测工作基点有无变动，在两个工作基点延长线上各埋设一个校核基点，如图 1.3.1 所示。校核基点也可不设在视准线延长线上，而在每个工作基点附近，设置两个校核基点，使两校核基点与工作基点的连线大致垂直，用钢尺丈量以校测工作基点是否发生变位。

1.3.2.3　观测仪器和设备

1. 观测仪器

用视准线法观测水平位移，一般用经纬仪进行。观测的精度主要与经纬仪望远镜的放大倍数有关，望远镜放大倍数愈大，照准误差愈小，观察精度愈高。我国北京光学仪器厂生产的红旗型经纬仪、杭州光学仪器厂生产的红旗光学经纬仪、蔡司 030 型经纬仪以及威特 T1 经纬仪等都属 J6 级经纬仪，望远镜放大倍数为 25～26 倍。我国苏州光学仪器厂生产的 J2 光学经纬仪、蔡司 010 型经纬仪和威特 T2 经纬仪等都属 J2 级经纬仪，望远镜放大数倍为 30 倍。威特 T3 经纬仪属 J1 级，望远镜放大倍数为 40 倍。

一般大型水库的土坝水平位移，可使用 J6 级或 J2 级经纬仪进行观测。土坝长度超过 500m 以及比较重要的水库，最好使用 J1 级经纬仪进行观测。

对于视准线长度超过 500m（或曲线形坝）的变形观测可以采用莱卡或拓普康的全站仪观测。

2. 观测设备

（1）工作基点。工作基点是供安置经纬仪和觇标构成视准线的标点，有固定工作基点和非固定工作基点两种。埋设在两岸山坡上的工作基点，称为固定工作基点。当大坝较长或折线形坝需要在两个固定工作基点之间增设工作基点，这种工作基点埋设在坝体上，其本身随坝体变形而发生位移，故称为非固定工作基点。

工作基点一般包括混凝土墩和上部结构两部分。混凝土墩通常是由高 100～120cm、断面 40cm×40cm 的混凝土柱体和断面 100cm×100cm、厚 30cm 的底板组成，见图 1.3.2～图 1.3.4。上部结构常用下列三种形式。

1）金属托架式。金属托架式工作基点，是将类似经纬仪三角架上的三角形仪器底盘埋设在混凝土墩顶部，如图 1.3.2 所示。观测时可将经纬仪或觇标直接安置在三角形的金属托架上，用中心螺丝旋紧。

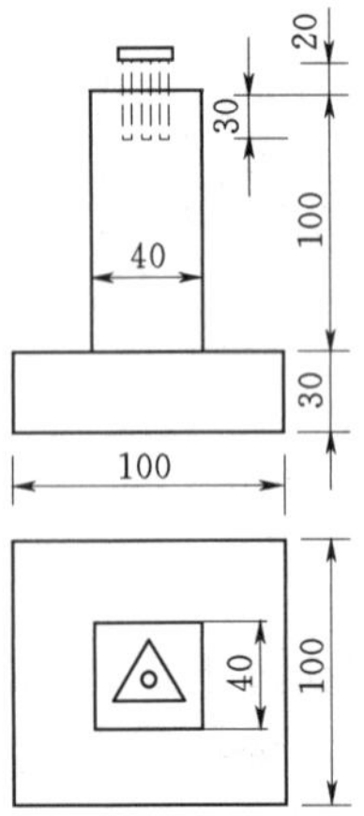

图 1.3.2　金属托架式工作基点
（单位：cm）

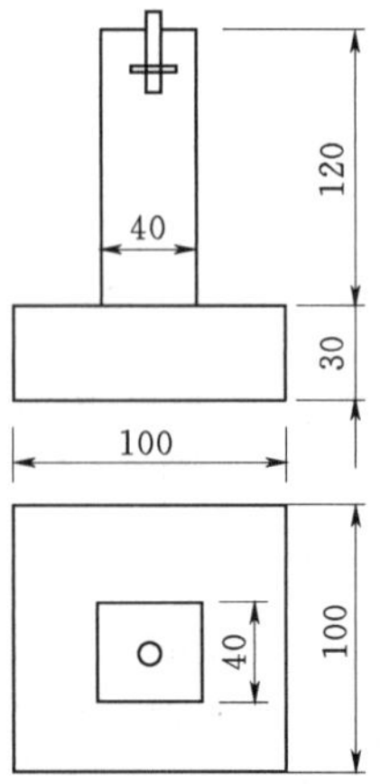

图 1.3.3　中心螺旋式工作基点
（单位：cm）

2）中心螺旋式。中心螺旋式是在混凝土墩顶部埋一个与经纬仪中心螺丝同样规格的螺丝，如图 1.3.3 所示。观测时将经纬仪或觇标直接旋在螺丝上。

3）强制对中式。强制对中式工作基点，是在混凝土墩顶部埋设一个强制对中器，如图 1.3.4 所示。强制对中器是一个金属圆盘，圆盘上设置成等边三角形的 3 个不锈钢圆柱体，圆柱体中心与圆心的距离与经纬仪 3 个底脚螺丝至圆心的距离相等。其中一个圆柱体顶面为一圆锥形小坑，一个为顺半径方向的 V 形槽，另一个为平面。这样只要将经纬仪安放在圆柱体上，经纬仪就被强制对中了。

（2）校核基点。校核基点的结构基本与工作基点相同，但校核基点只需用来定向或量距，因此其上部结构只需考虑安置觇标，或者只埋一钢板，刻划“十”字线即可。工作基点和校核基点是测定坝体位移的依据，必须保证其不发生变位，一般需浇筑在基岩或原状土层上。

（3）位移标点。在无块石护坡的坝体上埋设位移标点，可采用图 1.3.5 所示的形式。

当测点位于有块石护坡的坝坡时，为防止护坡块石对标点的影响，位移标点可采用图 1.3.6 的形式。

位移标点的上部结构与使用的觇标有关。如使用简易的活动觇标，标点顶部只需埋设一块刻有“十”字线的钢板，如图 1.3.5 和图 1.3.6 所示的形式。如使用精密活动觇标，则需埋设上述工作基点的上部结构。

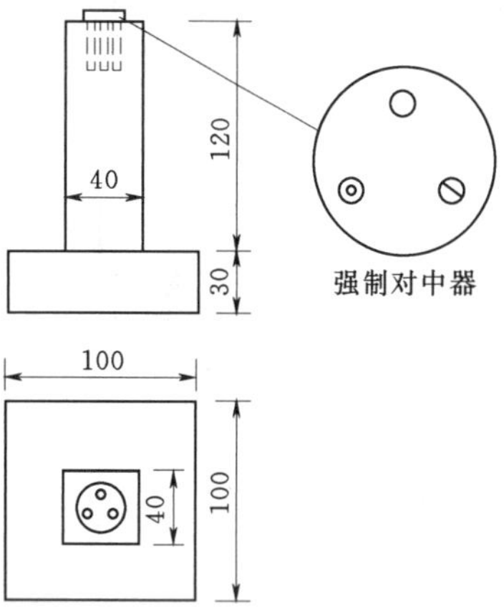

图 1.3.4　强制对中式工作基点（单位：cm）

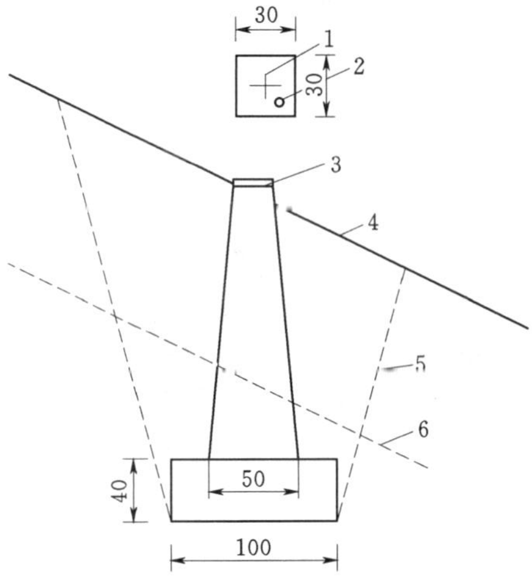

图 1.3.5　无护坡坝体位移标点（单位：cm）

1—十字线；2—垂直位移标点头；3—铁板；4—坝坡线；5—开挖线；6—冰冻深度线

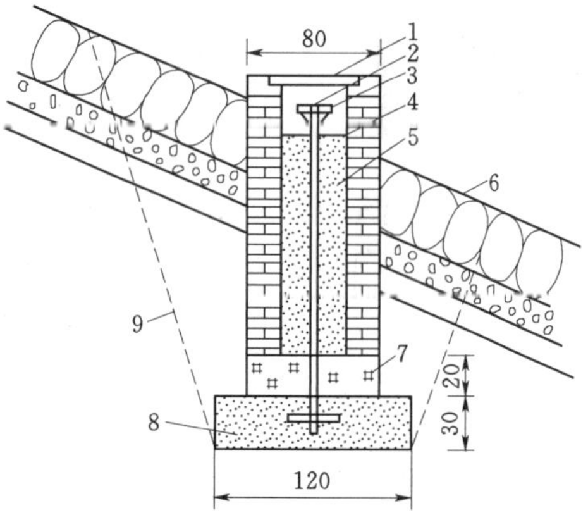

图 1.3.6　有块石护坡坝体的位移标点（单位：cm）

1—盖板；2—带十字线铁板；3—垂直位移标点头；4—铁管；5—填砂；6—块石护坡；7—黏土；8—混凝土底板；9—开挖线

（4）观测觇标。位移观测所用的觇标，可分为固定觇标和活动觇标两种。

1）固定觇标。固定觇标设于后视工作基点上，供经纬仪瞄准构成视准线。常用的有以下几种：

a）墙标式固定觇标，可利用工作基点混凝土墩侧面画上觇标图案，如图 1.3.7 所示。图案中心必须与顶部安置经纬仪的中心点一致。

b）强制对中式固定觇标，如图 1.3.8 所示。觇标为辐射形图案，中间为红玻璃，在后面装上电灯可供夜间观测。觇标底座加工成与经纬仪底座一致。

c）旋入式固定觇标，塔式图案如图 1.3.9 所示。

d）直插式固定觇标。在后视工作基点顶部埋设中心有圆孔的铁板，直接将固定觇标插入圆孔。标面图案有线形，如图 1.3.10（*a*）所示；三角形图案，如图 1.3.10（*b*）所示；同心圆图案，如图 1.3.10（*c*）所示。

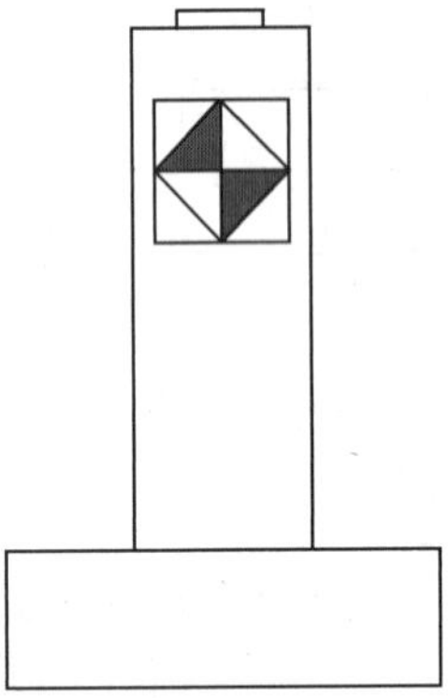

图 1.3.7　墙标式固定觇标

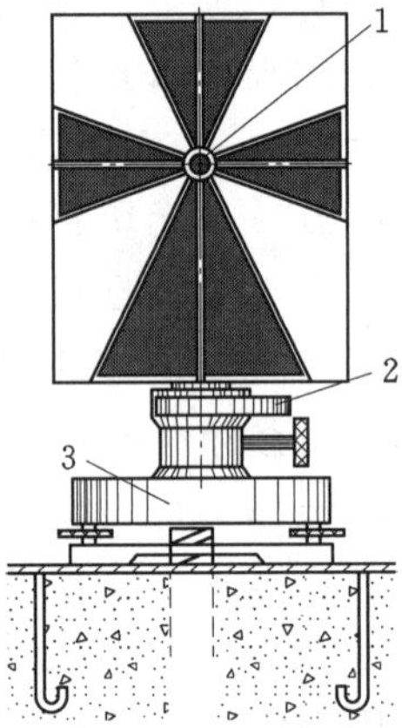

图 1.3.8　强制对中式固定觇标

1—红玻璃；2—圆水准器；3—觇标座

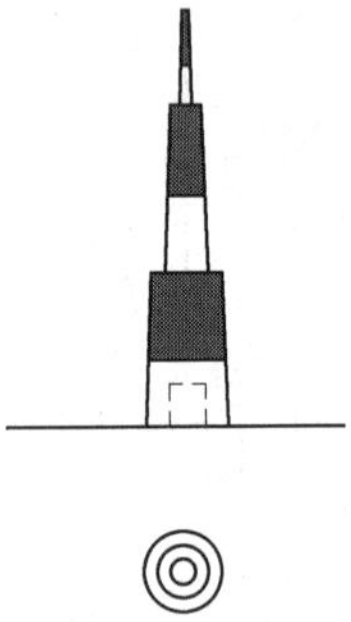

图 1.3.9　旋入式固定觇标

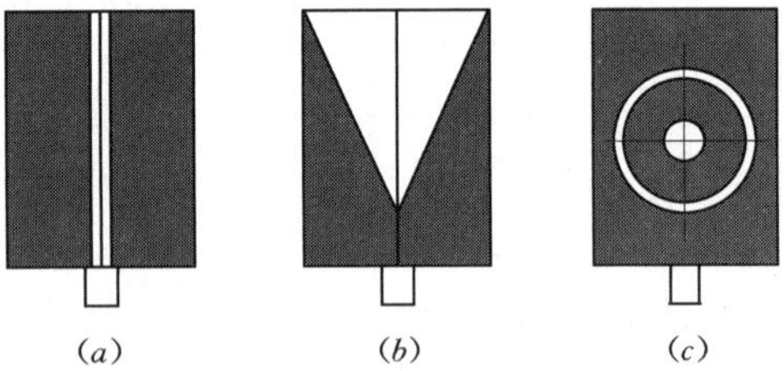

图 1.3.10　直插式固定觇标

2）活动觇标。活动觇标是置于位移标点上供经纬仪瞄准对点的。

图 1.3.11 为简易活动觇标，觇标底缘刻有毫米分划，其零分划与觇标图案中线一致，注记分划向左右增加，供观测时读数用。应用简易活动觇标，位移标点顶部只需埋设刻有十字线的铁板，十字线中心即为位移标点中心。

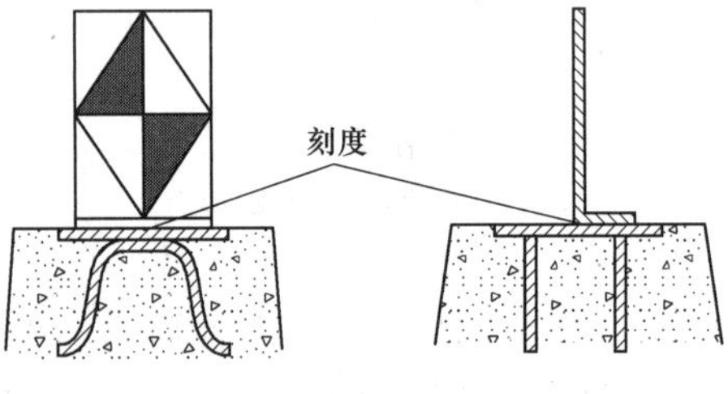

图 1.3.11　简易活动觇标

1.3.2.4　观测方法

用视线法观测水平位移，视线长度受光学仪器的限制，一般前视位移标点的视线长度在 250～300m 之内，可保证要求的精度。坝长超过 500m 或折线形坝，则需增设非固定工作基点，以提高精度。观测方法分为以下几种情况。

1. 坝长小于 500m 时

对于坝长小于 500m 的坝，坝体位移标点可分别由两端工作基点观测，使前视距离不超过 250m。观测时，在工作基点 A 上安置经纬仪，后视另一端的工作基点 B 的固定觇标，固定经纬仪上下盘。然后前视离基点 A1/2 坝长范围内的位移标点。观测每个位移标点时，用旗语或报话机指挥位于标点的持标者，移动位移标点上的活动觇标，使觇标中心线与望远镜竖丝重合，由持标者读出活动觇标分划尺上位移标点中心所对的读数，读数两次取均值。再倒镜观测一次，取正倒镜两次读数的平均值作为第一测回的成果。同法再测第二测回，两测回不符值应不大于 4mm，否则应予重测。如此，依次观测工作基点 A 至坝长中点之间的位移标点。再在工作基点 B 上安置经纬仪，后视工作基点 A，依次观测坝长中点至工作基点 B 之间的位移标点。

视准线法观测水平位移的记录表，可参考表 1.3.1 的格式。

表 1.3.1　　**水平位移观测记录表**

（视准线法）

测站A 后视B　　观测者：________记录者：________校核者：________

测点	测回	观测日期			正镜读数			反镜读数			一测回读数	二测回平均读数	埋设偏距	上次位移量	间隔位移量	累计位移量	备注
		年	月	日	次数	读数	平均值	次数	读数	平均值							
下 390+200	1	1076	11	26	1	+86.4	+85.4	1	+83.5	+83.0	+84.2	83.8	+78.4	+82.2	+1.6	+5.4	
					2	+84.4		2	+82.5								
	2				1	+84.2	+84.7	1	+81.4	+82.0	83.4						
					2	+85.2		2	+82.6								

注　1. 埋设偏距为位移标点初测成果，即首次观测的平均读数。
2. 位移方向向下游者读数为"+"，向上游者读数为"－"。

2. 坝长大于 500m 时

当坝长超过 500m，观测位移标点的视距超过 250m，因此，需在坝体中间增设非固定工作基点。如图 1.3.12 所示，在视准线中点附近坝体增设非固定工作基点 M。当坝体发生变形后，M 点也随坝体发生位移至 M'。进行位移观测时，首先由工作基点 A 和 B，测定 M' 点的位移量。观测应进行 8 个测回，各测回成果与平均值的偏差应不大于 2mm，然后将经纬仪安置在 M' 点后视 A 和 B，观测 M' 前后各 250m 范围内位移标点的位移量。其他位移标点由固定工作基点 A 和 B 后视 M' 进行观测，如图 1.3.12 所示。

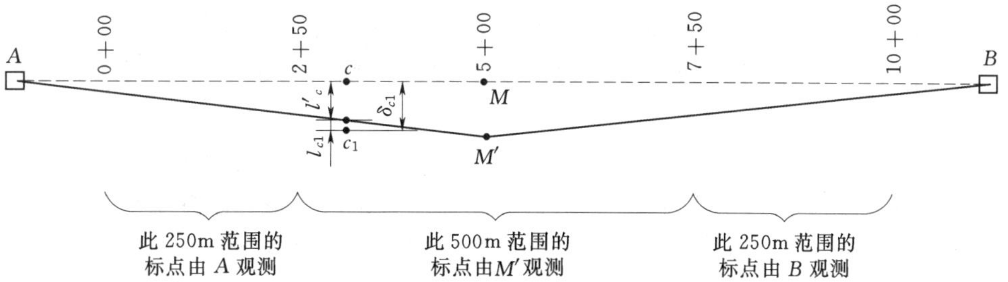

图 1.3.12　长坝增设非固定工作基点观测位移示意图

由于视准线法观测位移的视线不宜超过 300m，故即使增设非固定工作基点，最大坝长不宜超过 100m。对坝长超过 1200m 的坝，则应采用其他方法，如前方交会法等进行观测。

1.3.2.5 观测精度的分析

为了确保用视准线法观测土坝水平位移量的可靠性，必须对观测成果提出一定的精度要求。按 SL 60—94《土石坝安全监测技术规范》规定，用视准线法校测工作基点，观测增设的工作基点时，允许误差应不大于 2mm，观测位移标点时，每测回的允许误差应不大于 4mm（取 2 倍中误差），所需测回数不得少于两测回。

为保证用视准线法观测土坝水平位移的精度，其观测要求如下：

（1）用视准线法观测土坝水平位移，测站到标点的视线距离愈长，观测误差也愈大。用 T3 经纬仪视线不超过 400m；用其他经纬仪观测视线不超过 300m，则一个测回的中误差不超过 2mm。

（2）若要达到观测中误差不超过 2mm，需根据表 1.3.2 按视线长度确定需要观测的测回数。如视线长度达 500m 者，用 T3 经纬仪观测需进行两个测回，其他经纬仪需进行 3 个测回。

表 1.3.2　　$m<2$mm 时不同长度所需测回数

视线长度（m） 仪器	100	200	300	400	500	600
T_3 经纬仪	1	1	1	1	2	2
T_1 经纬仪	1	1	1	2	3	4
J_{15} 经纬仪	1	1	1	2	3	4

（3）当规定用视准线法观测水平位移，每一测点进行两个测回，则要达到观测中误差不超过 2mm 时，对 T3 经纬仪，视线长度不宜超过 600m；对其他经纬仪，视线长度不宜超过 400m。

1.3.3 土石坝纵向位移观测

沿土石坝轴线方向的纵剖面，由于河谷岸坡的缘故，坝体在沉降过程中将产生指向河谷中心的纵向位移。在纵向位移的作用下，岸坡坝段坝体会出现拉应变，河谷段坝顶出现压应变。如果拉应变大于坝体土料的极限拉应变，坝体就可能产生横向裂缝。坝体横向裂缝对坝的安全运用威胁甚大，故应进行坝面纵向位移观测，以及时发现可能产生的横向裂缝。

坝的纵向位移观测是在坝顶布置一些位移测点，在岸坡段坝面沿纵向每隔 10m 左右布置一位移测点，在位移测点处打入小木桩。桩顶高出地面 3cm 左右。在桩顶打人小铁钉作为测量标心，用钢尺丈量纵向位移。

钢尺丈量是由两司尺员持检定过的钢尺于两测点术桩上，用检定时的拉力拉紧钢尺两端，由两辅助工作人员于两测点标心同时读数。而后将钢尺稍许移动并重新拉紧钢尺，于两测点标心再次读数。同样方法测读规定的次数，将每次钢尺两端读数相减，得出测点量距，n 次量距的算术平均值即为本次观测的测点距离。各次量距之差即为坝的纵向位移。观测时从坝端开始依次往测再返测。

1.3.4 土石坝垂直位移观测

土石坝在修建中会发生沉降，在运行过程中由于坝体固结、库水位变化引起坝基沉陷变化。也会使坝体沉降。土石坝的土料不同，施工质量不均，产生的沉降也不一样。因此，为了系统而全面地掌握土石坝的沉降情况，需要对土石坝进行沉降观测，即垂直位穆观测。

土石坝垂直位移观测周期与水平位移观测周期一样，通常两项观测同期进行。一般规定，垂直位移向下者为正，向上者为负。

土坝、砌石坝、混凝土坝的垂直位移都可用水准测量的方法进行观测。为叙述方便、避免重复，在本节统一介绍。

1. 观测原理

大家知道，用水准仪进行水准测量可以测出两点之间的高差。观测大坝垂直位移就是在大坝两岸不受坝体变形影响的部位设置水准基点或起测基点，并在坝体表面布设适当的垂直位移标点，然后定期根据水准基点或起测基点用水准测量测定坝面垂直位移标点的高程变化，即为该点的垂直位移值。

水准测量分精密水准测量和普通水准测量，所用的仪器设备和观测的方法和要求都有所不同。在垂直位移观测中，对于大型砌石坝、混凝土坝以及较重要的大型土坝，一般采用精密水准测量；在缺乏精密水准仪的一些大型土坝和中型水库则可采用普通水准测量。但对水准基点或起测基点的校测应提高一级精度。

用水准测量法观测大坝垂直位移，一般采用三级点位——水准基点、起测基点和位移标点；两级控制——由水准基点校测起测基点、由起测基点观测垂直位移标点。如大坝规模较小，也可由水准基点直接观测位移标点。

2. 测点布设

土石坝垂直位移观测的测点布置要求与水平位移测点布置要求一样。因此，垂直位移测点与水平位移测点常结合在一起，只须在水平位移标点顶部的观测盘上加制一个圆顶的金属标点头。如水平位移标点的柱身露出坝面较高，可将金属标点头埋于柱身侧面。起测基点起临时水准点作用，一般在每个纵排位移标点两端岸坡上各设一点，可与水平位移的工作基点结合在一起（当满足稳定性要求时）。若工作基点不能满足起测基点稳定性要求，可在距坝端一定距离的地方布置起测基点。当布置在土基或岩基上时，可按图 1.3.13、图 1.3.14 的形式布设。

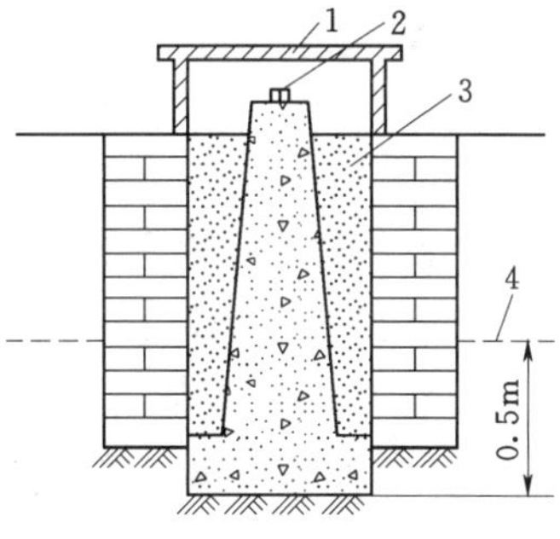

图 1.3.13　土基上的起测基点

1—盖板；2—标点头；3—填沙；4—冻土线

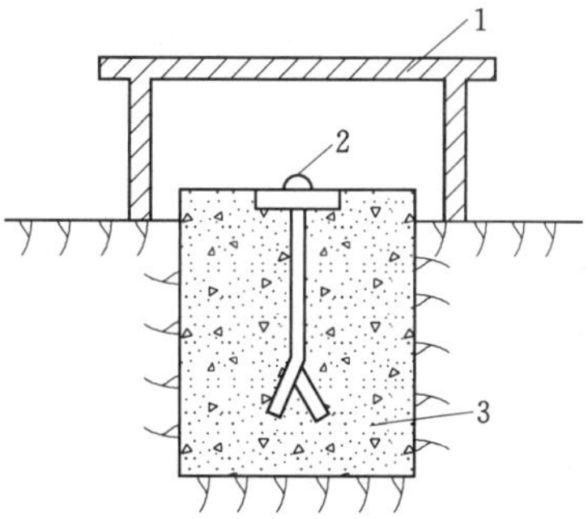

图 1.3.14　岩基上的起测基点

1—保护盖；2—标点头；3—混凝土

水准基点是大坝垂直位移观测系统的基准点，对整个系统观测成果的可靠性影响极大。因此，应保证水准基点长期稳定可靠，且基本不受库水位变化的影响。一般情况下，在离坝址1～2km处的地质状况较好的地方布设1～2个水准基点，大型水库需布设2～3个水准基点，以便相互验证，如图1.3.1所示。也可利用附近的国家水准点作为大坝观测的水准基点，这样既可减少引测的工作量，又可节省埋设费用，而且安全可靠。

土基中埋设的水准基点如图1.3.15所示，它由混凝土构件组成，主副点由不锈钢或铜制成，副点设置在底座的正北方。埋设于新鲜基岩上的水准点如图1.3.16所示。

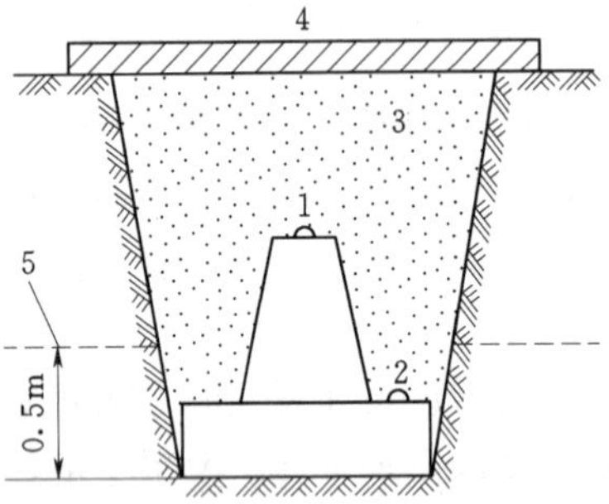

图1.3.15 土基中的水准基点

1—主点；2—副点；3—回填沙；4—盖板；5—冻土线

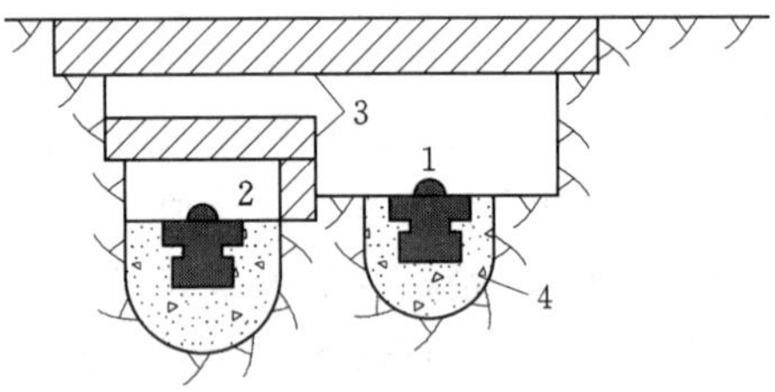

图1.3.16 基岩中的水准基点

1—主点；2—副点；3—盖板；4—新鲜基岩

3. 垂直位移计算公式

垂直位移观测是通过测量坝体测点的高程，由高程的变化得出坝体的垂直位移，即

$$\Delta Z_i = Z_0 - Z_i \tag{1-3-1}$$

式中：ΔZ_i为第i次测得测点的累计垂直位移；Z_0、Z_i为测点的始测高程和第i次测得的高程。

测点的间隔垂直位移由下式计算

$$\Delta Z_{ji} = \Delta Z_i - \Delta Z_{i-1} = Z_{i-1} - Z_i \tag{1-3-2}$$

式中：ΔZ_{ji}为第i次测得的间隔垂直位移；其余符号意义同前。

垂直位移观测分两步进行：一是由水准基点校测各起测基点高程；二是由起测基点测定各垂直位移标点的高程，最后计算标点垂直位移。

学习情境1.4 土石坝渗流观测

水库建成蓄水后，在上下游水头差的作用下，坝体和坝基会出现渗流。渗流分正常渗流和异常渗流。对于能引起土体渗透破坏或渗流量影响到蓄水兴利的，称之为异常渗流；反之，渗水从原有防渗排水设施渗出，其逸出坡降不大于允许值，不会引起土体发生渗透破坏的，则称为正常渗流。异常渗流往往会逐渐发展并对建筑物造成破坏。对于正常渗流，水利工程中是允许的。但是在一定外界条件下，正常渗流有可能转化为异常渗流。所以，对水库中的渗流现象，必须要有足够的重视，并进行认真的检查观测，从渗流的现象、部位、程度来分析并判断工程建筑物的运行状态，保证水库安全运用。

水工建筑物的渗流观测通常包括以下项目：

(1) 土坝浸润线观测。

(2) 土坝坝基透水压力观测。

(3) 绕坝渗流观测。

(4) 混凝土和砌石建筑物扬压力观测。

(5) 渗流量观测。

(6) 渗流水透明度观测及化学分析。

1.4.1　土石坝浸润线观测

土坝建成蓄水后，由于水头的作用，坝体内必然产生渗流现象。水在坝体内从上游渗向下游，形成一个逐渐降落的渗流水面，称为浸润面（属无压渗流）。浸润面在土石坝横截面上只显示为一条曲线，通常称为浸润线。土坝浸润面的高低和变化，与土坝的安全稳定有密切关系。土坝设计中先需根据土石坝断面尺寸、上下游水位以及土料的物理力学指标，计算确定浸润线的位置，然后进行坝坡稳定分析计算。由于设计采用各项指标与实际情况不可能完全符合设计要求等，因此，土坝设计运用时的浸润线位置往往与设计计算的位置有所不同。如果实际形成的浸润线比设计计算的浸润线高，就降低了坝坡的稳定性，甚至可能造成滑坡失稳的事故。为此，观测掌握坝体浸润线的位置和变化，以判断土石坝在运行期间的渗流是否正常和坝坡是否安全稳定，是监视土石坝安全运用的重要手段，一般大中型土坝水库都必须予以重视，认真进行。

为掌握土坝在运行期间的渗透情况，应在坝体埋设测压管，进行浸润线观测。

测压管法是在坝体选择有代表性的横断面，埋设适当数量的测压管，通过测量测压管中的水位来获得浸润线位置的一种方法。

1.4.1.1　测压管布置

土坝浸润线观测的测点应根据水库的重要性和规模大小、土坝类型、断面型式、坝基地质情况以及防渗、排水结构等进行布置。一般选择有代表性、能反映主要渗流情况以及预计有可能出现异常渗流的横断面，作为浸润线观测断面。例如选择最大坝高、老河床、合龙段以及地质情况复杂的横断面。在设计时进行浸润线计算的断面，最好也作为观测断面，以便与设计进行比较。横断面间距一般为100～200m，如果坝体较长、断面情况大体相同，可以适当增大间距。对于一般大型和重要的中型水库，浸润线观测断面不少于3个，一般中型水库应不少于2个。

每个横断面内测点的数量和位置，以能使观测成果如实地反映出断面内浸润线的几何形状及其变化，并能描绘出坝体各组成部位如防渗排水体、反滤层等处的渗流状况。要求每个横断面内的测压管数量不少于3根。

(1) 具有反滤坝址的均质土坝，在上游坝肩和反滤坝址上游各布置一根测压管，其间根据具体情况布置一根或数根测压管，如图1.4.1所示。

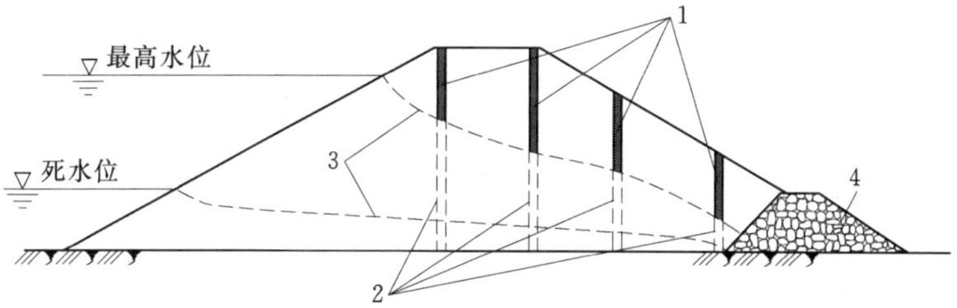

图1.4.1　均质土坝（有反滤坝趾）测压管布置示意图

1—测压管；2—进水管段；3—浸润线；4—反滤坝趾

(2) 具有水平反滤层的均质土坝，在上游坝肩以及水平反滤层的起点处各布置一根测压管，其间视情况而定。也可在水平反滤层上增设一根测压管，如图 1.4.2 所示。

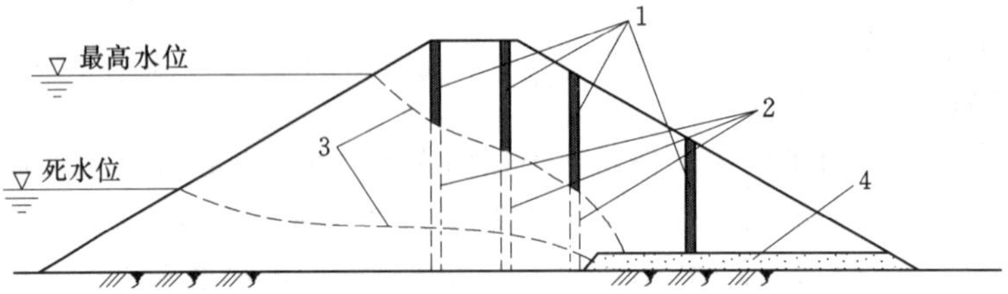

图 1.4.2　均质土坝（有水平反滤层）测压管布置示意图

1—测压管；2—进水管段；3—浸润线；4—水平反滤层

(3) 对于塑性心墙，如心墙较宽，可在心墙布置 2～3 根测压管，在下游透水料紧靠心墙外和反滤层坝址上游端各埋设一根测压管，如图 1.4.3 所示。

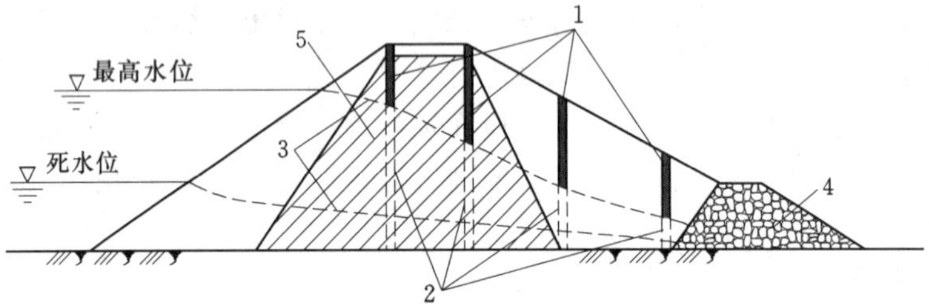

图 1.4.3　宽心墙坝测压管布置示意图

1—测压管；2—进水管段；3—浸润线；4—反滤坝趾；5—宽心墙

如心墙较窄，可在心墙上下游和反滤坝址上游端各布置一根测压管，其间根据具体情况布置，如图 1.4.4 所示。

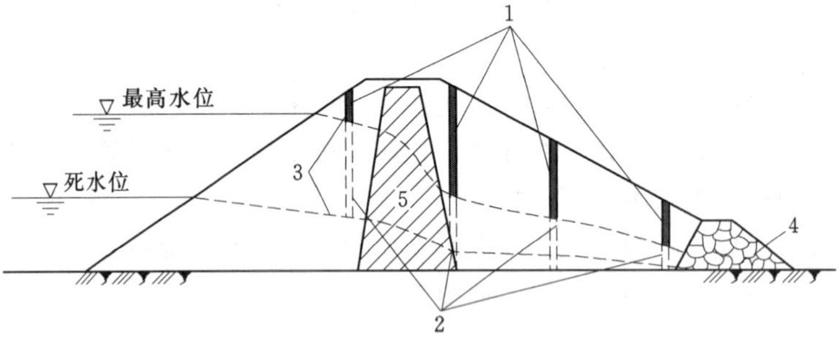

图 1.4.4　窄心墙坝测压管布置示意图

1—测压管；2—进水管段；3—浸润线；4—反滤坝趾；5—心墙

(4) 对于塑性斜墙坝，在紧靠斜墙下游埋设一根测压管，反滤坝址上游端埋设一根测压管，其间距视具体情况布置。紧靠斜墙的测压管，为了不破坏斜墙的防渗性能并便于观测，通常采用有水平管段的 L 形测压管。水平管段略倾斜，进水管端稍低，坡度在 5%左右，以避免气塞现象。水平管段的坡度还应考虑坝基的沉陷，防止形成倒坡，如图 1.4.5 所示。

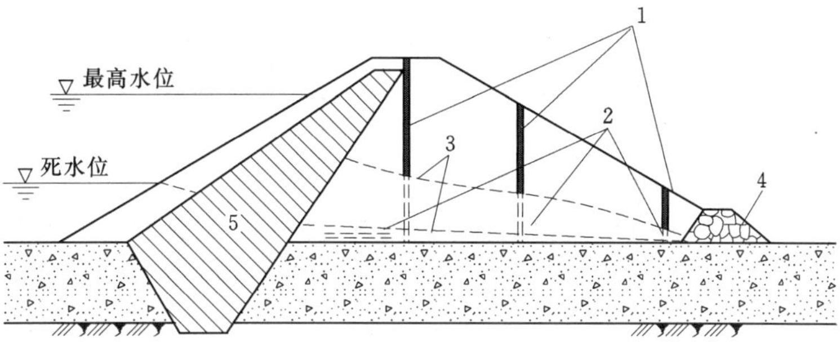

图 1.4.5　斜墙坝测压管布置示意图

1—测压管；2—进水管段；3—浸润线；4—反滤坝趾；5—斜墙

(5) 其他坝型的测压管布置，可考虑上述原则进行。不论何种坝型及布置方式，每一个横断面内的测压管数目，应不少于 3 根。并应布置在横断面的中部的下游部分，必要时，还应在反滤设施的下游安设一根。需要在坝的上游坝坡部分埋设测压管时，尽可能布置在最高洪水位以上，如必须埋设在最高洪水位以下时，需注意当库水位上升即将淹没管口前，用水泥砂浆将管口封堵塞。

(6) 面板堆石坝近年来是我国推广应用的一种坝型。由于面板是采用混凝土或沥青混凝土等基本上不透水的材料构成，而且面板的厚度较薄（1m 左右），因此面板内不存在观测浸润线的任务。此种坝型堆石体内浸润线的位置很低，等势线近于垂线，因此也只需在每条垂线设一个测点。另外，这种坝型的主要问题是面板开裂，产生集中渗流而冲刷面板下的垫层。因此，还应在垫层内设置测点，以监测面板的开裂。

1.4.1.2　观测设备

观测浸润线的测压管长期埋设在土石坝内，因此要求管材不易变形和腐烂，经久耐用。最常用的是金属管，也可采用塑料管或无沙混凝土管。测压管主要由进水管段（长度 0.8～1m）、保护设备两部分组成。

1. 测压管的埋设与安装

测压管一般在土石坝竣工后干钻造孔埋设（有水平管段的 L 形测压管，必须在施工期埋设）。对于测压管深度不超过 10m 的，可采用人工取土器钻孔的方法埋设，对于测压管深度超过 10m 以上的测压管，一般应采用钻孔的办法埋设。

测压管埋设后，应妥加保护，管口加盖上锁，并进行编号，绘制测压管布置图和结构图，测定出管口高程，最后将埋设过程以及有关影响因素记录在考证表内。

2. 测压管的注水试验检查

测压管埋设完毕后，要及时做注水试验，检查灵敏度是否符合要求。试验前，先测定管中水位，然后向管中注入清水。在一般情况下，土料中的测压管注入相当于测压管 3～5m 体积的水；砂料中的测压管注入相当于测压管 5～10m 体积的水，测得注水面高程后，则再经过 5min、10min、15min、20min、30min、60min 后各测量水位一次，以后时间可适当延长，测至降到原水位时为止。记录测量结果，并绘制水位下降过程线作为原始资料。

对于黏壤土，测压管内水位如果五昼夜内降到原来水位时，认为是合格的；对于砂壤土，水位一昼夜降到原来水位时，认为合格；对于砂砾料，水位如果在12h内降到原来水位时或灌入相应体积的水而水位升不到3～5m时，认为是合格的。

对于灵敏度不合格的测压管，在分析观测资料时应考虑到这一因素，必要时，应进行洗孔或在该孔附近另设测压管。

1.4.1.3　观测测压管水位的仪器和方法

观测测压管水位的仪器设备品种很多，目前常用的有测深钟和电测水位器等，有些单位采用压气U形管，还有些单位采用示数水位器以及研制遥测测压管水位计。

1. 测深钟

测深钟构造最为简单，中小型水库都可进行自制。最简单的形式为上端封闭、下端开敞的一段金属管，长度为30～50mm，好像一个倒置的杯子，上端系以吊索，如图1.4.6所示。吊索最好采用皮尺或测绳，其零点应置于测深钟的下口。

观测时，用吊索将测深钟慢慢放入测压管中，当测深钟下口接触管中水面时，将发出空筒击水的“嘭”声，即应停止下送。再将吊索稍为提上放下，使测深钟脱离水面又接触水面，发出“嘭、嘭”的声音。即可根据管口所在的吊索读数分划，测读出管口至水面的高度，计算出管内水位高程。

测压管水位高程＝管口高程－管口至水面高度

用测深钟观测，一般要求测读两次，其差值应不大于2cm。

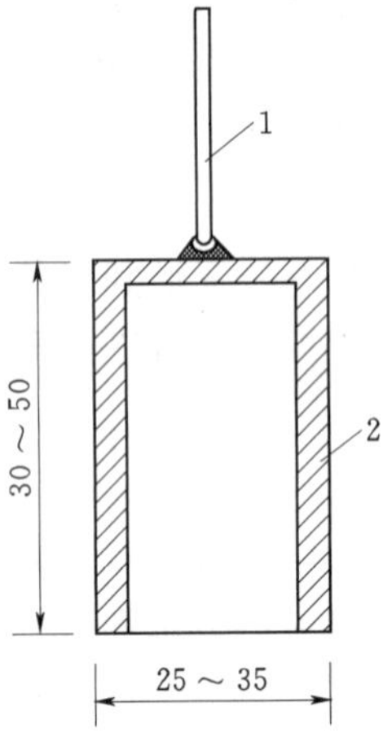

图1.4.6　测深钟示意图（单位：mm）

1—吊索；2—测深钟

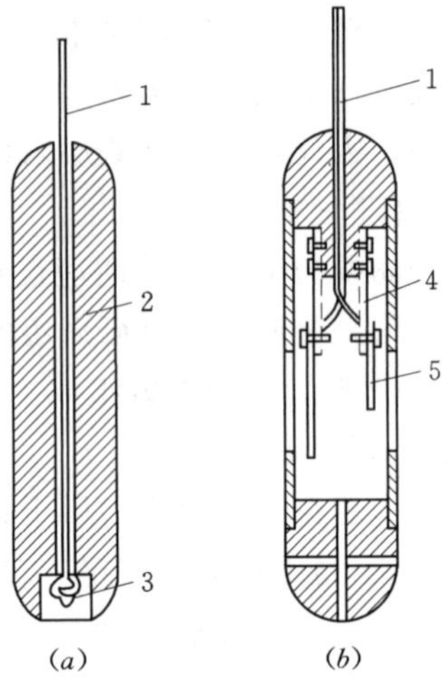

图1.4.7　测头构造示意图

1—电线；2—金属短棒；3—电线头；4—隔电板；5—电极

2. 电测水位器

电测水位器是利用水能导电或者利用水的浮力将导电的浮子托起接通电路的原理制成的。各单位自行制作的电测水位器形式很多，一般有测头、指示器和吊尺组成。测头可用钢质或铁质的圆柱筒，中间安装电极。利用水导电的测头安装有两个电极如图1.4.7（*b*）所示。也可只安装一个电极，而利用金属测压管作为一个电极，如图1.4.7（*a*）所示。

电测水位器的指示器可采用电表、灯泡、蜂鸣器等。据有些使用单位评价，认为效果较好。指示器与测头电极用导线连接。

测头挂接在吊尺上，吊尺可用钢尺。连接时应使钢尺零点正好在电极入水构通电路处，或者用厚钢尺挂接，再加自钢尺零点至电极头的修正值。

观测时，用钢尺将测头慢慢放入测压管内，至指示器得到反映后，测读测压管管口的读数，然后计算管内水面高程。

测压管水位高程＝管口高程－管口至水面距离－测头入水引起水面升高值

测头入水引起水面升高值可事先试验求得。

用电测水位器观测测压管水位需测读两次，两次读数的差值，对大型水库要求不大于1cm，对中型水库要求不大于2cm。

3. 遥测水位器

在大型水库测压管水位低于管口较深，测压管数目较多，测次频繁，采用遥测水位器观测管中水位可大大节省人力，而且精度高，效果好，适用于测压管管径不少于50mm，且安装比较顺直的情况。其原理主要是采用测压管中的水位升降，由浮子带动传动轮和滚筒，观测时，通过一系列电路带动滚筒一侧的棘轮，追踪量测滚筒的转动量，并反映到室内仪表上，即可读出管中水位。

将渗压计安装在测压管历史最低水位以下，测量渗压计承受的水压力，根据其放入测压管内的深度及孔口高程，测得测压管水位，是实现自动化观测的常用方法。

上述各种观测方法表明，测读测压管水位高程都要以管口高程作为依据，因此，管内水位高程观测是否正确，不仅取决于观测方法的精度，同时也取决于管口高程是否可靠。

为此，要求定期对测压管管口高程进行校测。在土石坝运用初期，应每月校测一次，以后可逐渐减少，但每年至少一次。测头吊索上的距离刻度标志也要定期进行率定。

测压管水位的测次，应根据水库蓄水等具体情况而定。当土石坝初建蓄水阶段，应每日观测一次，以后可逐渐减少到每10天一次。但当水库水位超过历年实际最高水位或接近设计最高水位，以及发现不正常渗流情况时，均应增加测次，以能掌握坝内浸润线变化的全过程。

1.4.2　土坝坝基渗水压力观测

水库蓄水后，在水头作用下不仅坝体发生渗流现象，同时也在坝基发生渗流。坝基渗流是否正常，对水库安全关系很大，国外不少土坝水库就因为坝基产生异常渗流等导致溃坝失事，如美国的马溪土坝和朱里斯堡土坝等。因此，对土坝的坝基应进行渗水压力的观测，以全面了解坝基透水层和相对不透水层中渗流沿程的压力分布情况，借以分析坝的防渗和排水设备的作用，估算坝基中实际的水力坡降，推测渗水是否可能形成管涌、流土或接触冲刷等破坏。

为了及时了解坝基砂砾石透水层及承压层的渗水压力，检验有无管涌、流土及接触冲刷等，判断大坝的防渗导渗设施的工作效能，以便针对不利的渗水情况，采取有效的处理措施，保证工程安全，应在坝基埋设测压管，观测坝基渗水压力的变化。

坝基渗水压力测压管的构造，与土石坝浸润线观测的测压管基本相同，只是进水管较短，一般采用0.5m左右。

测压管的布置应根据地基土层情况、防渗设施的结构和排水设备形式以及可能发生渗透变形的部位等而定，一般要求如下：

(1) 坝基渗水压力测压管应沿渗流方向布置，每排不少于3根。

(2) 渗水压力测点一般应设在强透水层中。如是双层地基(表面是相对弱透水层,下层是强透水层)或多层地基,应在强透水层中布置测点,但在靠近下游坝趾及出口附近的相对弱透水层也要适当布置部分测点。

(3) 检验防渗和排水设备的作用,在这些设施的上下游都要安设测点,以了解渗水压力的变化。

(4) 为获得坝趾出逸段的出逸坡降及承压水的作用情况,需在坝趾下游一定范围内布置若干测点。

(5) 已经发生渗流变形的地方应在其四周临时增设测压管进行观测。对采取工程措施进行处理后,应有计划地保留一部分测压管,观测处理前后渗水压力的变化,以评价处理措施的效能。

各种坝型及坝基情况的布置简介如下:

(1) 坝基为比较均匀的砂砾石层,没有明显的成层情况,一般布置 2~3 个断面(垂直坝轴线),每个断面 3~5 个测点。具体布置根据坝型而定。

1) 具有水平防渗铺盖板的均质坝,一般每排 4 个测点。可埋设直测压管,一根位于坝顶的上游坝肩,一根位于下游坡,反滤坝趾上、下游面各埋设一根,如图 1.4.8 所示。

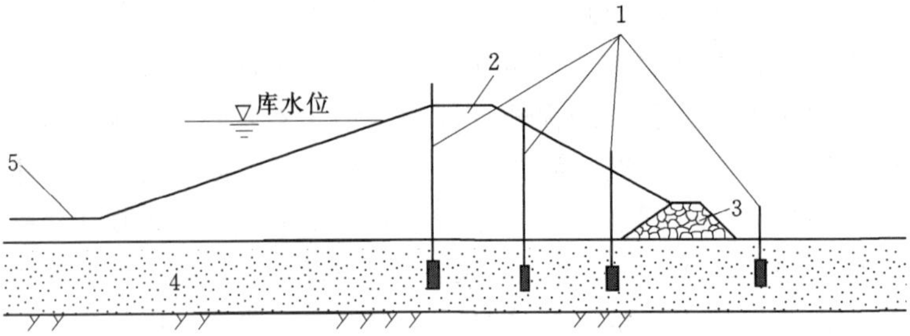

图 1.4.8　在均匀的砂砾层中具有水平防渗铺盖的均质坝坝基测压管布置图

1—测压管;2—坝体;3—滤水坝趾;4—砂层;5—铺盖

2) 对有黏土截水墙或垂直防渗帷幕的心墙坝,一般在截水墙前后各布设一根测压管,反滤坝趾上下游各布设一根测压管,如图 1.4.9 所示。

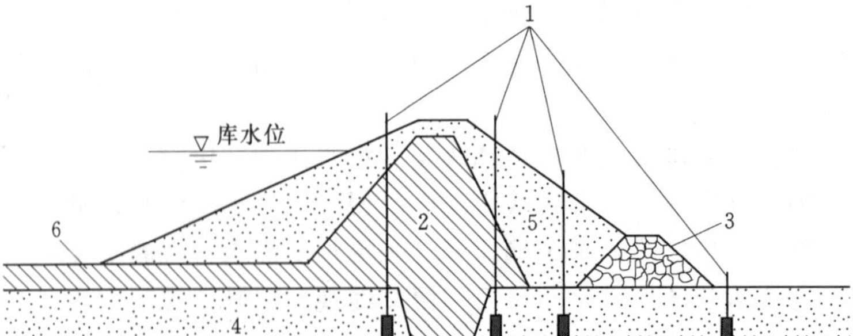

图 1.4.9　在均匀的砂砾层中具有黏土截水墙的土坝坝基测压管布置图

1—测压管;2—心墙;3—滤水坝趾;4—砂层;5—砂壳;6—铺盖

3）对具有垂直防渗设施的斜墙坝，其黏土截水墙，灌浆帷幕或混凝土防渗墙靠近上游，则测压管可全部布置在防渗设施下游，如图 1.4.10 所示。

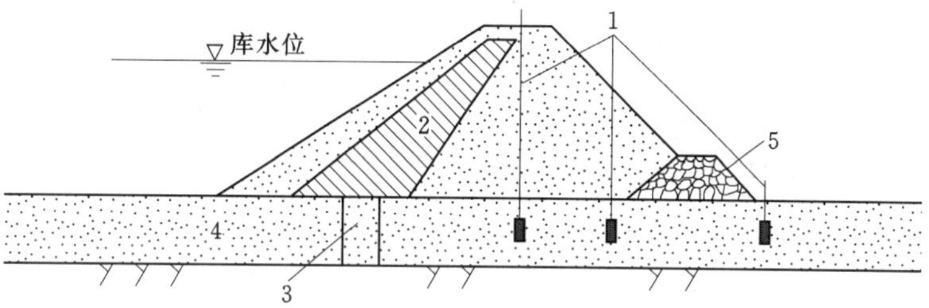

图 1.4.10　在均匀的砂砾石层中垂直防渗体靠上游的土坝坝基测压管布置图

1—测压管；2—斜墙；3—混凝土防渗墙；4—砂层；5—滤水坝趾

4）对具有水平防渗设施的斜墙坝，一般应在土石坝施工时预埋 L 形测压管进行观测，布置如图 1.4.11 所示。

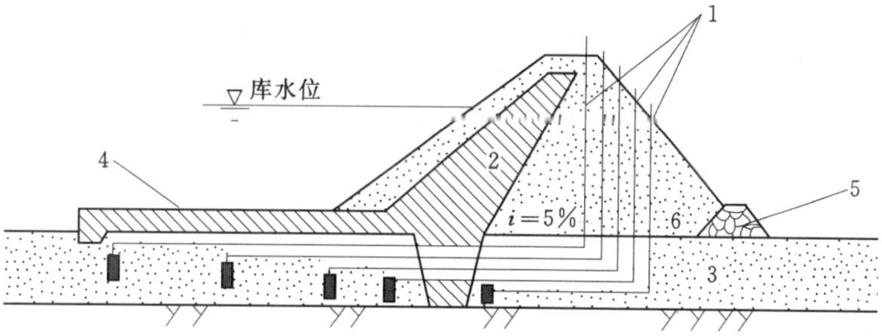

图 1.4.11　在均匀的砂砾石层中水平防渗铺盖下面及截水墙上下游坝基测压管布置图

1—测压管；2—斜墙；3—砂层；4—铺盖；5—滤水坝趾；6—砂壳

（2）对于上层为相对弱透水层，下层为强透水层的双层地基，应垂直坝轴线至少布置 2～3 排测压管，如图 1.4.12 所示。多层地基可在各层中分别埋设测压管，每层不少于 3 根，如图 1.4.13 所示。

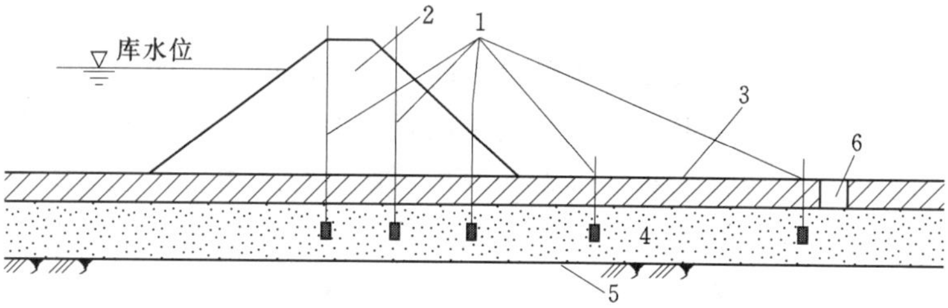

图 1.4.12　双层结构透水基中坝基测压管布置图

1—测压管；2—坝体；3—相对弱透水层；4—粗砂；5—基岩；6—出水口

（3）当基岩有局部破碎带、断层、裂隙和溶洞等情况时，为了解其集中渗流变化及检查垂直防渗设施的防渗性能，需布置适当的测压管。通常是沿破碎带、断层、裂隙等透水方向布设至少 3 根测压管，测压管的进水管应深入断层、裂隙中。为检查基岩垂直防渗的

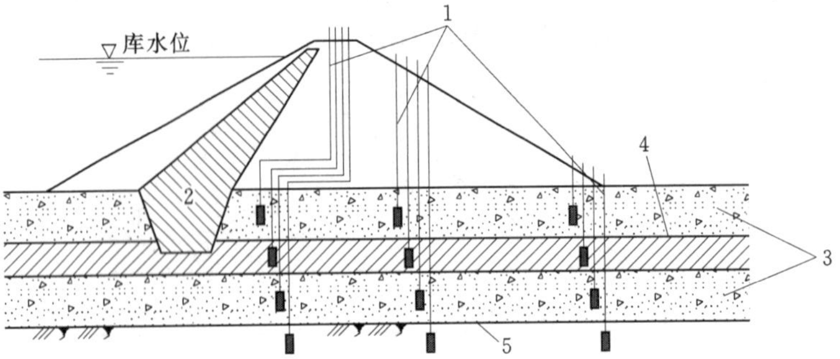

图 1.4.13　多层透水基中坝基测压管布置图

1—测压管；2—斜墙；3—透水层；4—承压层；5—不透水层

效果，可沿垂直防渗设施轴线布置3排基岩测压管，每排至少在轴线上下游各一根。基岩测压管一般在施工期结合基础处理进行预埋。

坝基渗水压力测压管的结构和观测仪器设备、方法与浸润线测压管基本相同，但其进水管段较短，一般为0.5m左右。坝基测压管一般是在土石坝施工期或土石坝初次蓄水前进行埋设，补设坝基测压管需在库水位较低时进行，并注意操作和封孔，防止人为造成管涌。埋设测压管造孔时，不得用泥浆固壁，可下套管防止塌壁。近年来，广泛应用钢弦式渗压计。

坝基渗水压力观测通常应与浸润线观测同时进行。建议在洪水期，水库水位每上涨1m，下降0.5m增测一次，以掌握渗水压力随库水位相应变化的关系。

1.4.3　渗流量观测

1.4.3.1　目的与要求

水库的挡水建筑物蓄水运用后，必然产生渗流现象。在渗流处于稳定状态时，其渗流量将与水头的大小保持稳定的相应变化，渗流量在同样水头情况下的显著增加和减少，都意味着渗流稳定的破坏。渗流量的显著增加，有可能在坝体或坝基发生管涌或集中渗流通道；渗流量的显著减少，则可能是排水体堵塞的反映。在正常条件下，随着坝前泥沙淤积，同一水位情况下的渗流量将会逐年缓降。

因此，进行渗流量观测，对于判断渗流是否稳定，掌握防渗和排水设施工作是否正常，具有很重要的意义，是保证水库安全运用的重要观测项目之一。

渗流量观测，根据坝型和水库具体条件不同，其方法也不一样。对土石坝来说，通常是将坝体排水设备的渗水集中引出，量测其单位时间的水量。对有坝基排水设备，如排水沟、减压井等的水库，也应将坝基排水设备的排水量进行观测。有的水库土石坝坝体和坝基渗流量很难分清，可在坝下游设集水沟，观测总的渗流量变化，也能据以判断渗流稳定是否遭受破坏。对混凝土石坝和砌石坝，可以在坝下游设集水沟观测总渗流量，也可在坝体或坝基排水集水井观测排水量。

渗流量观测必须与上、下游水位以及其他渗透观测项目配合进行。土石坝渗流量观测要与浸润线观测、坝基渗水压力观测同时进行。混凝土石坝和砌石坝，则应与扬压力观测同时进行。根据需要，还应定期对渗流水进行透明度观测和化学分析。

1.4.3.2　观测方法和设备

观测总渗流量通常应在坝下游能汇集渗流水的地方，设置集水沟，在集水沟出口处观测。

当渗流水可以分区拦截时，可在坝下游分区设集水沟进行观测，并将分区集水沟汇集至总集水沟，同时观测其总渗流量。

集水沟和量水设备应设置在不受泄水建筑物泄水影响和不受坝面及两岸排泄雨水影响的地方，并应结合地形尽量使其平直整齐，便于观测。图 1.4.14 为某土坝水库渗流量观测设备布置图。

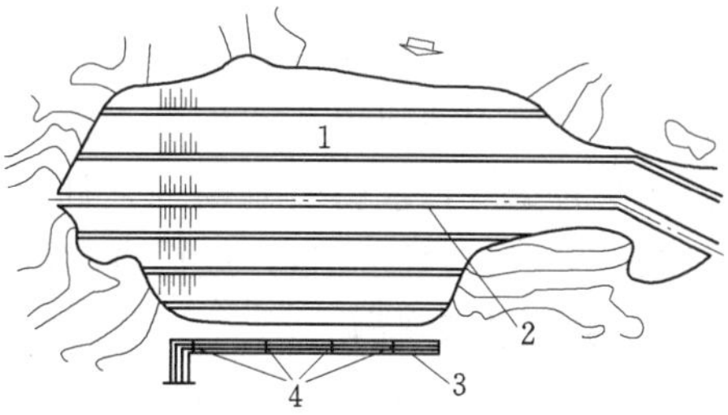

图 1.4.14　土坝渗流量观测设备布置图

1—土坝坝体；2—坝顶；3—集水沟；4—量水堰

观测渗流量的方法，根据渗流量的大小和汇集条件，一般可选用容积法、量水堰法和测流速法。

1. 容积法

容积法适用于渗流量小于 1L/s 的情况。观测时需进行计时，当计时开始时，将渗流水全部引入容器内，计时结束时停止。量出容器内的水量，已知记取的时间，即可计算渗流量。

2. 量水堰法

量水堰法适用于渗流量为 1～300L/s 范围内的情况。量水堰一般需设置在集水沟的直线段上，上下游沟底及边坡需加护砌，以避免绕过量水堰大量漏水，或者建造专门的混凝土或砌石引水槽。集水沟断面大小和堰高的设计，应使堰下水深低于堰口，造成堰口自由溢流。如确有困难，堰下水深淹没堰口，则需根据水力学书籍或手册上规定的淹没薄壁堰公式计算渗流量。为了能获得比较准确的成果，设置量水堰应符合下列要求：

1）堰壁需与引槽和来水方向垂直，并需直立。

2）堰板可采用钢板或钢筋混凝土板制成。

3）堰口要制成薄片，一般可将堰口靠下游边缘制成 45°角。

4）量水堰的水尺应设在堰口上游，离堰口距离为 3～5 倍堰顶水头处，即 $l=$ (3～5) H（l 为水尺离堰口的距离），水尺刻度至毫米。为提高观测精度，应尽可能用水位测针代替水尺来观测，读数至 0.1mm。

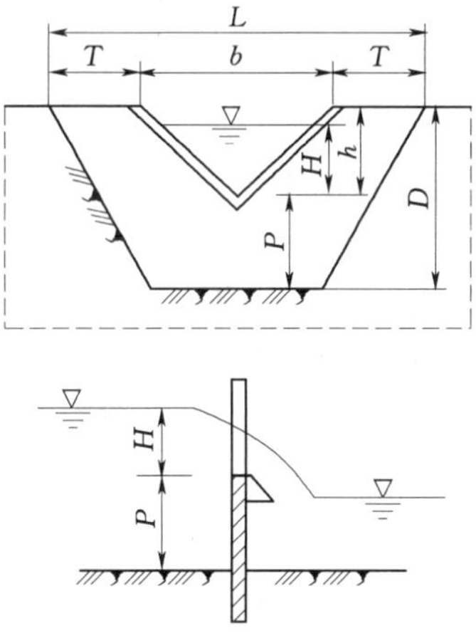

图 1.4.15　三角堰示意图

5）为使量水堰上游水流稳定，可在水尺上游安设稳流设备。

量水堰有以下几种形式。

(1) 三角堰。过水断面为三角形的量水堰，称为三角堰。三角堰缺口为一等腰三角形，一般采用底角为直角，如图 1.4.15 所示。三角堰适用于渗流量小于 70L/s 的情况，堰上水深一般不超过 0.3m，最小不宜小于 0.05mm。

(2) 梯形堰。梯形堰过水断面为一梯形，边坡常用 1∶0.25，如图 1.4.16 所示。堰口应严格保持水平，底宽 b 不宜大于 3 倍堰上水头。最大过水深一般不宜超过 0.3m。适用于渗流量在 1～300L/s 的情况。

3. 测流速法

渗流量较大，且能将渗水汇集到比较规则平直的排水沟时，也可采用流速仪或浮标等观测渗水流速，并测出排水沟水深和宽度，求得过水断面，即可计算渗流量。例如近年来，采用超声波流量计进行自动监测。

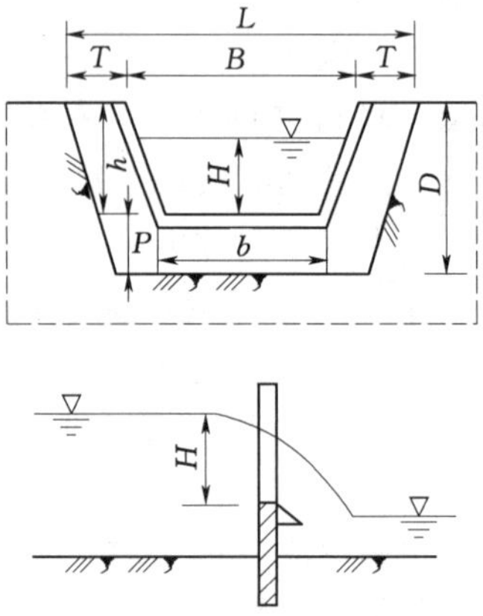

图 1.4.16　梯形量水堰示意图

1.4.4　绕坝渗流观测

水库蓄水后，渗流绕过两岸坝头从下游岸坡流出，称为绕坝渗流。土石坝与混凝土或砌石等建筑物连接的接触面也有绕流发生。在一般情况下，绕流是一种正常现象，但如果土石坝与岸坡连接不好，或岸坡过陡产生裂缝，或岸坡中有强透水间层，就有可能发生集中渗流造成渗流变形，影响坝体安全。因此，需要进行绕坝渗流观测，以了解坝头与岸坡以及混凝土或砌石建筑物接触处的渗流变化情况，判明这些部位的防渗与排水效果。

绕坝渗流一般也是埋设测压管进行观测，测压管的布置以能使观测成果绘出绕流等水位线为原则。一般应根据土石坝与岸坡和混凝土建筑物连接的轮廓线，以及两岸地质情况、防渗和排水设施的形式等确定。

若为均质坝，而且两岸山体本身的透水性差别不大，则测点可沿着绕渗的流线方向布置。若要绘制出两岸的等水位线图，则需要设置较多的测点。每岸一般要设置 3～4 个观测断面，每个断面上设 2～3 个钻孔，每个钻孔内设 2～3 个测点，考虑到等水位线一般不是直线，故不同钻孔内设置的测点最好位于同一高程。

对心墙或斜墙坝，由于下游坝壳多为强透水材料，故它成为绕坝渗流的排水通道，主要的渗流出口。因此，渗流出口的渗透稳定性监测是主要的，在这种情况下，除在坝外山体内布置一定数量的钻孔外，还应通过坝体（岸坡部分）钻孔，在岸坡内设置一定数量的测点。

若有断面通过坝头，则应沿断面方向布置测点，测点就设在断面内。

绕渗测压管的构造与浸润线测压管基本相同，观测仪器、方法以及测次等规定也一样。但对观测透水层的测压管，进水管段可较短，与坝基渗压管一样为 0.5m 左右。

1.4.5　渗流水透明度观测及化学分析

1. 目的和要求

由坝体、坝基渗出的水，如果清澈透明，表明大坝只是有水量的损失，一般应认为是正常现象。如果渗流水中带有泥沙颗粒，以致渗水浑浊不清，或者是渗水中含有某种可溶盐成分，则反映坝体或坝基土料中有一部分细料被渗流水带出，或者是土料受到溶滤，而这些现象往往是管涌、内部冲刷或化学管涌等渗流破坏的先兆。因此经常对渗流水进行透明度检定，以了解排水设备工作是否正常，是很必要的。结合其他渗流观测，分析判断是否可能发生渗流破坏及其危害程度，从而可以及时地采取防护和处理措施，保证水库安全运行。

渗水透明度，平常只需要每隔一定时间，例如每月，甚至每个季度检定一次。但在渗流量观测和经常的检查观察时，要注意渗水是否透明清澈，发现渗水浑浊或有可疑时，应立即进行透明度检定。当出现浑水时，应每天检定一次，甚至几次，以掌握其变化。

2. 观测设备和方法

渗水透明度的检定通常用透明度管来进行，有条件也可根据水文测验手册规定观测渗水的含沙量。透明度管为一高35cm、直径30cm的平底玻璃管，管壁刻有厘米刻度，零点在管底处，靠管底的管壁有一个放水口，如图 1.4.17 所示。

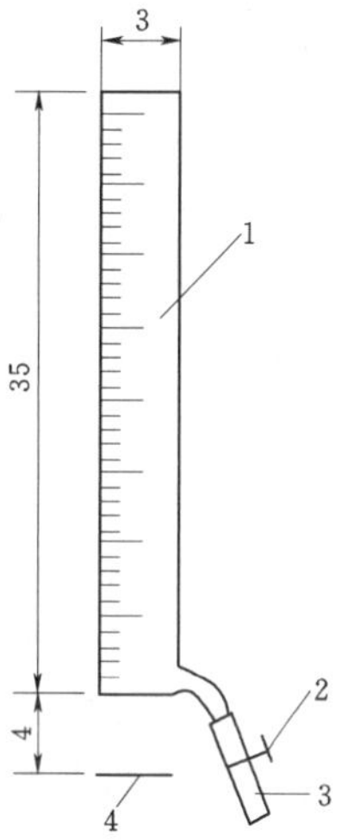

图 1.4.17　透明度管示意图（单位：cm）
1—玻璃管；2—阀门；3—胶管；4—铅印字体

观测方法如下：

(1) 在渗水出口处取水样摇匀后注入透明度管内。

(2) 预制一块五号汉语拼音铅印字体底板，置于管底下4cm处，如图 1.4.17 所示。

(3) 从管口通过水样观看铅印字体。如看不清字样，即开阀门放水，降低管中水柱，直至看清字样为止。

(4) 看清字样后，即可从管壁刻度上读出水柱高度，即为渗水透明度。透明度大于 30cm 即为清水，透明度愈小，说明水样中含沙量愈大，渗水愈浑浊。

(5) 有条件的单位，可事先率定出透明度和含沙量的关系，检定渗水透明度，即可查得渗水的含沙量。

渗水透明度检定应固定专人负责进行，以免因视力不同而引起误差。检定工作应在同样光亮条件下进行。检定应作两次，两次读数差不大于 1cm。

渗水透明度检定后需进行记录，必要时对渗水进行水质分析。

学习情境 1.5　监测资料的整编与分析

1.5.1　概述

对水工建筑物进行的各种观测项目，为水库大坝的运行工况提供了第一手资料。取得这些第一手资料以后，还必须加以去粗取精、去伪存真、由此及彼、由表及里，进行科学的整理分析，才能作出正确的判断，获得规律性的认识，保证水库安全和合理运用，为设计、施工、管理和科学研究提供依据。

我国很多水库，通过对观测资料的分析，了解水库各个建筑物的状态，掌握工程运用的规律，确定维修措施，改善运行状况，从而保证了水库的安全，以及发挥了其应有的效益，并且为提高科学技术水平，提供了宝贵的第一手资料。例如官厅水库土坝下游发生泉眼漏水，通过观测资料的分析，判断为左岸山头基岩发生绕坝渗流，通过多种措施进行处理，安全运用至今。又如上犹江水电站设计最高水位为 198.0m，经对长期观测资料的分析，确认最高水位可以提高到 200.0m，1970 年实际运用最高水位达 200.27m，大坝安全无恙，充分发挥了工程效益。由此可见，对观测资料进行科学的整理分析，是观测工作必不可少的组成部分，对于管好用好水库、保证水库安全运用、充分发挥效益，以及提高科学技术水平，具有重要的意义。

观测取得的数据是客观实际的反映。但是，每个观测项目所布置的测点数量总是有限的，测次一般有一定的周期，与其相关的因素也是多元的，而且实测数据不可避免地带有特定的误差。因此，必须通过科学的整理分析，才能掌握客观运动的规律性和与影响因素的相关关系，获得符合客观实际的理性认识。观测资料的整理分析，取决于现场观测所得数据的数量和质量，而又反过来推动和指导观测工作，使水库运行更有成效地进行。

监测资料整编是将大坝安全监测的各种原始数据和有关文字、图表（含影像、图片）等材料经过审查、考证，综合整编成系统化、图表化的监测成果，并汇编刊印成册或制成电子文件。土石坝可参照水利部发布 SL 169—96《土石坝安全监测资料整编规范》的有关要求，混凝土坝可参照 SDJ 336—89 或 DL/T 51782003《混凝土大坝安全监测技术规范》的有关要求进行。

各种物理量的符号应与上述规范一致，说明如下：

水平位移：向下游为正，向左岸为正，反之为负。

船闸闸墙的水平位移：向闸室中心为正，反之为负。

垂直位移：下沉为正，上升为负。

倾斜：向下游转动为正，向左岸转动为正，上升为负。

接缝与裂缝开合度：张开为正，闭合为负。

各种水位成果，如测压管水位、水压力、库水位等，用高程表示，单位为 m。

整编工作的内容和步骤如下：

（1）平时资料整编，是各监测工作单位的一种经常性工作。重点是计算、查证原始观测数据的可靠性与准确性；如有异常或疑点应及时复测、确认。如影响工程安全运行，应及时上报主管部门。

（2）定期整编刊印，是在平时资料整理的基础上，按规定时段对监测资料进行全面整理、汇编和分析，并附以简要安全分析意见和编印说明后刊印成册。整编和刊印时段，在施工期和初蓄期，视工程施工或蓄水进程而定，最长不超过 1 年。在运行期，一般 1～5 年为宜，其中的整编工作应至少每年做一次，刊印时段可视具体情况，但最长不得超过 5 年。

监测资料整编与分析工作包括平时资料整理与定期资料编印和观测成果的分析等。

1. 平时资料整理工作的主要内容

（1）及时检查各观测项目原始观测数据和巡视检查记录的正确性、准确性和完整性。如有漏测、误读（记）或异常，应及时补（复）测、确认或更正。

（2）及时进行各观测物理量的计（换）算，填写数据记录表格（各记录表格式详见 1.5.2 节）。

（3）随时点绘观测物理量过程线图，考察和判断测值的变化趋势。如有异常，应及时分析原因，并备忘文字说明，原因不详或影响工程安全时，应及时上报主管部门。

（4）随时整理巡视检查记录（含摄像资料），补充或修正有关监测系统及观测设施的变动或检验、校（引）测情况，以及各种考证图、表，确保资料的衔接与连续性。

2. 定期资料编印工作的主要内容

（1）汇集工程的基本概况（含各种运控指标）、监测系统布置和各项考证资料，以及各次巡检资料和有关报告、文件等。

（2）在平时资料整理基础上，对整编时段内的各项观测物理量按时序进行列表统计和校对。此时如发现可疑数据，一般不宜删改，应加注说明，提醒读者注意。

（3）绘制能表示各观测物理量在时间和空间上的分布特征图，以及有关因素的相关关系图。

（4）分析各观测物理量的变化规律及其对工程安全的影响，并对影响工程安全的问题提出运行和处理意见。

（5）对上述资料进行全面复核、汇编，并附以整编说明后，刊印成册，建档保存。采用计算机数据库系统进行资料存储和整编者，整编软件应具有数据录入、修改、查询以及整编图、表的输出打印等功能，还应有电子文件备份。

3. 观测成果的分析

观测成果的分析是一项细致复杂而又十分重要的工作，要以认真的精神和科学的态度去进行。我国的水库建设是新中国成立以后开始发展的，水库观测工作从无到有，但许多水库管理单位开展了大量的观测工作，观测成果的分析工作也取得了丰富的经验和显著的成绩。使用计算机，应用比较法，应用回归分析、谐量分析等数理统计方法，对观测成果进行定量分析。

4. 监测报告

监测报告一般包括工程概况、巡视检查和仪器监测情况的说明、巡视检查资料和仪器监测资料的分析结果、大坝工作状态的评估及改进意见等。

1.5.2　土石坝安全监测资料的整编

1. 巡视检查

巡视检查的各种记录、图件和报告等均属大坝安全监测的重要史料，除将原件归档外，应将发现问题的资料整理复制载入相应时段的资料整编。每次整编，除对本时段内巡视检查发现的异常问题及其原因分析、处理措施和效果观察等作出完整编录外，必要时可简要引述前期巡视检查结果加以对比分析。

2. 变形监测

变形监测资料整编，一般应根据所设项目进行各观测物理量的列表统计，如：

（1）坝面竖向位移量统计表，格式见表 1.5.1。

（2）坝面横（纵）向水平位移量统计表，格式见表 1.5.2。

表 1.5.1　　坝面竖向位移量统计表

______年　　第______页　　共______页　　　　单位：mm

观测日期	历时	测点编号及其累积竖向位移量						
月　日	天	P_1	P_2		···			P_n
本年总量								
本年内特征值统计	最大值	测点号	日期	最小值	测点号	日期	竖向位移量较差	
备注	1. 竖向位移正负号规定：向下为正，向上为负。 2. 本年总量为代数和。							

统计者：　　　　　　　　　　校核者：

表 1.5.2　　坝面横（纵）向水平位移量统计表

______年　第______页　共______页　　　　　　　　　　单位：mm

观测日期	历时	测点编号及其累积水平位移量						
月　日	天	P_1	P_3		…			P_n
本年总量								
本年内特征值统计	最大值	测点号	日期	最小值	测点号	日期	水平位移量较差	
备注	1. 竖向位移正负号规定：向下游、向左岸为正，反之为负。 2. 本年总量为代数和							

统计者：　　　　　　　　　　　　　　校核者：

在列表统计的基础上，应尽量绘出能表示各观测物理量时间和空间分布特征的各种图件（必要时可加绘相关物理量，如坝体填筑过程、蓄水过程等），一般如：

（1）坝面水平位移过程线图，如图 1.5.1 所示。

（2）纵断面竖向位移分布图，如图 1.5.2 所示。

（3）竖向位移量平面等值线图，如图 1.5.3 所示。

（4）坝体裂缝平面分布图，如图 1.5.4 所示。

3. 渗流监测

渗流监测一般应按坝体、坝基、绕渗等不同部位和类别分别填写测点渗流压力水位统计表，并同时抄录相应的上下游水位，必要时加注有关渗流异常现象的说明。统计表格式见表 1.5.3。

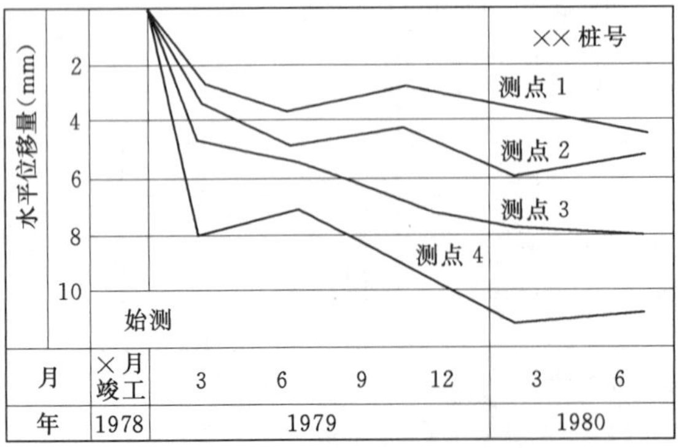

图 1.5.1　坝面水平位移过程线图

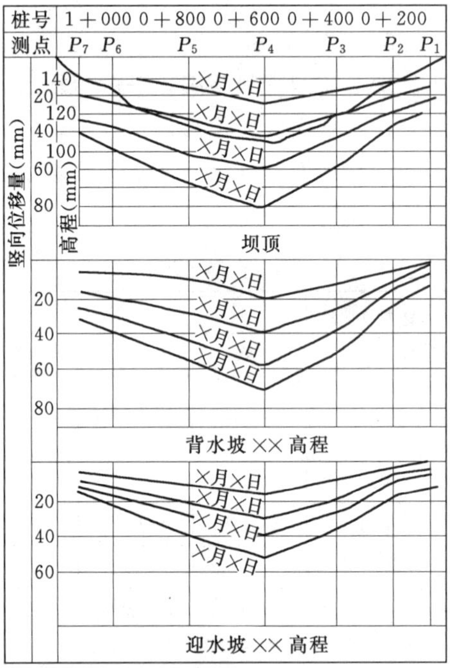

图 1.5.2　纵断面竖向位移分布图

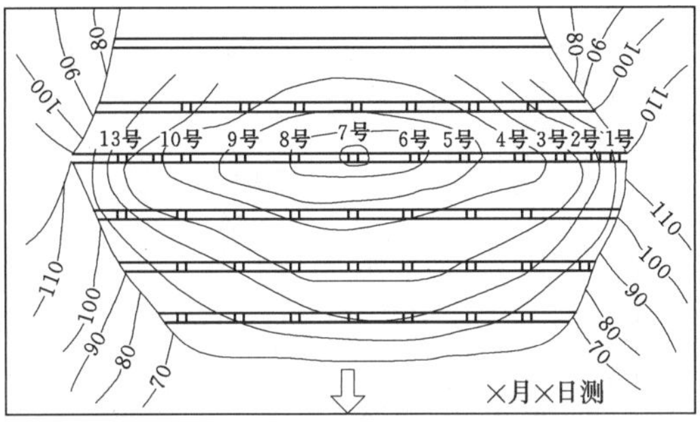

图 1.5.3 竖向位移量平面等值线图

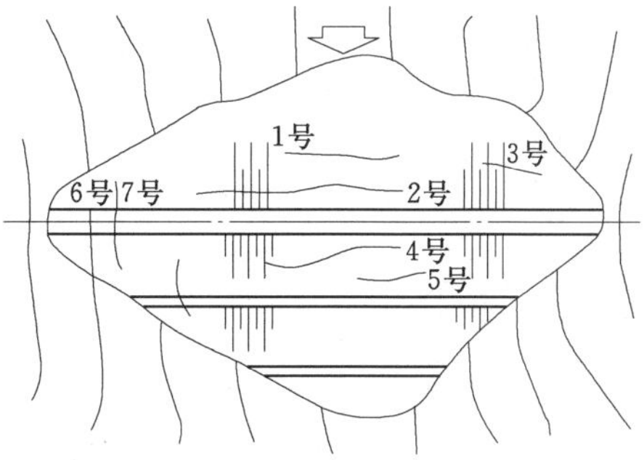

图 1.5.4 坝体裂缝平面分布图

表 1.5.3 **渗流压力水位统计表**

______年 第______页 共______页 单位：m

观测日期		上游水位	下游水位	测点编号			
				1	.2	3	…
月 日							
月 日							
…							
月 日							
全年统计	最大值						
	出现日期						
	最小值						
	出现日期						
备注	哪些测点用测压管，哪些测点用振弦式孔隙水压力计						

统计者： 校核者：

根据渗流压力水位统计表绘制各测点的渗流压力水位过程线图，图上应同时绘出上下游水位过程线和坝区降水强度分布线，如图 1.5.5 所示。

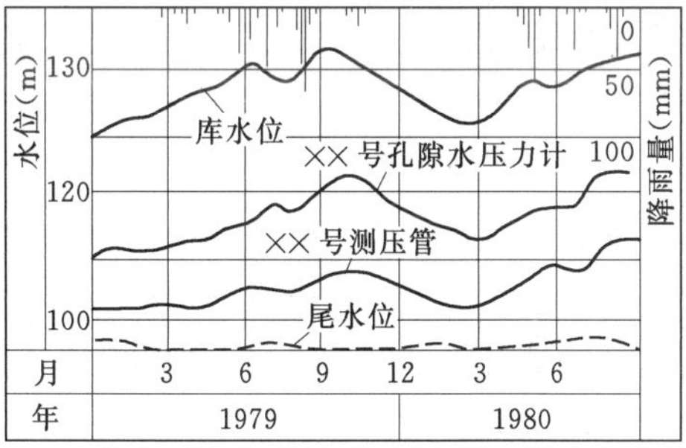

图 1.5.5 渗流压力水位过程线图

根据过程线图确定迟后时间，消除迟后影响，用稳定流场的对应关系绘制以下图件：

(1) 特定库水位下的渗流压力水位过程线，如图 1.5.6 所示。

(2) 渗流压力水位与库水位（或上下游水位差）相关关系图。

(3) 坝体横断面渗流压力（含浸润线位置）分布图，并同时在坝体横剖面渗流压力分布图上绘出相应库水位的设计浸润线位置以资对比。

(4) 根据过程线图确定并消除迟后影响后，用稳定渗流场的对应关系绘制以下图件：

1) 特定库水位下的渗流量过程线。

2) 渗流量与库水位（或上下游水位差）相关关系图，如图 1.5.7 所示。

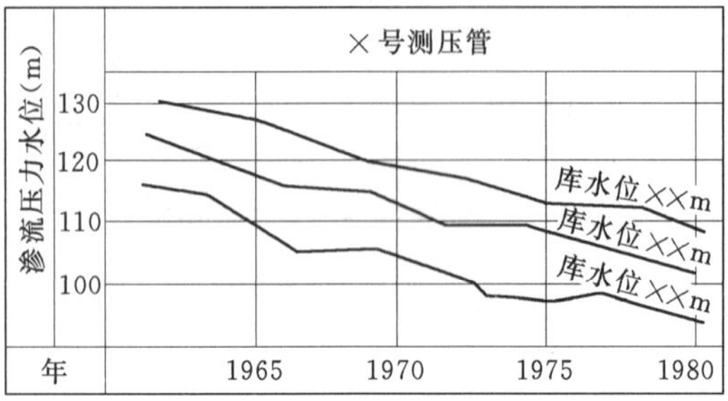

图1.5.6　特定库水位下渗流压力水位过程线图

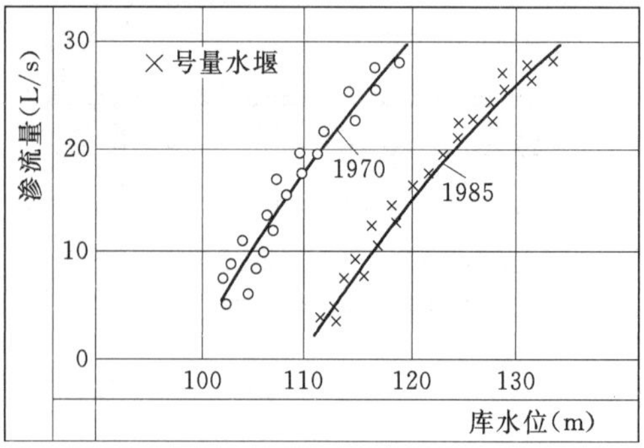

图1.5.7　渗流量与库水位（或上下游水位差）相关关系图

1.5.3　安全监测资料的分析

1.5.3.1　资料分析的目的和意义

大坝安全监测是掌握坝体运行状态、保证大坝安全运用的重要措施，也是检验设计成果、检查施工质量和掌握大坝的各种物理量变化规律的有效手段。但是，原始的观测成果往往只展示了大坝的直观表象，要深刻地揭示规律和作出判断，从繁多的监测数据中找出关键问题，还必须对观测数据进行检验、剖析、提炼和概括，这就是监测资料分析工作。其意义可从以下几方面来理解。

（1）监测数据本身，既隐含着大坝实际状态的信息，又带有观测误差及外界偶然因素随机作用所造成的干扰。必须经过辨析，识别干扰，才能显示出真实的信息。

（2）影响坝体状态的多种内外因素是交织在一起的，监测值是其综合效应。为了将影响因素加以分解，找出主要因素及各个影响因素的影响程度，也必须对测值作分解和剖析。

（3）只有将多种监测量的多个测点、多次测值放在一起综合考察，相互补充、印证，才能了解测值在空间分布上和时间发展上的联系，找出变化异常的部位和薄弱环节，了解其变化过程和发展趋势。

（4）任何事物的发展都是遵循从量变到质变的过程。大量事实表明，大坝的破坏和失稳，事前总是有所预兆的，同样也是一个由量变到质变的过程。通过对监测数据的分析，就可以及时发现大坝发生破坏前的各种征兆和异常情况，从而采取有效的补救措施。

（5）通过数据分析可以对设计的正确性、经济性和措施的有效性进行验证，进而为提高或改进大坝设计提供依据。大坝的设计和计算，既要符合安全的原则，又要符合经济的原则。然而，由于人类对自然规律的认识有待深入，不可能对所有影响大坝的复杂因素都进行精确的计算，只能是在做了许多假设和简化以后，才能进行设计计算。

（6）为了对大坝各种观测成果作出物理解释，预测未来测值变幅及可能的数值等，也离不开分析工作。

因此，观测资料分析被视为实现大坝安全监测根本目的最重要的一个环节，其任务就在于通过具有一定精度的监测资料，认识大坝监测数值在空间分布和时间发展上的规律性，掌握它和各种内外因素的联系，从观测值的变化来考察和发现大坝结构的变化和异常现象，防止大坝结构向不安全方向发展。

1.5.3.2　资料分析的主要方法

资料分析的主要方法有比较法、作图法、特征值统计法、数学模型法和其他一些方法。

1. 比较法

所谓比较法就是将不同测次的监测资料、巡视资料及监测资料成果与技术警戒值、理论试验的成果作比较，判断测值有无异常，找出观测值的变化规律或发展趋势。

(1) 比较多次巡查资料，定性考察大坝外观异常现象的部位、变化规律和发展趋势。

(2) 比较同类效应量监测值的变化规律或发展趋势，是否具有一致性和合理性。

(3) 将监测成果与理论计算或模型试验成果相比较，观察其规律和趋势是否有一致性、合理性。并与工程的某些技术警戒值（大坝在一定工作条件下的变形量、抗滑稳定安全系数、渗透压力、渗漏量等方面的设计或试验允许值，或经历史资料分析得出的推荐监控值）相比较，以判断工程的工作状态是否异常。

2. 作图法

根据分析的要求，画出监测资料的过程线图、相关图、分布图及综合过程线图（如将上游库水位、某物理量和其警戒值，其他的效应量画在一张图上）等，由图可直接了解和分析测值的变化大小和其规律。

(1) 以观测时间为横坐标，所考查的测值为纵坐标绘制的曲线叫过程线。它反映了测值随时间而变化的过程。由过程线可以看出测值变化有无周期性，最大值、最小值等，一年或多年变幅有多大，各时期变化梯度（快慢）如何，有无反常的升降变化等。图上一般同时绘制相关因素如库水位、气温等的过程线，以了解测值和这些因素的变化是否相关，周期是否相同、滞后时间多长、两者变化幅度等。有时也可以同时绘制不同测点或不同项目的曲线，比较它们之间的联系和差异。

(2) 以横坐标表示测点位置，纵坐标表示测值所绘制的台阶图或曲线叫分布图。它反映了测值沿空间的分布情况。由图可看出测值分布有无规律，最大、最小值在什么位置，各点间特别是相邻点间的差异大小等。图上还可以绘出有关因素如坝高等的分布值。同一张图绘制出同一项目不同测次和不同项目同一测次的测值分布，以比较期间的联系及差异。

(3) 以纵坐标表示测值，以横坐标表示有关因素（如水位、温度等）所绘制的散点加回归线的图叫相关图。它反映了测值和该因素的关系，如变化趋势、相关密切度等。

3. 特征值统计法

这是对监测值（随机变量）进行统计、计算，得到一系列有代表性的特征值，用以浓缩、简化一批测值中的信息，以便对大坝性态的变化更加清晰、简单地了解、掌握和发现其有无异常。

特征值主要包括各监测物理量历年的最大和最小值（含出现时间）、变幅、周期、年（月）平均值及变化率等。通过对这些特征值的统计和分析，可帮助考查各监测量之间在数量变化方面是否具有一致性、合理性，以及它们的重现性和稳定性等。

4. 数学模型法

该法就是利用回归分析、经验或数学力学原理，建立原因量（如库水位、气温等）与效应量（如位移、扬压力等）之间的定量关系的方法。这种关系往往是具有统计性的，需要较长序列的观测数据。当能够在理论分析基础上来寻求两者的确定性的关系时，称为确定性模型；当根据经验，通过统计相关的方法来寻求其联系，称为统计模型；当具有上述两者的特点而得到的联系，称为混合模型。

近年来，资料分析技术得到了较快发展，许多新技术、新方法在大坝监测资料分析领域得到了广泛应用，如时间序列分析、灰色模型分析、模糊聚类分析、神经网络分析、决策分析以及专家系统技术等。

学习情境1.6 土栖白蚁的防治

白蚁是一种危害性很大的昆虫，它的种类繁多，分布很广。白蚁按栖居习性不同，大致可分为木栖白蚁、土栖白蚁和土木两栖白蚁3种类型。危害堤坝安全的是土栖白蚁。

1.6.1 土栖白蚁对堤坝的危害

土栖白蚁在堤坝土壤里营巢筑路，到处寻水觅食。随着巢龄的增长和群体的发展，主巢搬迁由浅入深，巢体由小到大，主巢附近的副巢增多，蚁道蔓延伸长、纵横交错、四通八达。据考察估计，一个黑翅土白蚁的成年群体，其个体总数可达100万～200万个；主巢离地表的深度可达2～3m，甚至更深；大的主巢直径在1m以上；副巢可达100余个，其直径也有20～40cm；蚁道粗一般为1.5～5cm，较大的可达6～7cm，有的蚁道贯穿堤坝内外坡，成为涨水时的漏水通道。一旦洪水来临，上游水位抬高，将导致堤坝漏水、散浸、跌窝和管涌等险情的产生，甚至发生决堤垮坝的严重事故。所谓“千里金堤，溃于蚁穴”就是这个道理。

根据对土栖白蚁巢群发展的观察和研究认为，一对有翅繁殖蚁分飞后，脱翅、配对、钻入浅层土壤，筑一个简单的空腔开始，发展到拥有几十万至上百万个体的大型巢群，大约需要10～15年的时间。我国堤坝大多建于20世纪50年代末和60年代初，至今已有30年左右的历史，因此，这些堤坝的蚁害已相当普遍和严重。鉴于白蚁对堤坝危害的广泛性和隐蔽性，全同各地的水管部门及科技工作者对堤坝白蚁的危害十分重视，十多年来，在防治堤坝白蚁上，摸索出很多有效的方法，积累了不少经验，为保障堤坝的安全做出了很大的贡献。因此，要认真学习这些方法和经验，在实践中不断地总结和提高，为更好地防治堤坝白蚁做出新的贡献。

1.6.2 白蚁及其生活习性

1.6.2.1 白蚁群体内的品级与分工

白蚁是一种多形态的昆虫，根据其形态，职能和生理机能的不同，可分为生殖与非生殖两大类型，每一类型又可分为若干个品级（图1.6.1）。

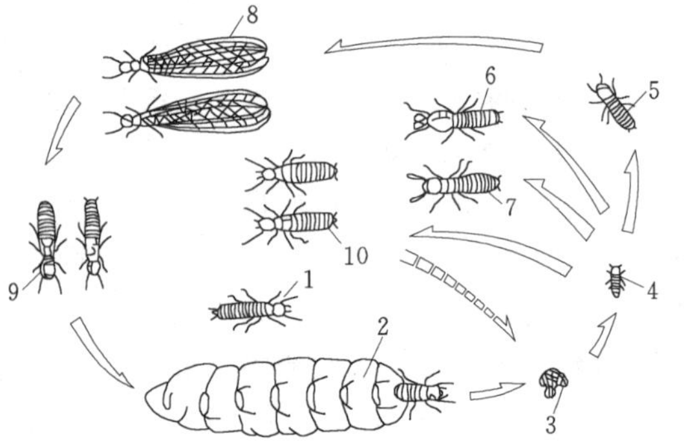

图1.6.1 白蚁生活史解

1—蚁王；2—蚁后；3—蚁卵；4—幼蚁；5—若蚁；6—兵蚁；7—工蚁；8—长翅型繁殖蚁；9—脱翅型繁殖蚁；10—补充型繁殖蚁

（1）生殖类型。生殖类型白蚁又称繁殖蚁，它包括长翅型繁殖蚁、短翅型繁殖蚁和无翅型繁殖蚁。

（2）非生殖类型。它们分为工蚁和兵

蚁两个品级，工蚁和兵蚁都有性的区别，但由于性器官发育不完善，没有生殖能力。工蚁是群体中的主要成员，其个体总数约占全巢总数的80%～90%，承担着维持群体生存的各项工作，如觅食、筑巢、修路；兵蚁的主要职能是警卫和战斗，它在巢群中的数量占总数的百分之几至十几。

1.6.2.2　白蚁的形态特征

白蚁是一种体形很小的昆虫，工蚁和兵蚁的体长，只有几毫米到十几毫米，有翅成虫的长度约为10～30mm，蚁后由于生殖腺发达，腹部特别膨大，整个体长可达60～70mm。白蚁除头部稍硬化外，其余部分均呈半透明软膜状，其体色有乳白色、淡黄色、赤色和黑色，幼蚁为纯白色。白蚁与其他昆虫一样，身体由头、胸、腹3部分组成。

1.6.2.3　白蚁的生活习性

(1) 群栖性。白蚁是一种群体巢居性昆虫，群体内各品级分工明确，各守其职，脱离群体或巢体的个别白蚁则无法生存。

(2) 隐蔽性。白蚁长期过着隐蔽的生活，工蚁、兵蚁眼睛退化，有畏光性。白蚁外出觅食都要用泥土、排泄物和白蚁的分泌物筑成片状的泥被和条状的泥线作为掩体，在掩体内行走觅食。掩体还可以防止天敌入侵和白蚁柔嫩体表水分的蒸发。所以白蚁的危害不易为人们所发现。但有翅成虫在分飞时不畏光，而且有强烈的趋光性，利用这一习性，可以采用灯光来诱杀白蚁的有翅成虫。

(3) 整洁性。白蚁的蚁巢、蚁路和身体都经常保持清洁，同一群体内的个体相遇时，互相用口器或触角频频接触，也经常互相舔吮身上的灰尘异物。蚁后产卵后，工蚁将卵粒搬到巢内适宜地方集中，并时常搬动和舔吮，以促进卵粒的发育。白蚁还有掩埋和取食同类尸体的现象。白蚁的这一习性，为消灭白蚁带来有利条件，只要将灭蚁药粉喷洒在部分白蚁身上，就会互相传染，使许多白蚁中毒，甚至整巢死亡。

(4) 敏感性。白蚁的视觉器官虽已退化，但嗅觉器官极为发达，白蚁能通过触角等嗅觉器官察觉出外激素的某些信息。白蚁在行走过程中会释放出跟踪外激素，引导同种白蚁跟踪而行，不迷失方向。有的蚁种的兵蚁能分泌报警外激素，以通知巢内白蚁前来战斗或安全转移。不同种或不同巢的白蚁气味不同，通过触角可以察觉，以致相遇时互相打斗，借此可以区分是否是同巢白蚁。

(5) 季节性。白蚁是一种喜温怕寒的昆虫，其活动对温度有一定要求，在10℃以下基本蛰伏不动，10～17℃能活动和取食但较缓慢，17℃以上则来回爬行到处觅食，20～30℃活动最为猖獗，0℃以下和39℃以上持续时间较长就会死亡。因此，3～6月和9～11月是白蚁活动频繁的季节，可趁此季节寻找白蚁巢穴。

(6) 分飞性。分飞又称分群，是白蚁进行扩散移殖、延续后代的主要形式。长翅繁殖蚁在巢内成熟后；于每年的春末夏初便成群飞出蚁巢，进行移殖。长翅繁殖蚁的飞翔能力较弱，方向与距离随风向风力而定，高度一般为数米至数十米，距离为数十米至数百米。一个成年群体的分飞量通常为几千至几万个以上，有的一次分飞完毕，也有分若干次分飞完的。分飞的长翅繁殖蚁虽然数量众多，但常因受到天敌的侵食和不良环境的影响，死亡率很高，真正能配对成活的仍属少数。

1.6.2.4　土栖白蚁的特征

土柄白蚁中，危害成灾的蚁种有黑翅土白蚁和黄翅大白蚁两种，其特征如下。

1. 黑翅土白蚁

这种白蚁的巢体较大，直径可达1m以上。在主巢周围有许多菌圃，有的多达100多个。巢筑于地下土壤中，深可达2～3m。地下蚁道呈扁圆形或拱形，宽1.5～2cm，大的蚁道可达6～7cm，筑在树表皮上的蚁道较宽，可达10cm，故称泥被。分飞孔筑在蚁巢附近地面上，突出地面，形似小圆锥，泥土颗粒较小。

有翅成虫体长接近30mm，体为黑褐色，翅也为黑褐色。每年5～6月雷雨前后傍晚分飞，分飞时气温在22℃以上。

黑翅土白蚁分布范围很广，河南洛阳以南各省均有。

2. 黄翅大白蚁

这种白蚁的巢体较大，有泥质骨架结构，直径可达1m以上。主巢周围菌圃不多，巢筑于地下土壤中，深1m左右。蚁路特征与黑翅土白蚁相似，但表面粗糙，可看出土粒状结构。分飞孔筑在蚁巢附近地面上，向下凹呈半月形或小碟形，泥土颗粒较大。有翅成虫体长约为30mm，体为黄色，翅为浅黄色，每年5～6月大雨前后闷热天的午夜至黎明前分飞，分飞气温在21℃以上。

黄翅大白蚁主要分布于浙江、江西、湖南、四川、福建、广东、广西和云南等省（自治区）。

1.6.3 堤坝白蚁的检查与观察

1.6.3.1 堤坝白蚁产生的原因

根据对堤坝蚁患的调查、观察和分析，认为堤坝白蚁产生的原因主要有如下4个方面。

（1）清基不彻底，隐有旧蚁患。建造堤坝前，地基内的蚁巢未进行清除或清除不彻底而留下隐患。这种堤坝的蚁害发生得早且严重，往往出现早期漏水。特别对于小型堤坝，由于清基粗略而导致这种蚁害的可能性较大。

（2）有翅成虫分飞到堤坝营巢繁殖。每年分飞季节，堤坝附近山坡、田野的有翅成虫分飞而来，在堤坝上配对钻洞，营巢繁殖建立新群体。尤其是堤坝周围有灯光，大量有翅成虫被引诱而来，就更易导致堤坝白蚁的产生，这是堤坝白蚁产生的主要原因。

（3）附近白蚁蔓延到堤坝。堤坝土质湿度适宜，内外坡的枯枝杂草是白蚁的丰富食料，是白蚁生活繁殖的良好环境，所以两端山坡的白蚁蔓延到堤坝上来。堤坝两端坝体内的白蚁，多由这种原因产生。

（4）管理工作不善，人为招惹蚁害。经常在堤坝上翻晒柴草和堆放木柴，将白蚁带上坦坝，过后又不及时清理；有些地方在堤防边修坟墓、盖猪舍；有的水库在坝的两端种植白蚁喜食的树木等，这些都很可能导致堤坝蚁害的产生。

堤坝产生白蚁的原因很多，加之堤坝本身具备了白蚁生活繁殖所需要的良好条件，所以堤坝蚁害发展很快，对工程的安全威胁很大。此外，由于堤坝周围白蚁不可能完全消灭，白蚁仍然会分飞、蔓延到堤坝上来，所以，防治堤坝白蚁的工作不是一劳永逸的。

1.6.3.2 堤坝白蚁的分布

土栖白蚁的分布大致有如下规律：堤坝的背水坡较多，迎水坡较少；坝身上部较多，下半部较少；高水位滞续时间短；蓄水浅的堤坝多，常年高水位蓄水的少；黏性土壤的堤坝多，砂质土壤的少；早期修建的堤坝多，新建的少；周围是松木山林的堤坝多，是水田旱地的少；靠近丘陵山地的堤坝多，靠近平原湖泊的少；荒野堤段多，居民集中的堤段少。堤坝中土栖白蚁的巢和菌圃大多筑在浸润线上方附近。

1.6.3.3 堤坝白蚁的检查观察

白蚁的灭治，特别是对堤坝蚁害病患的处理，需要找到蚁巢的位置。蚁巢的寻找，通常采用问、找、挖的步骤进行，现分述如下。

1. 调查蚁害情况

在灭治堤坝白蚁前，首先要进行调查研究。如了解建坝历史；坝型结构；坝身用料情况；是否利用小山包作坝体；坝身与两端相连山坡的蚁害情况；坝体的扩建及扩建前的蚁害情况；水库的常蓄水位及浸润线的位置；有翅成虫的分飞时间、部位和数量；堤坝的渗漏情况等。经过上述调查，可大致判断白蚁来源、蚁巢位置、危害蚁种、危害程度等情况，有利于指导对蚁巢具体位置的寻找和提出有效的灭治方法。

2. 寻找堤坝白蚁的方法有以下两种

（1）普查法。根据白蚁的生活习性，寻找白蚁修筑的泥被、泥线和分飞孔等地表活动迹象，每年在 3～6 月和 9～11 月白蚁活动盛期，组织专业灭蚁技术人员或经过短期训练的群众，在堤坝内外坡面的每一部位进行仔细检查，查看有无泥被、泥线和分飞孔，翻铲枯萎植物根部、枯枝、落叶、木材、乱石、牛粪、浪渣下面有无白蚁活动。若有则做好标记和记录，画山坡面蚁被、蚁线和分飞孔分布图，鉴别白蚁种类，待后处理。

（2）诱蚁法。在雨水冲刷和人畜踩踏的坡面，用普查法寻找白蚁活动的地表迹象较为困难，此时可采用诱蚁法。诱蚁法常分为坑诱法和堆诱法两种。坑诱法是在白蚁活动季节，在堤坝背坡面上挖浅坑，坑的大小和间距没有一定的标准，一般以长 40cm，宽深各为 30cm，坑距为 5～10m 为宜，常设置 2～3 排（视堤坝高低而定），并使坑的布点在坡画上呈梅花形。将白蚁喜食的引诱饵料放入坑中，坑面用泥土盖密，以防蚂蚁等天敌入侵。引诱饵料有艾蒿枯枝、茅草、甘蔗渣、桉树皮、鸡爪草、干茭白壳、玉米芯，金刚刺、刺槐枯枝、枯松柴等，可根据当地白蚁喜食和料源情况因地制宜地选用。为防止雨水进入坑内，常在诱蚁坑的上方设排水沟或使坑顶凸出地面。堆诱法的布点距离与坑诱法相同，在布点位置铲除坡面杂草，堆上引诱饵料，堆料成底圆直径 0.5m、高 0.5m 的圆锥形，外面用泥皮糊住。引诱法可引来白蚁形成蚁道，一般过十天半个月翻挖检查。

3. 寻找主蚁道

查到堤坝白蚁的地表迹象或活动痕迹后，即可寻找主蚁道，目前采用下述方法。

（1）从泥被、泥线找主蚁道。发现泥被、泥线后，先铲去其周围 $1m^2$ 的草皮，然后，仔细地铲去泥被泥线，即可找到半月形的小蚁道。此时可用喷粉器将滑石粉喷入小蚁道，或用细草茎插入小蚁道，再顺着白粉或细草茎挖出呈拱形较粗大的主蚁道。

（2）由分飞孔找主蚁道。找到分飞孔后，挖开分飞孔便会发现较宽阔的呈半月形的候飞室。一般候飞室下连主蚁道，与主巢相通，距主巢较近。由分飞孔找主蚁道省工省时，但受季节限制，只有在分飞季节时才能采用。

（3）开沟寻找主蚁道。在泥被泥线的上方，顺堤坝轴线开挖一条深 1m、宽 0.5m、长若干米的沟，一般均能截断蚁道。白蚁为了保持正常生活，一般在 1～2d 后就会重修蚁道，把切断的蚁道修复连通。可根据新修的蚁道追挖主蚁道。

（4）用诱蚁法寻找主蚁道。诱蚁法可引来大量白蚁取食，并形成蚁道，可顺着该道追挖主蚁道。

（5）翻铲枯萎杂草找主蚁道。铲开杂草粘蔸找到白蚁时，可跟踪白蚁去向找出小蚁道，再顺着挖出主蚁道。

4. 确定巢位

找到主蚁道后，尚需判断和确定蚁巢位置，目前常用的方法如下：

（1）沿主蚁道追挖蚁巢。找到主蚁道后，为避免追挖时散土阻塞蚁道迷失方向，可顺蚁道通入一根细长竹条，通入一段开挖一段。可发现蚁道由小到大，多数蚁道朝着一个方向或发现菌圃、菌圃腔，菌圃颜色渐深且由小到大，若用草茎插入蚁道内，便有许多工蚁与兵蚁咬住不放，抽出草茎有越来越浓的酸腥味；当锄触土有空洞回声时，则不远处便可获得蚁巢。

（2）利用锥探确定巢位。用长4～5m、直径3cm左右的钢钎一根，在有白蚁活动地表迹象的一定范围内，间距0.5m，排成梅花形用力向下锥探，如有突然掉锥现象，即可判断地下有空洞或蚁巢。多插几个眼可确定蚁巢或空洞的范围，并可从锥上是否有酸腥味来区别是蚁巢还是其他空洞。此法虽有一定效果，但盲目性和劳动强度均大，可作为辅助找巢措施。

（3）根据鸡丛菌寻找蚁巢。鸡丛菌呈伞状，灰褐色，菌盖中央突出部分颜色较深，向四周逐渐变淡，可食用，鸡丛菌多长在土栖白蚁主巢和菌圃上方，一般在高温、高湿的夏季，下过透雨后，质地疏松的黄棕色土壤地面上容易长出。顺鸡丛菌向下挖即可找到蚁巢。利用鸡丛菌寻找蚁巢方法简便易行，但鸡丛菌出土后约3d左右时间即枯萎凋落，因此，必须抓住鸡丛菌容易出现的季节，及时巡查并作好标记，以作日后挖巢依据。

（4）利用放射性同位素探巢。用松花粉或松花粉匀枯艾蒿茎拌一份、糖两份、水一份。放射性同位素碘（^{131}I）或锑（^{124}Sb）3～5mCi，制成小丸剂（或小条剂）引饵，放入主蚁道内，让白蚁食用。然后用辐射仪可探出土壤中55cm深处的中型蚁道（^{124}Sb）及30cm深处的小型菌圃腔和43cm深处的主蚁道（^{131}I）。此方法由于土层对射线吸收较大，难以探出更深的巢位。

1.6.4　堤坝白蚁的防治

1.6.4.1　堤坝白蚁的预防措施

土栖白蚁对堤坝的危害既隐蔽又严重，在白蚁对堤坝造成严重危害之前，通常不易被人们发现。另外，堤坝中产生白蚁的原因很多，防治白蚁的工作是经常而长期的，所以必须贯彻“防重于治，防治结合”的方针，以保障堤坝的安全，预防堤坝白蚁一般有如下措施。

（1）做好清基工作。对新建的堤坝和扩建的加高培厚工程，施工前，必须做好清基工作，清除杂草和树根，并仔细检查白蚁隐患，认真地做好附近山坡白蚁的灭治工作；对料场的清基亦应予以重视，严禁杂草树根上堤坝，以避免蚁患填埋于堤坝中，造成严重隐患。

（2）毒土防蚁。利用化学药剂处理堤坝土壤，可以防止外来白蚁的侵入和灭治堤坝浅层的初建巢群。目前各地常用的药剂有五氯酚钠水溶液、氯丹乳剂、可湿性六六六粉、煤、油或柴油等，在毒土处理时，要防止库水的污染并注意人畜的安全。

对新建堤坝，当施工接近常水位浸润线位置时，开始在堤坝内外坡的表层土以下及两端与山坡接合处，设置一道毒土防蚁层，使堤坝在浸润线以上形成封闭式防蚁结构。

具体方法是在堤坝分层填筑时，内外坡面表层留0.5m不作毒土处理，作为保护层以防止药性失散，其内侧土层在宽0.5～10m范围内，每层喷洒药剂，与填土拌和均匀，然后与非毒土处理的填筑层一起碾压或夯实，与山坡接合处的毒土层无需保护层。用药量为每立米土喷洒0.5%氯丹乳剂水溶液10kg，或6%可湿性六六六粉0.5kg。

对已建堤坝，毒土处理方法有表面喷洒毒土法、浅层打洞毒土法和深层钻探毒土法3种。表面喷洒毒土法是在背水坡全面喷洒1%～2%五氯酚钠水溶液，或1%氯丹乳化荆；浅层打洞毒土法是用小铁钎打洞，洞深30cm、洞间距30cm，呈梅花形布置，向洞内灌注表层喷洒毒土法的有关药液；深层钻探毒土法是用直径16～20mm、长3～4m的钢钎，在堤坝背水坡竖直钻孔，孔深0.6～2m、孔距1m、排距1m，呈梅花形排列，然后往孔内灌注含毒泥浆，此法可把埋藏较深的白蚁杀死，起到防治兼备的效果。

(3) 灯光诱杀有翅成虫。在每年4～6月的分飞季节，利用有翅成虫的趋光习性，在坝区外装置黑光灯（或气灯、煤油灯）诱杀有翅成虫，以防止附近山地有翅成虫落列堤坝上建巢。

黑光灯功率一般用20～25W，灯高1.5～2.5m，灯下0.2m处放水一盆，水中加少量煤油或柴油，盆下地表10m直径范围内喷洒敌敌畏或六六六等药剂，使飞向灯光的有翅成虫掉入盆内或盆外均中毒死亡。

广东某水库安装15盏25W黑光灯，灯距坝50m，灯距50m，一个分飞季节诱杀黑翅土白蚁和黄翅大白蚁的有翅成虫15.5kg，计20余万个体，效果显著。

(4) 改变堤坝表土结构、改变堤坝表层土壤结构，可造成不利于白蚁生存的条件，以阻止新的群体的产生。用掺入10%石灰或3%食盐的土壤以及两种掺入料比例降低一半的混合土壤填筑土坝表层，可使有翅成虫配对脱翅后均死于土表。铲去背水坡草皮，铺上厚10cm的煤灰渣，同样能防止繁殖蚁入土建巢。

(5) 生物防治。土栖白蚁大量活动期间和有翅成虫的分飞季节，在堤坝上放养鸡群，能将刚落在坝面上的有翅成虫啄食。同时鸡还经常翻动坝面上的枯草和白蚁的泥被、泥线，啄食出来活动的白蚁。白蚁的天敌很多，主要有青蛙、黑蚂蚁、蜻蜓、蝙蝠、燕子、麻雀等。它们对抑制土栖白蚁新群体的产生和原群体的扩展有重要作用，因此，对白蚁的天敌要进行保护并加以利用。

(6) 加强工程管理。禁止在堤坝上长期堆放柴草、木材等白蚁喜食的杂物，并经常清除堤坝上的枯草和树蔸，逐步更换堤坝附近白蚁喜食的绿化树种（如大叶桉等），可减少外来白蚁蔓延到堤坝上来。

1.6.4.2 堤坝白蚁的灭治方法

灭治土栖白蚁的方法较多，一般可归纳为、熏、灌、挖、喷、诱等5种。现将常用的灭蚁方法分述如下。

(1) 磷化铝（或磷化钙）熏杀。利用磷化铝在空气中易吸收水分而产生极毒的磷化氢气体来熏杀白蚁。操作方法为将磷化铝片剂5～15片（每片含2g），放入装有湿棉球的玻璃试管内，立即把试管口插入已挖开的主蚁道，用湿布密封试管周围。为加速反应速度，可在试管底部加温。反应完毕，拔出试管，迅速用湿土封堵蚁道口，3～5日白蚁的死亡率可达100%。此法简单易行，效果较好，但磷化铝是剧毒药剂，操作时必须严守规程，以防中毒。用药后一周之内严禁人、畜进入施药地区。

此外，还有敌敌畏熏杀与六六六粉烟雾剂熏杀等方法，效果都较好。但是用烟雾剂熏杀白蚁，当蚁道畅通，离主巢又近时，白蚁死亡率可达100%，若蚁路曲折，中途又穿过菌圃腔以及工蚁、兵蚁又来得及封堵蚁道时，灭蚁效果就不够理想了。

（2）灌毒泥浆毒杀。灌毒泥浆不仅能毒杀白蚁，还有填补蚁巢、空腔、蚁道和加固堤坝的作用。泥浆由过筛的黄泥（或黏土）和药剂水液按重量比约为1∶2拌和而成，泥浆比重以1.25～1.40为宜。常用药剂水液有0.1%～0.2%的五氯酚钠，0.3%～0.5%的六六六粉、氯丹，0.4%的乐果和0.1%～0.2%的敌百虫等。

灌浆灭蚁可利用主蚁道口或锥探孔进行，也可用小型钻机造孔灌浆。开始时，灌浆压力应控制在4万Pa以内，压力过大会造成土层破裂而冒浆，随后再逐渐加大，直至蚁道或堤面出现冒浆现象。此时，停止灌浆片刻，用泥封堵冒浆的地方，再重新慢灌至饱和为止。以后，待浆液脱水收缩形成空隙时，可再进行灌浆。

利用主蚁道灌浆关键是选择主蚁道口的位置，为使灌浆效果良好，应尽量在堤坝上半坡或靠近坝顶处寻找合适的蚁道，自上而下进行灌浆。另外，利用分飞孔，挖出主蚁道灌浆或在鸡丛菌位置锥孔灌浆，则效果更好。

（3）挖巢灭蚁。挖巢灭蚁方法简单，可发动群众进行，取巢后要及时熏灌残留在蚁道内的白蚁，杜绝后患。挖巢后，及时回填并结合工程处理，但在汛期翻挖蚁巢，应特别注意堤坝的安全。此法的缺点是工程量较大。

（4）喷灭蚁灵粉剂毒杀。灭蚁灵纯品是一种白色或淡黄色晶体，无气味，通常配成75%粉剂，属慢性胃毒性杀虫剂。

毒杀原理是利用白蚁在相遇时互相舔吮和通过工蚁给其他白蚁喂食的生活习性，使中毒的白蚁在巢群内互相传染，最后全巢死亡。

具体方法是在每年4～6月或9～11月土牺白蚁在地表活动的两个高峰期，在堤坝坡面上按前述方法设置诱蚁坑或诱蚁堆，在短期内可引来大量白蚁，即可进行喷药。喷药前先将泥皮扒开，然后轻轻提起饵物，将灭蚁灵粉喷在白蚁身上，再把饵料轻轻放回原处，盖上泥皮。过几天再检查，发现有白蚁再喷药，直至没有白蚁为止。

（5）灭蚁灵毒饵诱杀。此法由诱喷灭蚁灵粉方法改进而成，是目前灭治堤坝白蚁行之有效的新技术，已被广泛采用。

毒饵系采用当地白蚁喜食饵料，经晒干粉碎成粉末状，再与灭蚁灵粉、白糖按一定重量比混合制成。目前各地采用的有毒饵条、片剂和诱杀包两种。

福建省采用的毒饵条、片剂的配方为

甘蔗渣或大叶桉树皮	54%	灭蚁灵粉	2%
白糖	22%	面粉	22%

制作方法：将饵料粉末与灭蚁灵粉、白糖按重量比混合均匀，然后将面粉煮成糊状加进去糅合制成条状或片状，一条或一片毒饵含灭蚁灵为0.2g，制成后晒干或放在瓦片上烤干即成。

江苏省采用的诱杀包的配方为

玉米芯或甘蔗渣	30%	鸡爪草	25%
金刚刺	25%	灭蚁灵粉	10%
白糖	10%		

制作方法：将配料粉碎混合均匀，每 5g 毒饵装入 6×8cm 的白纸袋内，袋用自制浆糊（不能加防腐剂）封好。

投饵方法一般有如下 3 种。在长出鸡丛菌的位置，锥孔将毒饵直接投入巢体内，然后将洞口封好，一个成年巢体投入含有 0.2g 灭蚁灵粉的毒饵可杀死全巢白蚁。扒开泥被、泥线或分飞孔投饵，然后盖上瓦片封好。在白蚁活动周围内设置诱蚁坑（堆），铺上引诱材料，将毒饵放在引诱材料中间，上面再用土覆盖。

毒饵诱杀法具有灭蚁效果好、操作简单安全、对周围环境污染小，省工省时、药物费用少、适用于各种坝型等优点。但毒饵易霉变失效，所以，保存和使用都应注意防潮防霉。

(6) 灭蚁灵毒饵诱杀结合毒土灌浆。经多年的实践观察，发现用灭蚁灵毒饵诱杀土栖白蚁，在死蚁巢体中会腐生真菌并长出地面，其形状有棒形、鹿角形和鸡冠形等，颜色一般为墨色、灰黑色和灰白色，俗称炭棒菌。因此，炭棒菌的下面即是蚁巢，它成为寻找蚁巢的指示物。投放灭蚁灵毒饵到地面长出指示物所需的时间，与温度、湿度、巢位深浅和白蚁群体大小等因素有关，最少为 20d，时间长的在半年以上，只要每隔 10～20d 找菌一次，一年内可找到全部死蚁巢体，再造孔灌浆，堤坝蚁害隐患可基本消除。

以上方法均有一定效果，但各有优缺点，可根据当地情况，因地制宜地采用，或进行综合治理，以便有效地消灭蚁患，保障堤坝安全。

学习情境 1.7　土石坝的养护修理

1.7.1　土石坝的日常维护

土石坝日常维护工作的主要内容如下所述。

(1) 不得在坝面上种植树木、农作物，严禁放牧、铲草皮以及搬动护坡的砂石材料，以防止水土流失、坝面干裂和出现其他损害。

(2) 经常保持坝顶、坝坡、戗台、防浪墙的完整，对表面的坍塌、隆起、细微裂缝，雨水冲沟、蚁穴兽洞，应加强检查，及时养护修理。护坡砌石如有松动、风化、冻毁或被风浪冲击损坏，应及时更新修复，保证坝面完整清洁、坝体轮廓清楚。

(3) 严禁在坝顶、坝坡及戗台上堆放重物，建筑房屋，敷设水管，行驶重量、振动较大的机械车辆，以免引起不均匀沉陷或滑坡破坏。

(4) 在对土石坝安全有影响的范围内，不准任意挖坑、建塘、打井、爆破、炸鱼或进行其他对工程有害的活动，以免造成土坝裂缝、滑坡和渗漏。

(5) 不得利用护坡作装卸码头，靠近护坡不得停泊船只、木筏，更不允许船只高速行驶，对坝前较大的漂浮物应及时打捞，以保护护坡的完整。

(6) 经常保持坝面和坝端山坡排水设施的完整，经常清淤，保证排水畅通。

(7) 在下游导渗设备上不能随意搬动砂、石材料以及打桩、钻孔等损坏工程结构的活动。并应避免河水倒灌和回流冲刷。

(8) 正确地控制库水位，务必使各时期水位及其降落速度符合设计要求，以免引起土坝上游坡滑坡。

(9) 注意各种观测仪器和其他设备的维护，如灯柱、线管、栏杆、标点盖等，应定期涂刷油漆，防锈防腐。

(10) 寒冷地区，冰冻前应消除坝面排水系统内的积水，每逢下雪，应将坝顶、台阶及其他不应积雪部位的积雪扫除干净，以防冻胀、冻裂破坏。

1.7.2 土石坝的裂缝与处理

土石坝坝体裂缝是一种较为常见的病害现象，大多发生在蓄水运用期间，对坝体存在着潜在的危险。例如，细小的横向裂缝有可发展成为坝体的集中渗漏通道；部分纵向裂缝则可能是坝体滑坡的征兆；有的内部裂缝，在蓄水期突然产生严重渗漏，威胁大坝安全；有的裂缝虽未造成大坝失事，但影响正常蓄水，长期不能发挥水库效益。因此，对土石坝的裂缝，应予以足够重视。实践证明，只要加强养护修理工作，分析裂缝产生的原因，及时采取有效的处理措施，是可以防止土坝裂缝的发展和扩大，并迅速恢复土石坝的工作能力的。

1.7.2.1 裂缝的类型

土石坝的裂缝，按其方向可分为龟状裂缝、横向裂缝和纵向裂缝；按其产生原因可分为干缩裂缝、冻融裂缝、不均匀沉陷裂缝、滑坡裂缝、水力劈裂缝、塑流裂缝、震动裂缝；按其部位可分为表面裂缝和内部裂缝等。在实际工程中土石坝的裂缝常由多种因素造成，并以混合的形式出现。下面按干缩、冻融裂缝，纵向、横向裂缝及内部裂缝等，分别阐述其成因特征。

1.7.2.2 裂缝的成因及特征

1. 干缩和冻融裂缝

干缩和冻融裂缝是由于坝体受气候的影响或植物的影响，土料中水分大量蒸发或冻胀，在土体干缩或膨胀过程中产生的。

(1) 干缩裂缝。在黏性土中，土粒周围的薄膜水因蒸发而减薄，土粒与土粒在薄膜水分子吸引作用下互相移近，引起土体干缩，当收缩引起的拉应力超过一定限度时，土体即会出现裂缝。对于粗粒土，薄膜水的总量很少，厚度很薄，对粗粒土的性质没有显著影响。由上述可知，当筑坝土料黏性越大、含水量越高时，产生干缩裂缝的可能性越大。在壤土中，干缩裂缝则比较少见，而在砂土中则不可能出现干缩裂缝。显然，干缩裂缝的成因是土中水分蒸发，引起土体干缩。

干缩裂缝的特征：发生在坝体表面，分布较广，呈龟裂状，密集交错，缝的间距比较均匀，无上下错动。一般与坝体表面垂直，上宽下窄，呈楔形尖灭，缝宽通常小于1cm，个别情况下也可能较宽较深。例如山东峡山水库土坝，由于1965～1968年连续几年干旱，库水位低，加上在坝坡上种植棉槐，大量吸收土体水分，结果于1968年6月发现干缩裂缝多条，其中，最宽的达4cm，最深的达4.6m。

干缩裂缝一般不致影响坝体安全，但若不及时维修处理，雨水沿缝渗入，将增大土体含水量，降低土体抗剪强度，促使病害发展。尤其是斜墙和铺盖的干缩裂缝可能引起严重的渗透破坏。施工期间，当停工一段时间，填土表面未加保护，发生细微发丝裂缝，不易发觉，以后坝体继续上升直至竣工，在不利的应力条件下，该层裂缝会发展，甚至导致蓄水后漏水。因此，对干缩裂缝也必须予以重视。

(2) 冻融裂缝。冻融裂缝主要由冰冻而产生。即当气温下降时土体因冰冻而冻胀，气温升高时冰融，但经过冻融的土体不会恢复到原来的密实度，反复冻融，土体表面就形成裂缝。其特征为：发生在冻土层以内，表层破碎，有脱空现象，缝深及缝宽随气温而异。

2. 纵向裂缝

平行于坝轴线的裂缝称纵向裂缝。

（1）成因与特征。纵向裂缝主要是因坝体在横向断面上不同土料的固结速度不同，或由坝体、坝基在横断面上产生较大的不均匀沉陷所造成的。一般规模较大，基本上是垂直地向坝体内部延伸，多发生在坝的顶部或内外坝肩附近。其长度一般可延伸数十米至数百米，缝深几米至十几米，缝宽几毫米至几十厘米，两侧错距不大于30cm。

（2）常见部位。

1）坝壳与心墙或斜墙的结合面处，由于坝壳与心墙、斜墙的土料不同，压缩性有较大差异，填筑压实的质量亦不相同，因固结速度不同，致使在结合面处出现不均匀沉陷的纵向裂缝，如图1.7.1所示。

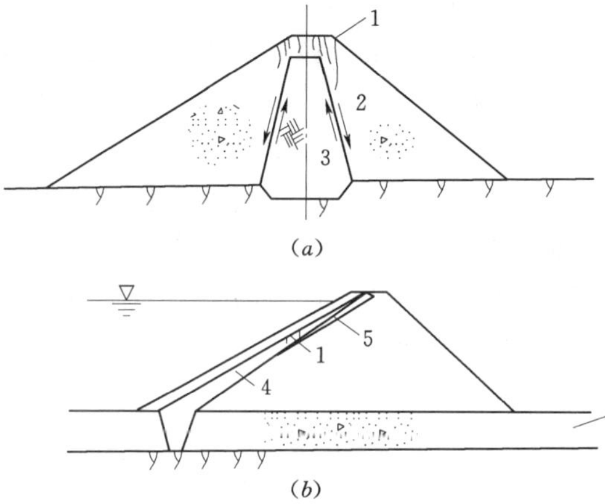

图1.7.1 坝壳与心墙或斜墙产生纵向裂缝示意图

（a）心墙坝纵缝；（b）斜墙坝纵缝

1—纵缝；2—坝壳；3—心墙；4—斜墙；

5—斜墙沉降；6—砂卵石覆盖层

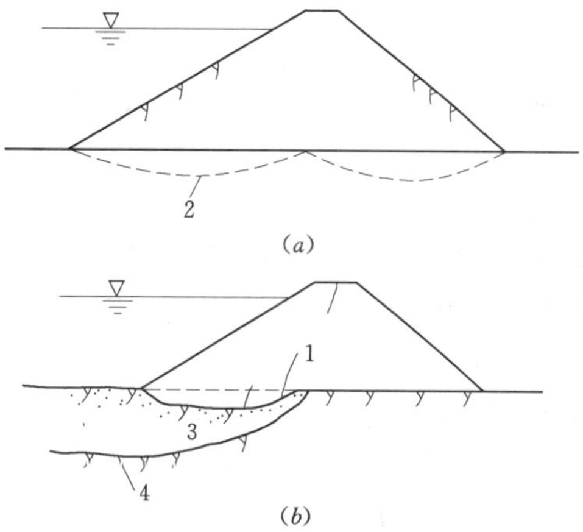

图1.7.2 压缩性地基引起的纵缝

（a）湿降性黄土地基；（b）不均质地基

1—纵缝；2—地基湿陷；3—高压缩

地基；4—岩基

2）坝基沿横断面开挖处理不当处。具体如下：

a）在未经处理的湿陷性黄土地基上筑坝，由于坝的中部荷载大，施工中坝基沉陷也大，蓄水后的湿陷较小，而上下游侧由于荷载小，坝基沉陷小，蓄水后的湿陷反而大，可能产生纵向裂缝，如图1.7.2（a）所示。

b）沿坝基横断面方向上，因软土地基厚度不同或部分为黏软土地基，部分为岩基，在坝体荷重作用下，地基发生不均匀沉陷，引起坝体纵向缝，如图1.7.2（b）所示。

3）坝体横向分区填筑结合面处，施工时分别从上下游取土填筑，土料性质不同，或上下游坝身碾压质量不同，或上下游进度不平衡，填筑层高差过大，接合面坡度太陡，不便碾压，甚至有漏压现象，因此蓄水后，在横向分区结合处产生纵向裂缝。

4）骑在山脊的土坝两侧，在固结沉陷时，同时向两侧移动，坝顶容易出现纵

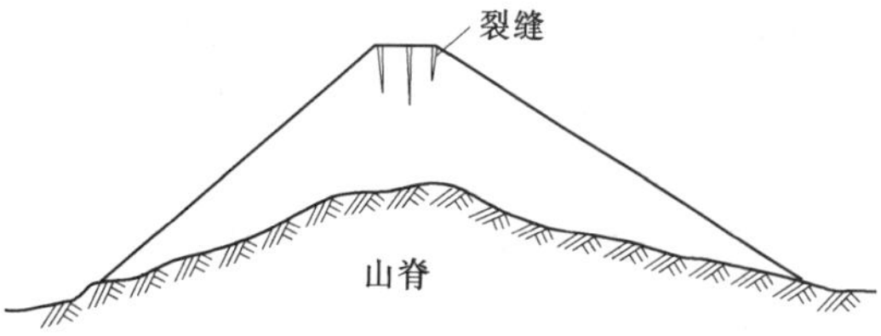

图1.7.3 跨骑在山脊上的土坝坝顶纵向裂缝

向裂缝，如图1.7.3所示。

3. 横向裂缝

走向与坝轴线大致垂直的裂缝称为横向裂缝。

（1）成因与特征。横向裂缝产生的根本原因是沿坝轴线纵剖面方向相邻坝段的坝高不同或坝基的覆盖厚度不同，产生不均匀沉陷，当不均匀沉陷超过一定限度时，即出现裂缝，常见于坝端。一般接近铅直或稍有倾斜地伸入坝体内。缝深几米到十几米，上宽下窄，缝口宽几毫米到十几厘米，偶尔可见更深、更宽的裂缝。缝两侧可能错开几厘米甚至几十厘米。横向裂缝对坝体危害极大，特别是贯穿心墙或斜墙、造成集中渗流通道的横向裂缝。

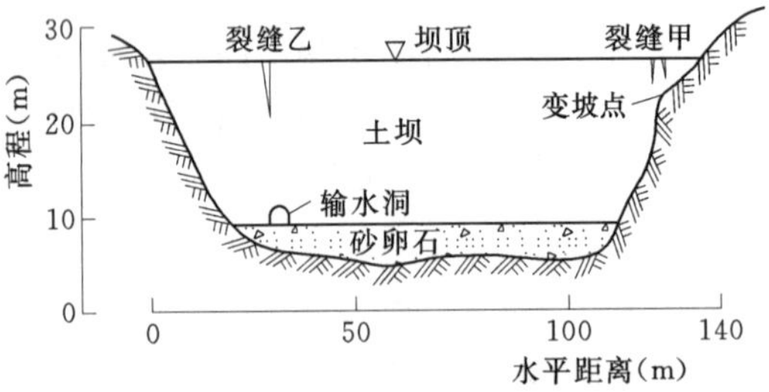

图1.7.4　某水库横向裂缝示意图

（2）常见部位。

1）坝体沿坝轴线方向的不均匀沉陷。坝身与岸坡接头坝段，河床与台地的交接处，涵洞的上部等，均由于不均匀沉陷，极易产生横向裂缝，如图1.7.4所示。

2）坝基地质构造不同，施工开挖处理不当而产生横向裂缝。有压缩性大（如湿陷性黄土）的坝段，或坝基岩盘起伏不平，局部隆起，而施工中又未加处理，则相邻两部位容易产生不均匀沉陷，而引起横向裂缝。

3）坝体与刚性建筑物结合处。坝体与刚性建筑物结合处往往会因为不均匀沉陷引起横向裂缝。坝体与溢洪道导墙连接的坝段就属于这种情况。

4）在埋设涵管的坝段，由于涵管上部与涵管两侧的坝体填土高度不同而有不均匀沉陷，因此在相应部位的坝顶处也有可能出现横向裂缝，如图1.7.4裂缝乙所示。

5）坝体分段施工的结合部位处理不当。在土石坝合龙的龙口坝段、施工时土料上坝线路、集中卸料点及分段施工的接头等处往往由于结合面坡度较陡，各段坝体碾压密实度不同甚至漏压而引起不均匀沉陷，产生横向裂缝。

4. 内部裂缝

内部裂缝很难从坝面上发现，往往发展成集中渗流通道，造成了险情才被发觉，使维修工作被动，甚至无法补救，所以坝体内部裂缝危害性很大。根据实践经验，内部裂缝常在以下部位发生：

（1）薄心墙土坝。由于心墙土料运用后期可压缩性比两侧坝壳大，若心墙与坝壳之间过渡层又不理想，则心墙沉陷受坝壳的约束产生了拱效应，拱效应使心墙中的垂直应力减小，甚至使垂直应力由压变拉而在心墙中产生水平裂缝，如图1.7.5所示。

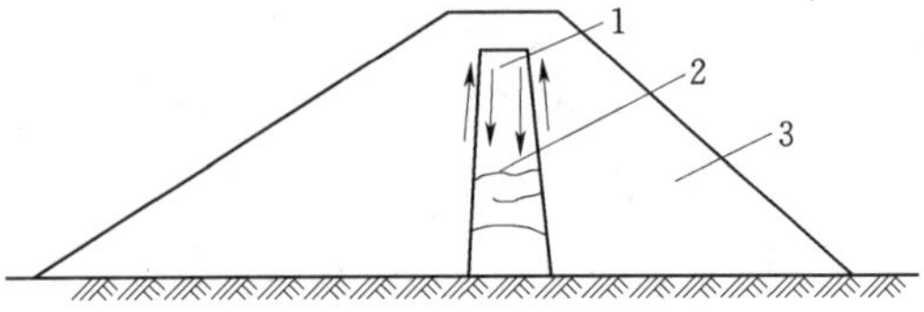

图1.7.5　心墙内部水平裂缝

1—心墙；2—水平裂缝；3—坝壳

（2）修建在局部高压缩性地基上的土坝，因坝基局部沉陷量大，使坝底部发生拉应变过大而产生横向或纵向的内部裂缝，如图1.7.6所示。

（3）修建于狭窄山谷中的坝，在地基沉陷的过程中，上部坝体通过拱作用传递到两端，拱下部坝沉陷量较大，因而产生拉应力，坝体内产生裂缝，如图1.7.7所示。

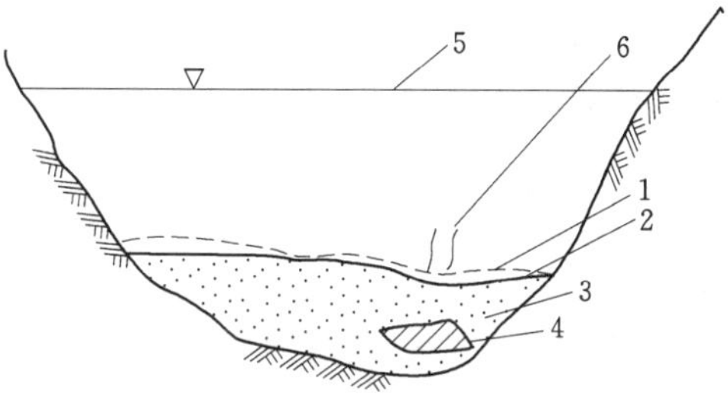

图1.7.6　高压缩地基内部裂缝

1—原坝底；2—沉降后坝底；3—细砂；4—高压缩性土；5—坝顶；6—裂缝

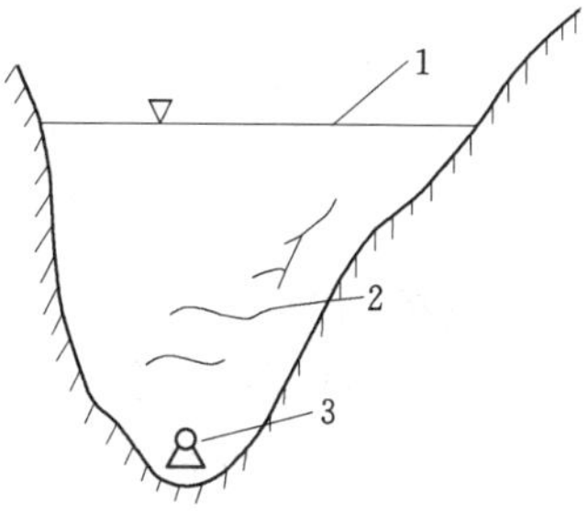

图1.7.7　窄深峡谷土坝内部裂缝示意图

1—坝顶；2—裂缝；3—放水管

（4）坝体和刚性建筑物相邻部位。因刚性建筑物比周围的河床冲积层或坝体填土的压缩性小得多，从而使坝体和刚性建筑物相邻部位因不均匀沉陷而产生内部裂缝，如图1.7.8所示。

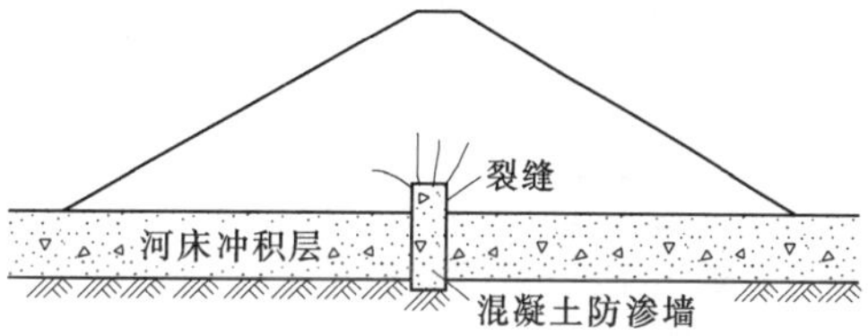

图1.7.8　刚性截水引起内部裂缝

对于内部裂缝，可根据坝体表面和内部的沉陷资料，结合地形、地质、坝型和施工质量等条件进行分析，做出正确判断。必要时，还可以钻孔、挖探槽或探井进行检查，进一步证实。对于没有观测设备的中小型水库土坝，主要依靠加强管理，通过蓄水后对渗流量与渗水浑浊度的观测来发现坝体的异常现象。

1.7.2.3　裂缝的预防

土坝裂缝的防治首先在于防。而土坝裂缝的预防措施，可归纳为设计、施工和管理三个方面。即在设计时提出裂缝可能产生的部位，在施工中采取必要的措施，在管理上加强养护，正确运用。

1. 设计阶段

由前述裂缝的成因可知，大多数裂缝均由坝体或坝基的不均匀沉陷引起，故设计中，应考虑如何减小坝体的不均匀沉陷。如坝基中的软土层应预先挖除；湿陷性黄土应预先浸水，事先沉陷；坝体两端的山坡和台地应按具体条件开挖成较缓的边坡，切忌有倒坡和峭壁存在；与坝接触的刚性建筑物（如坝下涵洞、溢洪道、截水墙等），应使其接触面有一定的正坡，减少坝体的不均匀沉陷，有利于坝体与刚性建筑物的结合；土坝与其他建筑物或岸坡的接合处应适当加厚黏土防渗体，防止裂缝贯穿防渗体；对坝体应根据土壤特性和碾压条件，选择合适的含水量和填筑标准。

2. 施工阶段

施工必须按设计提出的要求进行，严格把握好清基、上坝土质、含水量、填筑层厚和碾压标准等各项施工质量，妥善处理划块填筑的接缝，施工停歇期较长时，黏性土的填筑面应铺设临时砂土或松土保护层，复填时应清除保护层、刨松填筑面，注意新老面的结合，防止填筑面的干缩。

3. 管理运行阶段

在管理运行期间，首先应按日常维护工作的具体要求进行养护，其次需特别注意库水位的升降速度，即首次蓄水应逐年分期提高库水位，以防止因突然增加荷载和湿陷产生裂缝；正常供水期要限制库水位的下降速度，防止因库水位骤降而导致迎水坡产生滑坡裂缝。

1.7.2.4 裂缝的判断

前所述及的土坝裂缝，主要是干缩、冻融裂缝，纵、横裂缝及内部裂缝，在实际工程中，对于前四者可根据各自的特点加以判断，但需注意纵向裂缝和滑坡裂缝的区别，另外需注意判断分析内部裂缝，只有判断准确，才能正确拟订方案，采取有效的处理措施。

1. 滑坡裂缝与纵向裂缝的区别

(1) 纵向沉陷缝一般接近于直线，垂直向下延伸；而滑坡裂缝一般呈弧形，向坝脚延伸。

(2) 纵向沉陷缝发展过程缓慢，随土体固结到一定程度而停止，而滑坡裂缝初期较慢，当滑坡体失稳后突然加快，如图1.7.9所示。

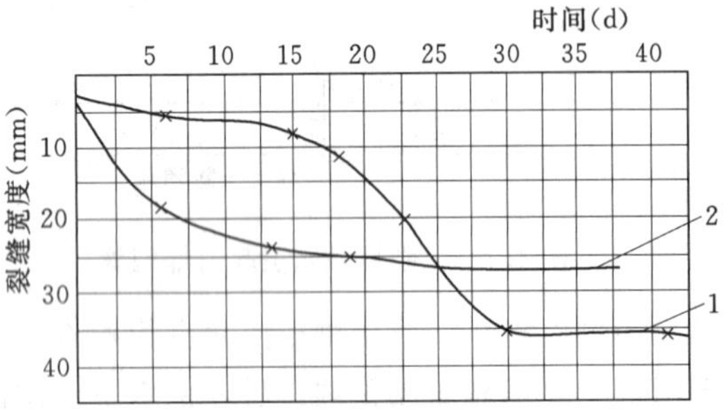

图1.7.9 两种裂缝发展过程线

1—滑坡裂缝；2—沉陷裂缝

(3) 纵向沉陷缝，缝宽为几毫米至几十毫米，错距不超过30cm，而滑坡裂缝的宽度可达1m以上，错距可达数米。

(4) 滑坡裂缝发展到后期，在相应部位的坝面或坝基上有带状或椭圆形隆起，而沉陷缝不明显。

2. 内部裂缝判断

内部裂缝判断，具体可结合坝体坝基情况从以下各方面进行分析判断，如有其中之一者，可能产生内部裂缝：

(1) 当库水位升高到某一高程时，在无外界影响的情况下，渗漏量突然加大。

(2) 当实测沉陷远小于设计沉陷，而又没有其他影响因素时，应结合地形、地质、坝型和施工质量等进行分析判断。

(3) 某坝段沉陷量、位移量比较大。

(4) 单位坝高的沉陷量和相邻坝段悬殊很大。

(5) 个别测压管水位比同断面的其他测压管水位低很多，浸润线呈现反常情况；或做注水试验，其渗透系数远超过坝体其他部位；或当水库水位升到某一数值时，测压管水位突然升高。

(6) 钻探时孔口无回水，或者有掉钻现象。

(7) 用电法探测裂缝。

1.7.2.5 裂缝的处理

裂缝处理前，首先应根据观测资料、裂缝特征和部位，结合现场探测结果，分析裂缝类型、产生原因，然后按照不同情况，采取针对性措施，适时进行加固和处理。

各种裂缝对土石坝都有不同的影响，危害最大的是贯穿坝体的横向裂缝、内部裂缝及滑坡裂缝，一旦发现，应认真监视，及时处理。对缝深小于 0.5m、缝宽小于 0.5mm 的表面干缩裂缝，或缝深不大于 1m 的纵向裂缝，也可不予处理，但要封闭缝口；有些正在发展中的、暂时不致发生险情的裂缝，可观测一段时间，待裂缝趋于稳定后再进行处理，但要作临时防护措施，防止雨水及冰冻影响。

非滑坡性裂缝的处理方法主要有开挖回填、灌浆和两者相结合 3 种方法。

1. 开挖回填

开挖回填是处理裂缝比较彻底的方法，适用于处理深度不超过 3m 的裂缝，或允许放空水库进行修补加固防渗部位的裂缝。

(1) 裂缝开挖。开挖中应注意的事项如下：

1) 开挖前应向裂缝内灌入较稀的石灰水，使开挖沿石灰痕迹进行，以利掌握开挖边界。

2) 对于较深坑槽应挖成阶梯形，以便出土和安全施工。挖出的土料不要大量堆积坑边，以利安全，不同土料应分开存放，以便使用。

3) 开挖长度应超过裂缝两端 1m 以外，开挖深度应超过裂缝 0.5m，开挖边坡以不致坍塌并满足土壤稳定性及新旧填土接合的要求为原则，槽底宽至少 0.5m。

4) 坑槽挖好后，应保护坑口，避免雨淋、干裂、冰冻、进水，造成塌垮。

开挖的横断面形状应根据裂缝所在部位及特点的不同而不同。具体有以下几种：

1) 梯形楔入法。适用于不太深的非防渗部位裂缝。开挖时采用梯形断面，或开挖成台阶形的坑槽。回填时削去台阶，保持梯形断面，便于新老土料紧密结合，如图 1.7.10 所示。

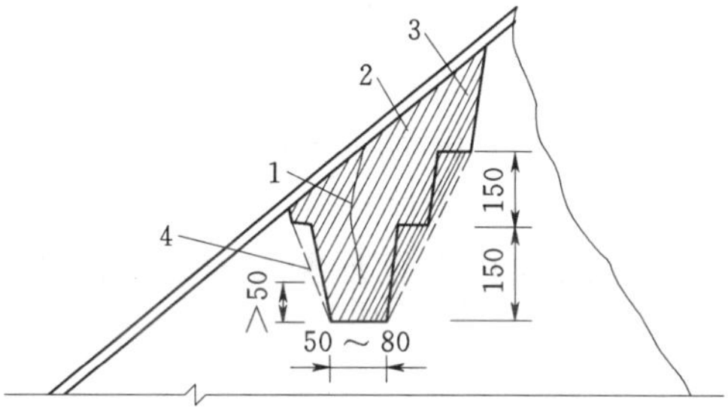

图 1.7.10　梯形锲入法（单位：cm）

1—裂缝；2—回填土；3—开挖线；4—回填线

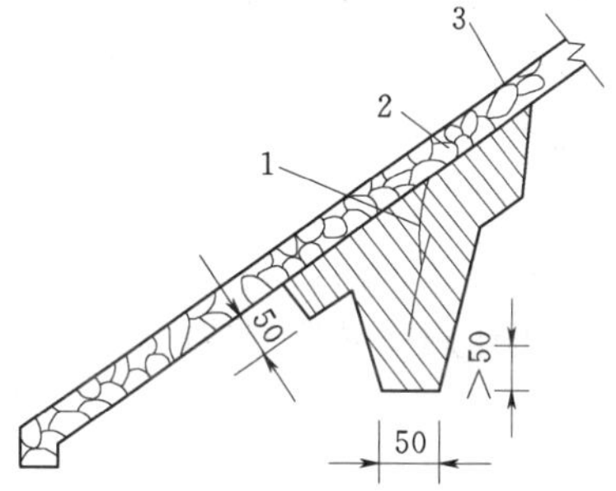

图 1.7.11　梯形加盖法（单位：cm）

1—裂缝；2—回填土；3—块石护坡

2) 梯形加盖法。适用于裂缝不太深的防渗部位及均质坝迎水坡的裂缝。其开挖情形基本与“梯形楔入法”相同，只是上部因防渗的需要，适当扩大开挖范围，如图 1.7.11 所示。

3) 梯形十字法。适用于处理坝体和坝端的横向裂缝，开挖时除沿缝开挖直槽外，在垂直裂缝方向每隔一定距离（2～4m），加挖结合槽组成“十”字，为了施工安全，可在上游做挡水围堰，如图 1.7.12 所示。

(2) 土料回填。

1) 回填前应检查坑槽周围的含水量，如偏干则应将表面洒水湿润；如土体过湿或冰

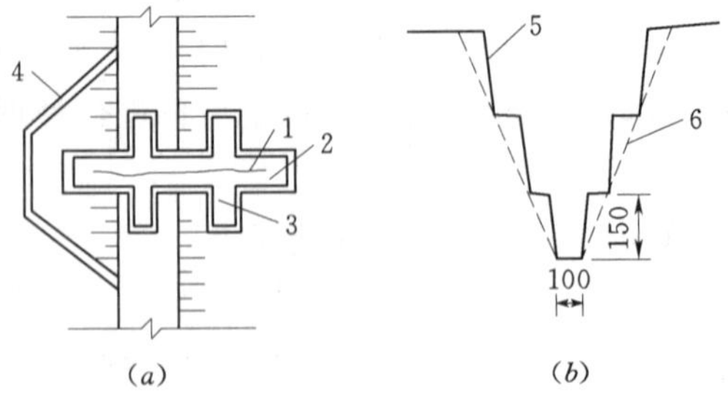

图1.7.12　梯形十字法（单位：cm）
(a) 裂缝开挖平面图；(b) 裂缝开挖剖面图
1—裂缝；2—坑槽；3结合槽；4—挡水围堰；
5—开挖线；6—回填线

冻，应清除后，再回填。

2）回填时，应将坑槽的阶梯逐层削成斜坡，并将结合面刨毛、洒水，要特别注意边脚处的夯实质量。

3）回填土料应根据坝体土料和裂缝性质选用，并作物理力学性质试验。对沉陷裂缝应选用塑性较大的土料，控制含水量大于最优含水量1%～2%；对于滑坡、干缩和冰冻裂缝的回填土料的含水量，应不高于最优含水量1%～2%。回填土料的干容重，应稍大于原坝体的干容重。对坝体挖出的土料，亦须经试验鉴定合格后才能使用。对于较小的裂缝，可用和原坝体相同的土料回填。

4）回填的土料应分层夯实，层厚以10～15cm为宜，压实厚度为填土厚度的2/3，夯实工具按工作面大小选用，可采用人工夯实或机械碾压。

2. *灌浆法*

当裂缝很深或裂缝很多，开挖困难或开挖危及坝坡稳定或工程量过大时，可采用灌浆法处理，特别是内部裂缝，则只宜用灌浆法处理。

（1）灌浆的机理。灌浆主要有以下两个方面的作用：

1）充填作用。合适的浆液对坝体中的裂缝、孔隙或洞穴均有良好的充填能力。浆液不仅能严密充填较宽的和形状简单的裂缝，也能充填缝宽1mm左右、形状复杂的细小裂缝。试验和坝体灌浆后的开挖检查结果证明，不论裂缝大小，浆液与缝壁土粒均能紧密结合。凝固以后的浆液，无论浆液本身还是浆液与缝壁的结合面，均没有新裂缝产生。

2）压密作用。浆液在灌浆压力作用下，一方面可以挤开坝内土体，形成浆路，灌入浆液，同时在较高的灌浆压力作用下，可使裂缝两侧的坝内土体和不相连通的缝隙也因土壤的挤压作用而被压密或闭合。这种影响的范围，视灌浆压力的大小和土体性质而定，一般可达30～100cm。

（2）灌浆的浆液。

1）土料选择。灌注的泥浆要求有足够的流动性；具有适当的凝固时间，在灌注过程中不凝固堵塞，灌注后又能较快凝固并有一定的强度；凝固时体积收缩量小，析出水分少，能与缝壁的土体胶结牢固。适宜的制浆土料以粉质黏土与重粉质壤土比较合适，黏粒含量为20%～30%，砂粒在10%以下，其余为粉粒。

2）泥浆的浓度、流动性、析水性及稳定性。通常用泥浆水土比反映浆液稀浓的指标，现场施工一般通过测定浆液比重后可计算每立方米泥浆所含干土重及水重。泥浆的常用比重为1.2～1.6，相应水土比为3：1～0.68：1。为使大小缝穴都能良好地充填密实，可采用先稀后浓的浆液顺序。

在保证泥浆浓度的情况下，泥浆要具有较好的流动性。泥浆的流动性可用黏度表示。泥浆黏度可用黏度计测定。黏度计为特制的漏斗。在测定黏度时，先将泥浆充分搅拌，后用手指堵住漏斗下管口，再把700mL泥浆通过滤网注入漏斗，漏斗下置一量杯，然后移去手指，同时计时，当泥浆流满500mL的量杯时读记的秒数就是泥浆的黏度。泥浆的黏度应根据裂缝宽度、灌浆压力而定，一般为20～100s。

泥浆的析水性用胶体率表示。将搅拌均匀的泥浆注入100cm^{3}的玻璃量筒中，使液面达到100cm^{3}刻度处，把筒口盖好，静放24h后，读出水面与泥浆面分界处的刻度，并以百分数记录，这便是泥浆的胶体率。胶体率一般应在95%以上。

泥浆的稳定性好，就可避免因发生沉淀而堵塞裂缝入口及输浆管路。把泥浆注满500mL的特制量筒中搅拌后，静置24h，然后测量上部和下部泥浆比重，上下部比重差值表示泥浆的稳定性，差值越小表示稳定性越好，一般其值最好小于0.05。

3）泥浆的掺合料。当灌注位置处于浸润线以下，或对坝体内含有大量的砂、砾料渗透较严重的部位，宜采用黏土水泥混合浆液，以加速凝固，提高早期强度，避免浆液被渗流带走并可减少浆液凝固后的体积收缩。水泥掺量，约为土料重的10%～30%。水泥掺量过大，则浆液凝固后不能适应土坝变形而产生裂缝。

掺入适量水玻璃（硅酸钠），可减小黏度，提高流动性，加快凝固，减小体缩。掺入量按干土重量百分比计，一般掺入量为0.5%～1.0%。

当坝体的缝穴较宽、吸浆量较大时，可在浆液中加入干土重5%～10%的均匀细砂。砂的粒径不大于1mm。加砂后，可减少体积收缩。

4）泥浆的拌制。一般用湿法制浆，即将黏土浸泡4～8h后，放入搅拌机中拌制泥浆，然后再通过孔径为1.0～1.5mm的筛网，将泥浆中的杂物及颗粒分出，泥浆流进储浆池备用。

（3）孔位布置及造孔。对于土坝表层可见的裂缝，孔位一般布置在裂缝的两端、转弯处、缝宽突然变化处及裂缝密集处。但应注意灌浆孔与导渗设施或观测设备之间应有足够的距离，一般不应小于3m，以防止因串浆而影响其正常工作。

对于坝体内部的裂缝，布孔时应根据内部裂缝的分布范围、灌浆压力和坝体结构综合考虑。一般宜在坝顶上游侧布置1～2排，孔距由疏到密，最终孔距以1～3m为宜，孔深应超过缝深1～2m。

坝体灌浆的钻孔，一般要求用干钻以保护坝体，钻孔直径可为75～110mm，堤防钻孔，一般孔径为16～60mm。钻孔过程要注意做好取样试验，并详细记录土质及松散程度等资料。

土坝灌浆技术虽问世时间不长，但发展极为迅速，近来已普遍用于土质堤坝除险加固、处理土质堤坝的裂缝和渗漏。并在实践中总结出“粉黏结合”的浆料选择，“先稀后浓”的浆液浓度变换，“先疏后密”的孔序布置，“有限控制”的灌浆压力，“少灌多复”的灌浆次数等先进技术和经验。

3. 开挖回填与灌浆结合法

此法适用于自表层延伸到坝体深处的裂缝，或当库水位较高、不易全部开挖回填的部位，或全部开挖回填有困难的裂缝。

施工时对上部采用开挖回填，下部采用灌浆处理。即先沿裂缝开挖至一定深度（一般2～4m左右）即进行回填，在回填时预埋灌浆管，回填完毕，采用黏土灌浆，进行坝体下部裂缝灌浆处理。例如某水库土坝裂缝采用此法处理，沿裂缝开挖深4m、底宽1m的大槽。再沿缝口挖一小槽，深、宽各约15～20cm。在小槽内预埋周围开孔的铁管，两端接钢（铁）管伸至原土面以上。然后在槽内回填黏性土，并分层压密夯实。用往复式泥浆泵由一端铁管灌浆。另一端的铁管作为排气、回浆之用，如图1.7.13所示。浆液为黄土水泥浆，黄土中0.05～0.005mm粉粒含量为67%，小于0.005mm黏粒含量为15%，灌浆压力控制在300kPa以下，效果很好。

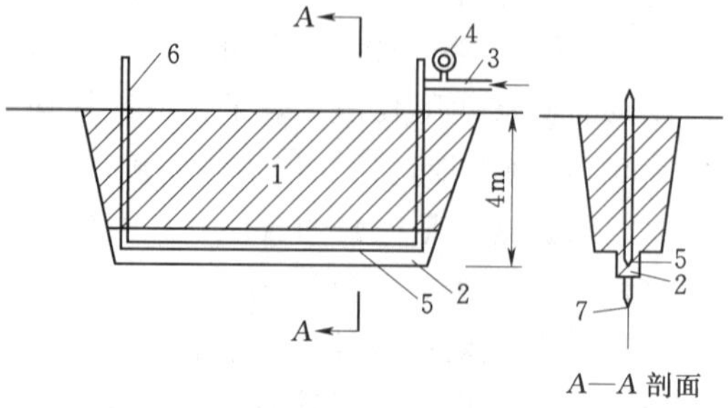

图1.7.13　灌浆管埋设方法示意图
1—开挖后回填土；2—小槽；3—进浆管；4—压力表；5—花管；6—排水孔；7—裂缝

1.7.3　土石坝的渗漏与处理

由于土石坝属于散粒体结构，在坝身土料颗粒之间，仍然存在着较大的孔隙，再加之土石坝对地基地质条件的要求相对较低，在土基或较差的岩基上均可筑坝。因此水库蓄水后，在水压力的作用下，渗漏现象是不可避免的。渗漏通常分正常渗漏和异常渗漏。如渗漏从原有导渗排水设施排出，其出逸坡降在允许值内，不引起土体发生渗透破坏的则称为正常渗漏；相反，引起土体渗透破坏的称为异常渗漏。异常渗漏往往渗流量较大，水质浑浊，而正常渗漏的渗流量较小，水质清澈，不含土壤颗粒。

1.7.3.1　土石坝渗漏的途径及其危害性

土石坝渗漏除沿地基中的断层破碎带或岩溶地层向下渗漏外，一般均沿坝身土料、坝基土体或绕过坝端渗向下游，即所谓的坝身渗漏、坝基渗漏及绕坝渗漏。这些渗漏过大时将造成以下危害。

1. 损失蓄水量

一般正常的渗漏所损失的水量与水库蓄水量相比，其值很小。若对坝基的工程地质和水文地质条件重视不够，未作必要的调查研究，更未作防渗处理，则蓄水后会造成大量渗漏，甚至无法蓄水。

2. 抬高浸润线

严重的坝身、坝基或绕坝渗漏常会导致土石坝坝身浸润线抬高，使下游坝坡出现散浸现象，降低坝体的抗剪强度，甚至造成坝体滑坡。

3. 渗透破坏

渗流通过坝身或坝基时，若渗流的渗透坡降大于临界坡降，将使土体发生管涌或流土等渗透变形，甚至产生集中渗漏，导致土坝失事。显然，对于土石坝的异常渗漏，一经发现，必须立即查清原因，及时采取妥善的处理措施，有效防止事故扩大。土石坝渗漏处理的具体原则为“上堵下排”。“上堵”即在上游坝身或地基采取措施，堵截渗漏途径，防止入渗，或延长渗径，降低渗透坡降，减少渗透流量；“下排”即在下游做好反滤和导渗设施，将坝内渗水尽可能安全地排出坝外，以达到渗透稳定，保证工程安全运用的目的。

1.7.3.2　坝身渗漏的原因及处理方法

1. 坝身渗漏的形式及原因

坝身渗漏的常见形式有：散浸、集中渗漏、管涌及管涌塌坑、斜墙或心墙被击穿等。坝体浸润线抬高，渗漏的逸出点超过排水体的顶部，下游坝坡呈大片湿润状态的现象，称

体，常用I形导渗沟；当坝坡、岸坡散浸面积分布较广，且逸出点较高时，可采有Y形导渗沟；而当散浸相对较严重，且面积较大的坝坡及岸坡，则需用W形导渗沟。

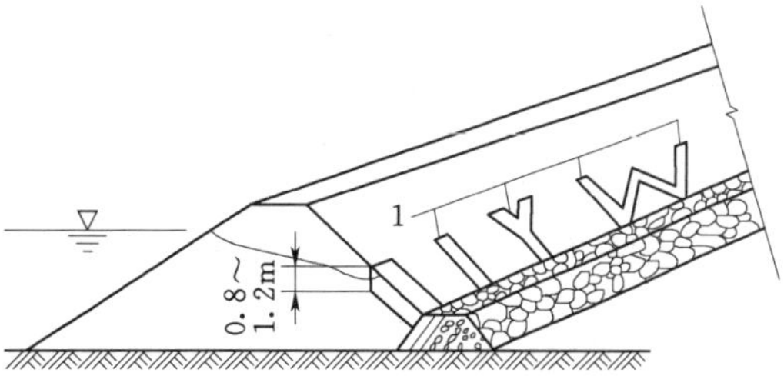

图1.7.19 导渗平面形状示意图

1—导渗沟

几种导渗沟的具体做法和要求为：①导渗沟一般深0.8～1.2m、宽0.5～1.0m，沟内按反滤层要求填砂、卵石、碎石或片石；②导渗沟的间距可视渗漏的严重程度，以能保持坝坡干燥为准，一般为3～10m；③严格控制滤料质量，不得含有泥土或杂质，不同粒径的滤料要严格分层填筑，其细部构造和滤料分层填筑的步骤如图1.7.20所示；④为避免造成坝坡崩塌，不应采用平行坝轴线的纵向或类似纵向（如口形、T形等）导渗沟；⑤为使坝坡保持整齐美观，免受冲刷，导渗沟可做成暗沟。

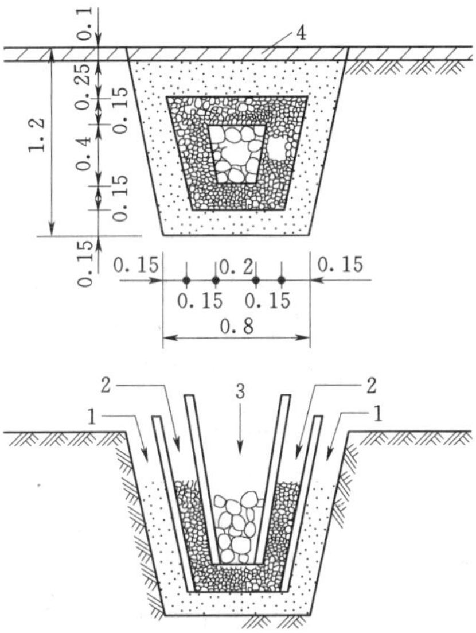

图1.7.20 导渗沟构造图（单位：m）

1—砂；2—卵石或碎石；3—片石；4—护坡

2）导渗砂槽法。对局部浸润线逸出点较高和坝坡渗漏较严重，而坝坡又较缓，且具有褥垫式滤水设施的坝段，可用导渗砂槽处理。它具有较好的导渗性能，对降低坝体浸润线效果亦比较明显。其形状如图1.7.21所示。

3）导渗培厚法。当坝体散浸严重，出现大面积渗漏，渗水又在排水设施以上出逸，坝身单薄，坝坡较陡，且要求在处理坝面渗水的同时增加下游坝坡稳定性时，可采用导渗培厚法。

导渗培厚即在下游坝坡贴一层砂壳，再培厚坝身断面，如图1.7.22所示。这样，一可导渗排水，二可增加坝坡稳定。不过，需要注意新老排水设施的连接，确保排水设备有效和畅通，达到导渗培厚的目的。

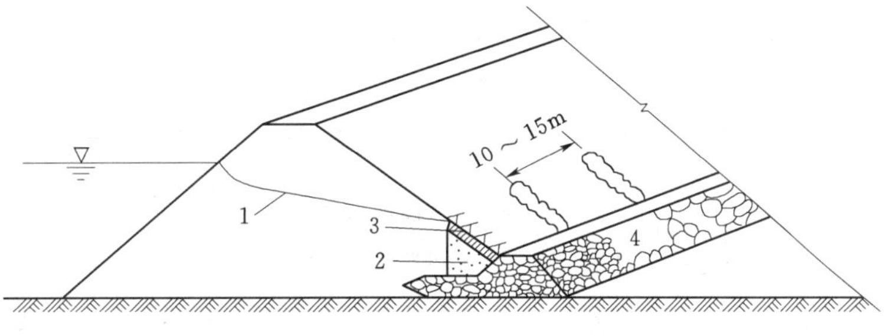

图1.7.21 导渗砂槽示意图

1—浸润线；2—砂；3—回填土；4—滤水体

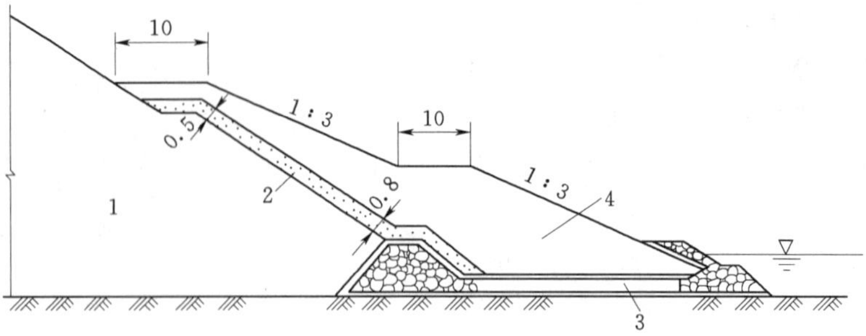

图 1.7.22　导渗培厚法示意图（单位：m）

1—原坝体；2—砂壳；3—排水设施；4—培厚坝体

1.7.3.3　坝基渗漏的原因及处理方法

1. 坝基渗漏的现象及原因

坝基渗漏是通过坝基透水层从坝脚或坝脚以外覆盖层薄弱的部位逸出的现象。不同类型坝基渗漏造成的破坏现象也略有不同。主要可归纳为如下 3 类。

（1）单层结构坝基。即坝基为渗透性大致相同的砂土或砂砾石层。当防渗措施不良，使渗流出逸坡降超过地基土的允许水力坡降而发生破坏时，下游坝脚地基表面将出现翻水带砂现象。开始时，水流带出的砂粒沉积在附近，逐渐形成砂环，随着时间的推移，砂环越来越大。当砂环发展到一定程度，就不再增大，因砂子被较大的渗流带走而不能沉积下来，这种现象若不及时处理，就将很快发展为集中渗流的通道，危及坝的安全。

（2）双层结构坝基。即坝基土层为不透水或弱透水层，下层为强透水层或透水性递增的透水层。这种坝基往往因上层较薄，易被渗流击穿而造成下游漏水翻砂，渗流量增大的现象如图 1.7.23 所示。具体随水头的变化，分为 3 个阶段：①水头较低时，下游局部出现泉眼，渗出清水，不加处理则不断发展。②当水头增加到一定程度，在渗透压力的作用下，若表层为黏性土，产生明显的隆起现象；表层为砂性土时，将有明显的松动现象；且此时有些泉眼被堵塞，有些则变为涌砂。③当水头继续增大，则表层被渗流彻底击穿，从而看到大量冒水翻砂现象。

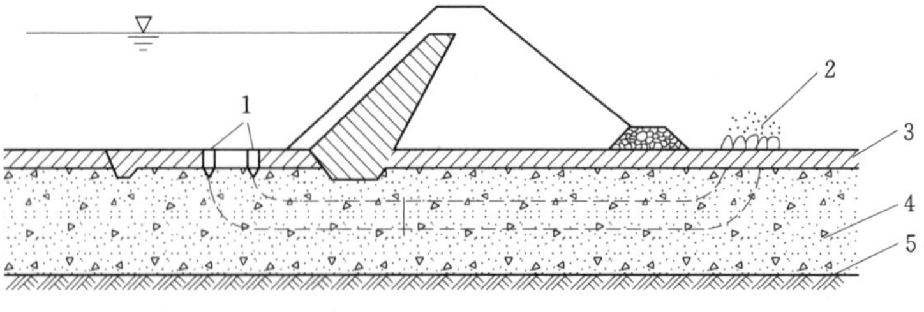

图 1.7.23　双层结构坝基破坏现象

1—铺盖穿孔；2—涌水翻砂；3—弱透水层；4—强透水层；5—不透水层

（3）多层结构坝基。即坝基透水层中间有连续的或不连续的黏性土夹层。这种坝基主要是利用了不连续性黏土作隔水层而造成坝基渗漏。如果地基表层为均质砂层，则坝后渗透破坏亦表现为翻水带砂，具体过程同单层结构坝基，如图 1.7.24 所示。

由上述可知，坝基渗漏的根本原因是坝址处的工程地质条件不良，而直接的原因还是存在于设计、施工和管理 3 个方面。

（1）设计方面。对坝址的地质勘探工作做得不够，没有详细弄清坝基情况，未能针对性地采取有效的防渗措施，或防渗设施尺寸不够。薄弱部位未作补强处理，给坝基渗漏留下隐患。

（2）施工方面。①对地基处理质量差，如岩基上部的冲积层或强风化层及破碎带未按设计要求彻底清理，垂直防渗设施未按要求做到新鲜基岩上；②施工管理不善，在库内任意挖坑取土，天然铺盖被破坏；③各种防渗设施未按设计要求严格施工，质量差。

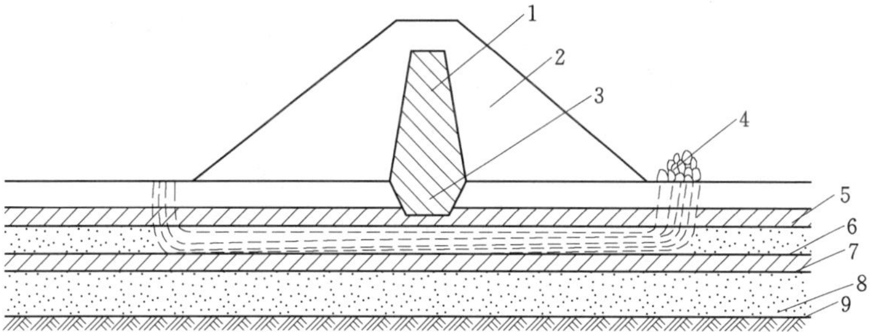

图 1.7.24 多层结构坝基渗漏破坏示意图

1—黏土心墙；2—坝壳；3—截水槽；4—涌砂；5—不连续夹层；6—透水层；7—连续夹层；8—透水层；9—不透水层

（3）管理方面。①运用不当，库水位消落，坝前滩地部分黏土铺盖裸露暴晒开裂，或在铺盖上挖坑取土打桩等引起渗漏；②对导渗沟、减压井养护维修不善，出现问题未及时处理，而发生渗透破坏；③在坝后任意取土、修建鱼池等也可能引起坝基渗漏。

显然，合理的设计，严格的施工及正确的运用管理是防止坝基渗漏的重要因素。

2. 坝基渗漏的处理措施

坝基渗漏处理的原则，仍可归纳为“上堵下排”。即在上游采取水平防渗（如黏土铺盖）和垂直防渗（如截水槽、防渗墙等）两种措施，阻止或减少渗流通过坝基。在下游用导渗措施（如排水沟、减压井等）把已经进入坝基的渗流安全排走，不致引起渗透破坏。

下面分别介绍坝基渗漏常用的防渗、导渗措施。

（1）黏土截水槽。黏土截水槽是在透水地基中沿坝轴线方向开挖一条槽形断面的沟槽，槽内填以黏土夯实而成，是坝基防渗的可靠措施之一，如图 1.7.25 所示。尤其对于均质坝或斜墙坝，当不透水层埋置较浅（10～15m 以内）、坝身质量较好时，应优先考虑这一方案。不过当不透水层埋置较深，而施工时又不便放空水库时，切忌采用，因施工排水困难，投资增大，不经济。对于均质坝和黏土斜墙坝，应注意使坝身或斜墙与截水槽的可靠连接，如图 1.7.26 所示。

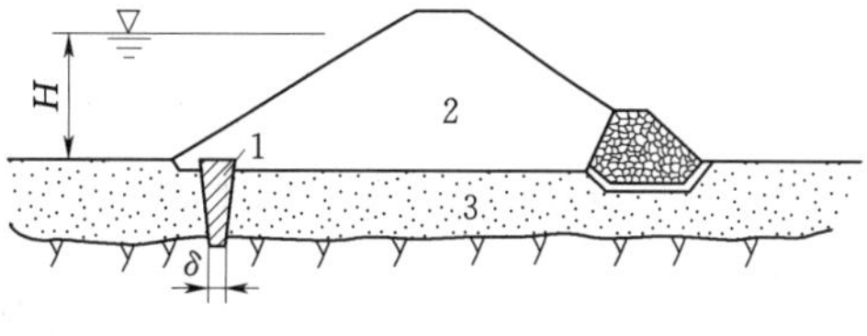

图 1.7.25 黏土截水槽

1—黏土截水槽；2—坝体；3—透水层

（2）混凝土防渗墙。如果覆盖层较厚，地基透水层较深，修建黏土截水槽困难大，

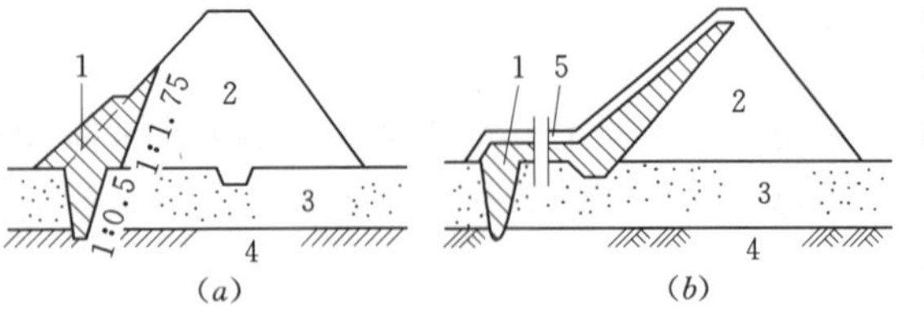

图 1.7.26 新挖截水槽与坝身或斜墙的连接

(a) 截水槽与坝身的连线；(b) 截水槽与斜墙的连接

1—截水槽；2—原坝体；3—透水层；4—不透水层；5—保护层

则可考虑采用混凝土防渗墙。其优点是不必放空水库，施工速度快，节省材料，防渗效果好。

混凝土防渗墙即在透水地基中用冲击钻造孔，钻孔连续套接，孔内浇注混凝土，形成的封闭防渗的墙体。其上部应插入坝内防渗体，下部和两侧应嵌入基岩，如图 1.7.27 所示。

(3) 灌浆帷幕。所谓灌浆帷幕是在透水地基中每隔一定距离用钻机钻孔（达基岩下 2～5m），然后在钻孔中用一定压力把浆液压入坝基透水层中，使浆液填充地基土中孔隙，使之胶结成不透水的防渗帷幕，如图 1.7.28 所示。当坝基透水层厚度较大，修筑截水槽不经济；或透水层中有较大的漂石、孤石，修建防渗墙较困难时，可优先采用灌浆帷幕。另外当坝基中局部地方进行防渗处理时，利用灌浆帷幕亦较灵活方便。灌注的浆液一般有黏土浆、水泥浆、水泥黏土浆、化学灌浆材料等。在砂砾石地基中，多采用水泥黏土浆，对于中砂、细砂和粉砂层，可酌情采用化学灌浆，但其造价较高。

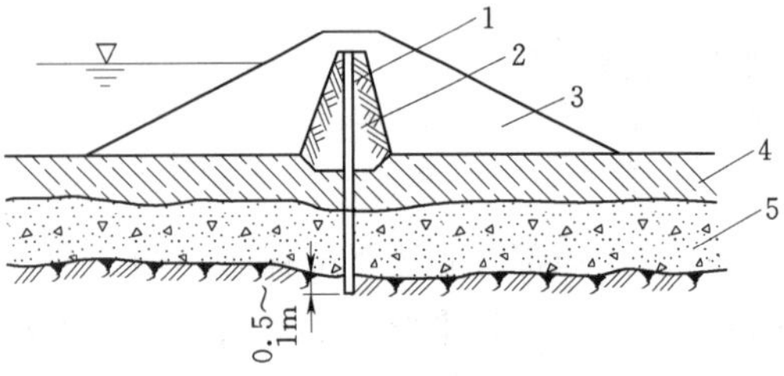

图 1.7.27 混凝土防渗墙的一般布置

1—防渗墙；2—黏土心墙；3—坝壳；4—覆盖层；5—透水层

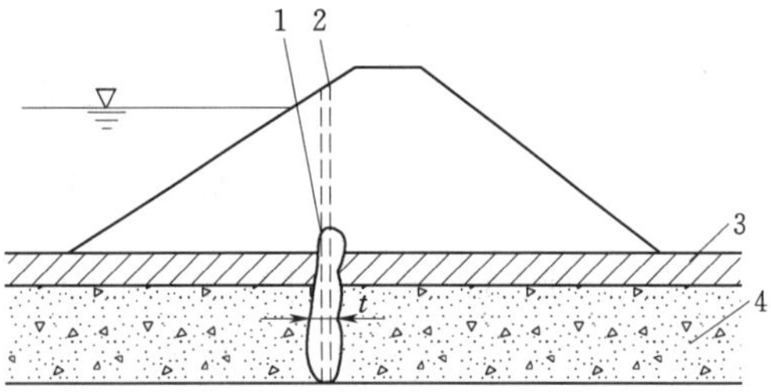

图 1.7.28 灌浆帷幕示意图

1—帷幕体；2—钻孔；3—覆盖层；4—透水层

(4) 砂浆板桩。砂浆板桩，就是用人力或机械把 20～60 号的工字钢打入坝基内，一组（7～10 根）由打桩机在前面打，一组由拔桩机在后面拔，工字钢腹板上焊一条直径 32mm 的灌浆管，在拔桩的同时开动泥浆泵，把水泥砂浆经灌浆管注入地基内，以充填工字钢拔出后所留下的孔隙。待工字钢全部拔出并灌浆后，整个坝基防渗砂浆板桩即告完成，如图 1.7.29 所示。

砂浆板桩主要适用于粉砂、淤泥等软基渗漏处理，是一种简单、价廉的浅基防渗措施，一般处理深度不超过 15m。目前国内最深的砂浆板桩为 18m，在河南省徐芽河水库坝基渗漏处理中采用过。

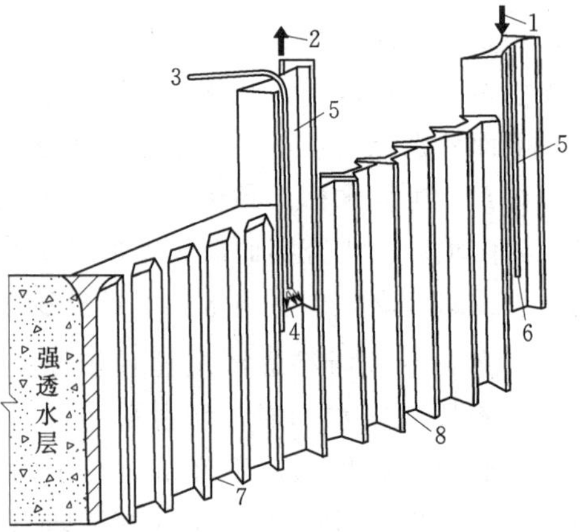

图 1.7.29 砂浆板桩施工示意图

1—打桩；2—拔桩；3—接泥浆泵；4—灌注砂浆板桩；5—灌浆管；6—栓塞；7—已灌注好的板桩；8—已打好的工字钢

(5) 高压定向喷射灌浆。高压定向喷射灌浆是采用高压射流冲击破坏被灌地层结构，使浆液与被灌地层的土颗粒掺混，形成设计要求的凝结体。除沟槽掺搅形成凝结体外，浆液向沟槽两侧土水气射流切割缝槽体孔隙渗透形成凝结过渡层，也有着较强的防渗性，如图 1.7.30 所示。

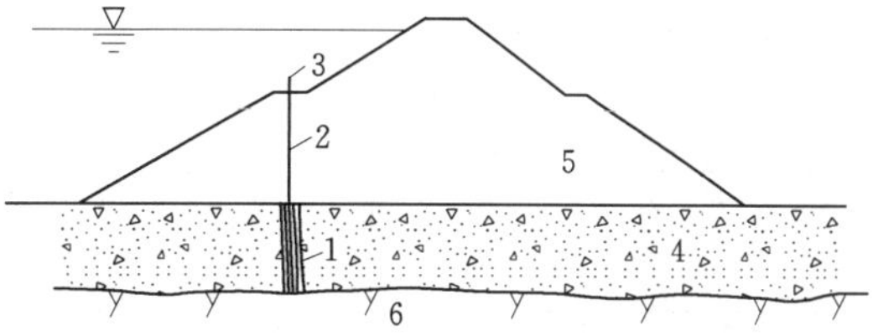

图 1.7.30　高压喷射帷幕示意图

1—喷射帷幕；2—施工轴线；3—施工平台；4—透水层；5—坝体；6—不透水层

高压定向喷射灌浆技术是近来发展起来的一项新技术，适用于在各种松散地层（如砂层、淤泥、黏性土、壤土层和砂砾层）中，构筑防渗体。能在狭窄场地、不影响建筑物上部结构条件下施工，与其他基础处理技术相比，具有适用范围广、设备简单、施工方便、工效高、有较好的耐久性、料源广、价格低等优点。如 1983 年，山东省大治水库用此法补做坝基防渗设施，效果良好，其造价仅相当混凝土防渗墙的 1/6～1/3。另外，它能定向形成板墙，是静压帷幕灌浆所无法比拟的。因此成为一种有发展前途的坝基加固补强措施。目前，已在我国 23 个省（自治区、直辖市）的 100 余项工程中应用。营造防渗板墙约 100 万 m^2，节约了大量资金。需注意的是，高压喷射灌浆作为一项新技术问世不长，在施工设备、工艺以及作用原埋和防渗体的稳定计算方法上尚缺乏深入研究，有待进一步完善。

(6) 黏土铺盖。黏土铺盖是常用的一种水平防渗措施，是利用黏土在坝上游地基面分层碾压而成的防渗层。其作用是覆盖渗漏部位，延长渗径，减小坝基渗透坡降，保证坝基稳定，如图 1.7.31 所示。其特点是施工简单，造价低廉，易于群众性施工，但需在放空水库的情况下进行，同时，要求坝区附近有足够合乎要求的土料。另外，采用铺盖防渗虽可以防止坝基渗透变形并减少渗漏量，但却不能完全杜绝渗漏，故黏土铺盖一般在不严格要求控制渗流量、地基各向渗透性比较均匀、透水地基较深，且坝体质量尚好、采用其他防渗措施不经济的情况下采用。

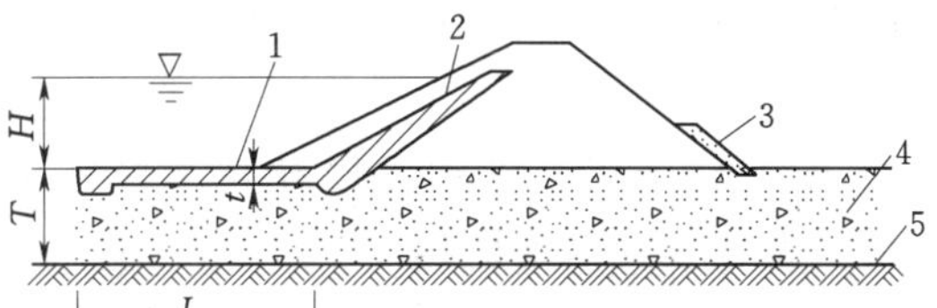

图 1.7.31　黏土铺盖示意图

1—黏土铺盖；2—斜墙；3—坝坡排水；4—砂卵石质；5—不透水层

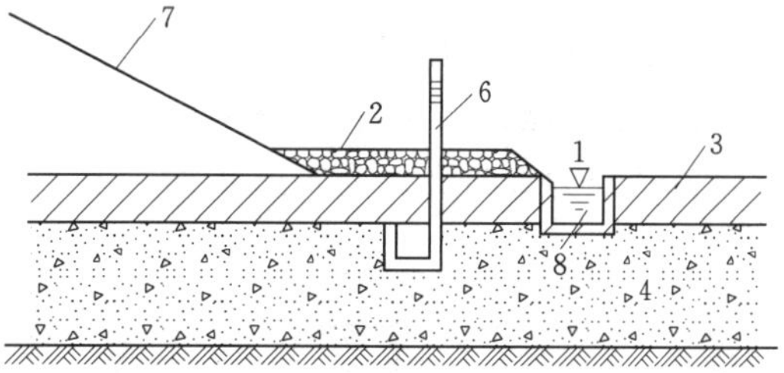

图 1.7.32　排渗沟示意图

1—排渗沟；2—透水盖重；3—弱透水层；4—透水层；5—不透水层；6—测压管；7—下游坝坡；8—反滤层

(7) 排渗沟。排渗沟是坝基下游排渗的措施之一，常设在坝下游靠近坝趾处，且平行于坝轴线，如图 1.7.32 所示。其目的是：一方面有计划地收集坝身和坝基的渗水，排向下游，以免下游坡脚积水；另一方面当下游有不厚的弱透水层时，尚可利用排水沟排水

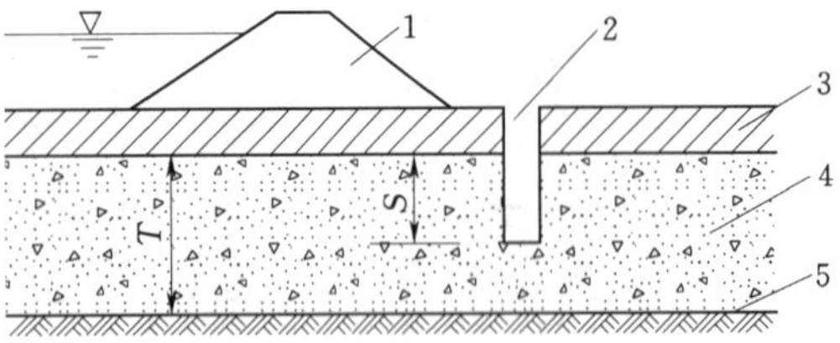

图 1.7.33　减压井示意图

1—坝体；2—减压井；3—弱透水层；4—强透水层；5—不透水层

减压。

对一般均质透水层沟只需深入坝基 1～1.5m；对双层结构地基，且表层弱透水层不太厚时，应挖穿弱透水层，沟内按反滤材料设保护层；当弱透水层较厚时，不宜考虑其导渗减压作用。

为了方便检查，排渗沟一般布置成明沟；但有时为防止地表水流入沟内造成淤塞，亦可做成暗沟，但工程量较大。

(8) 减压井。减压井是利用造孔机具，在坝址下游坝基内，沿纵向每隔一定距离造孔，并使钻孔穿过弱透水层，深入强透水层一定深度而形成，如图 1.7.33 所示。

减压井的结构是在钻孔内下入井管（包括导管、花管、沉淀管），管下端周围填以反滤料，上端接横向排水管与排水沟相连，如图 1.7.34 所示。这样可把地基深层的承压水导出地面，以降低浸润线，防止坝基渗透变形，避免下游地区沼泽化。当坝基弱透水层覆盖较厚，开挖排水沟不经济，而且施工也较困难时，可采用减压井。减压井是保证覆盖层较厚的砂砾石地基渗流稳定的重要措施。

减压井虽然有良好的排渗降压效果，但施工复杂，管理、养护要求高，并随时间的推移，容易出现淤堵失效的现象，所以，一般仅适用于下列情况：

1）上游铺盖长度不够或天然铺盖遭破坏，渗透逸出坡降升高，同时坝基为复式透水地基，用一般导渗措施不易施工，或其他措施处理无效。

2）不能放空水库，采用“上堵”措施有困难，且在运用上允许在安全控制地基渗流条件下，损失部分水量。

3）原有减压井群中部分失效，或减压井间距过大，致使渗透压力亦过大，需要插补。

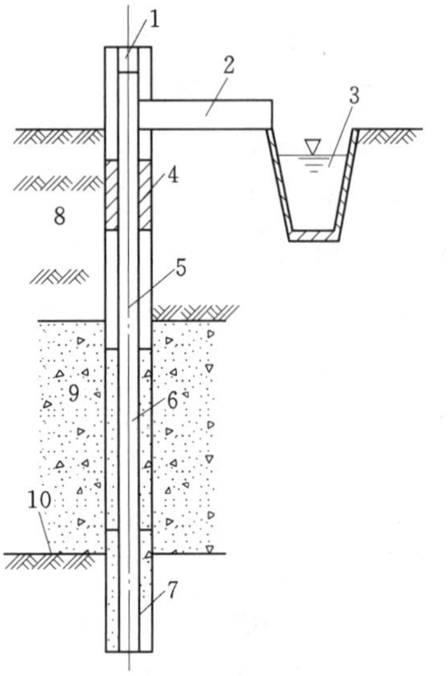

图 1.7.34　减压井结构示意图

1—井帽；2—出水管；3—排水沟；4—黏土或混凝土封闭；5—导管；6—有孔花管；7—沉淀管；8—弱透水层；9—透水层；10—不透水层

4）在施工、管理运用和技术经济方面，都比其他措施优越。

(9) 透水盖重。透水盖重是在坝体下游渗流出逸地段的适当范围内，先铺设反滤料垫层，然后填以石料或土料盖重，它既能使覆盖层土体中的渗水导出又能给覆盖层土体一定的压重，抵抗渗压水头，故又称之压渗，如图 1.7.35 所示。

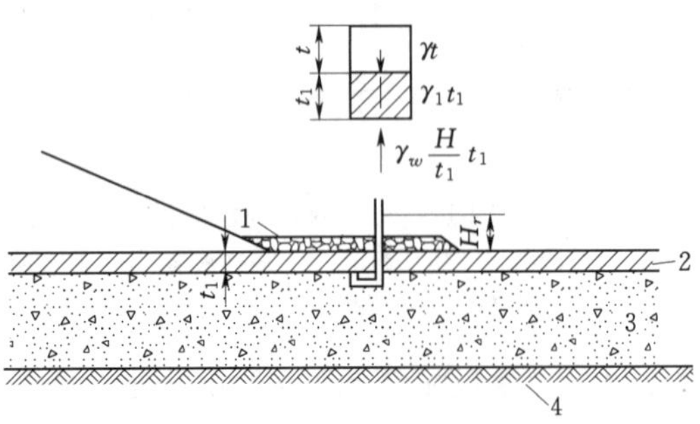

图 1.7.35　透水盖重示意图

1—透水盖重；2—弱透水层；3—透水层；4—不透水层

常见的压渗型式有两种：

1）石料压渗台。主要适用于石料较

多的地区、压渗面积不大和局部的临时紧急救护，如图1.7.36（*a*）所示。如果坝后有夹带泥沙的水流倒灌，则压渗台上面需用水泥砂浆勾缝。

2）土料压渗台。适用于缺乏石料、压渗面积较大、要求单位面积压渗重量较大的情况。需注意在滤料垫层中每隔3～5m加设一道垂直于坝轴线的排水管，以保证原坝脚滤水体排出通畅，如图1.7.36（*b*）所示。

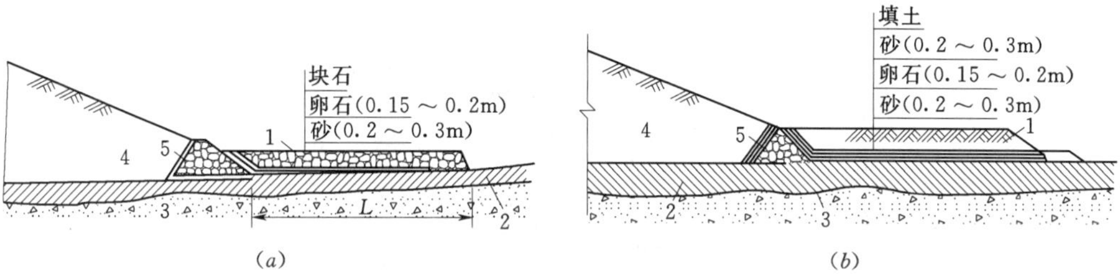

图1.7.36　压渗台示意图
（*a*）石料压渗台；（*b*）土料压渗台
1—压渗台；2—覆盖层；3—透水层；4—坝体；5—滤水体

（10）垂直铺塑防渗。垂直铺塑技术是运用专门开沟造槽的机械，开出一定宽度和深度的沟槽，在沟槽内垂直铺设土工膜，再用土回填沟槽，形成以土工膜为主体的垂直防渗墙。此技术是由山东省水利科学研究院开发的，已成功应用于基础渗漏处理。例如山东省东营市孤河水库和新疆大海子水库坝基防渗，还有江苏省骆马湖大堤的堤基防渗。土工膜具有良好的隔水性和适应变形的能力，垂直铺膜不受紫外线和人畜的破坏，使用寿命长。目前开挖的槽宽可做到仅20cm，深度达12m。但在砂基中开槽，槽壁容易塌落，对铺膜来说槽宽仍偏大，深度偏小，有待于进一步改进。

1.7.3.4　坝基渗漏处理实例

1. 甘肃省黄羊河水库

黄羊河水库为厚心墙土坝，最大坝高52m，坝顶长126m，其心墙系用黄土状粉质壤土筑成，顶宽4m，底宽101m，上下游边坡比1∶1。坝基为10m厚的含孤石的砂砾石层，采用截水槽防渗。但施工中右端长61m的坝段的截水槽只修了4m深，下部仍留有6m的透水层，如图1.7.37所示，大坝于1960年建成蓄水，1962年当上下游水位差达27m时，坝后渗出浑水。此后，库水位升高就渗流浑水，前后共计15次，最大渗流量达0.15m^3/s。1970年，在下游坝坡上产生大塌坑，漏斗直径约20m，深2m，并继续发展，严重危及大坝安全。由于漏水处主要位于心墙底部，其他方案处理困难，只好于1973～1974年采用由坝顶造孔浇筑混凝土防渗墙的方法进行处理。

防渗墙总长75.8m，厚0.8m，钻孔最深64m，穿过心墙和坝基透水层，嵌入基岩0.5m以上，施工中采用乌卡斯—30型冲击钻造孔，黏土泥浆固壁，回填黏土混凝土形成防渗墙，其黏土掺量为水泥重量的25%，28d强度达1080N/cm^2，抗渗等级大于S8，均达到设计要求。

防渗墙完成后，墙后下游观测孔水位一般降低2.3～5.3m，渗流量较1972年时减少41%～90%，且未渗出浑水。

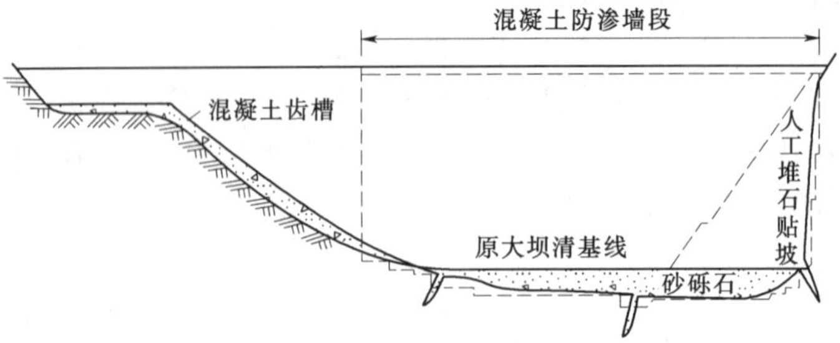

(a)

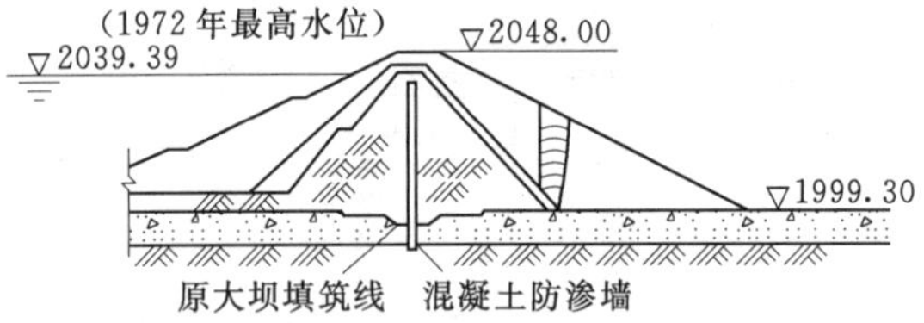

(b)

图 1.7.37　黄羊河水库坝基渗漏处理示意图

2. 湖南省官亭水库

官亭水库为 27.5m 高的均质土坝。坝基为砂卵石和黏土互层，每层厚约 2m 左右，最大总深度达 15m，一般 8m 左右。砂卵石上面部分有淤泥覆盖，施工时对淤泥未作彻底处理，也未作截水槽。运转后不久，大坝下游坡基础有集中冒水和散浸现象，经在下游及时地增设导渗设施和 9 条排渗沟，集中导渗排水，才防止了坝基产生渗透变形，如图 1.7.38 所示。

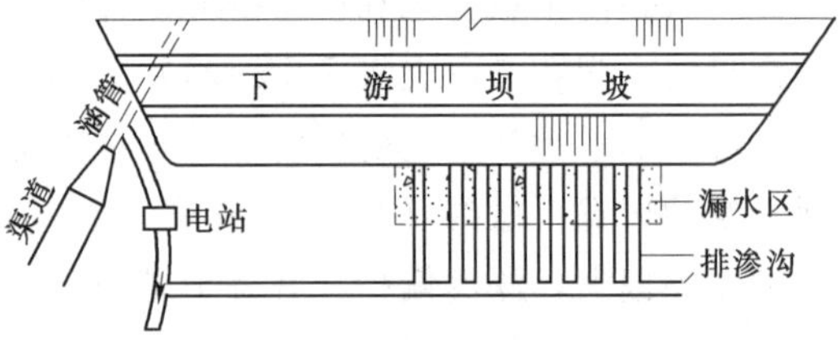

图 1.7.38　官亭水库坝基渗漏处理示意图

1.7.4　土石坝的滑坡与处理

土石坝坝坡的一部分土体，由于各种原因失去平衡，发生显著的相对位移，脱离原来位置向下滑移的现象，称为滑坡。

滑坡也是土石坝常见的病害之一。对于土坝滑坡，如能及时注意，并采取适当的处理预防，则损害将会大大减轻；如不及时采取适当措施，将会影响水库发挥其应有效益，严重的也可能造成垮坝事故。

1.7.4.1　滑坡的种类

土石坝滑坡按其性质不同可分为剪切性滑坡、塑流性滑坡和液化性滑坡；按滑动面形状不同可分为圆弧滑坡、折线滑坡和混合滑坡；按其部位不同分为上游滑坡和下游滑坡。下面主要讲述剪切破坏型、塑流破坏型及液化破坏型的特征。

1. 剪切破坏型

坝坡与坝基上部分滑动体的滑动力超过了滑动面上的抗滑力，失去平衡向下滑移的现象，即剪切性滑坡。当坝体与坝基土层是高塑性以外的黏性土，或粉砂以外的非黏性土时，多发生剪切性滑坡破坏。

这类滑坡的主要特征为：滑动前在坝面出现一条平行于坝轴线的纵向裂缝，然后随裂缝的不断延伸和加宽，两端逐渐向下弯曲延伸，形成曲线形。滑动时，主裂缝两侧便上下错开，错距逐渐加大。同时，滑坡体下部出现带状或椭圆形隆起，末端向坝脚方向推移，如图 1.7.39 所示。初期发展较慢，后期突然加快，移动距离可由数米至数十米不等，一般直到滑动力与抗滑力经过调整达到新的平衡以后，才告终止。

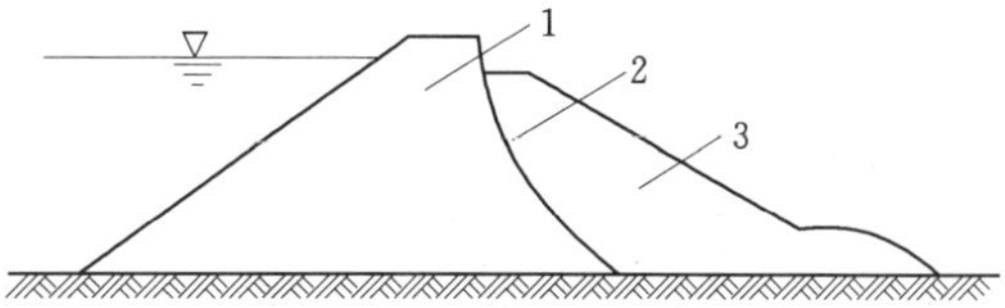

图 1.7.39　剪切型滑坡示意图

1—原坝体；2—滑弧线；3—滑动体

2. 塑流破坏型

塑流型滑坡多发生于含水量较大的高塑性黏土填筑的坝体中，其主要原因是土的蠕动作用（塑性流动）。即高塑性黏土坝坡，由于塑性流动（蠕动）的作用，即使剪应力低于土的抗剪强度，土体也将不断产生剪切变形，以致产生显著的塑性流动而滑坡，土体的蠕动一般进行得十分缓慢，发展过程较长，较易察觉，并能及时防护和补救。但当高塑性土的含水量高于塑限而接近流限时，或土体接近饱和状态而又不能很快排水固结时，塑性流动便会出现较快的速度，危害性也较大。如水中填土坝、水力冲填坝，在施工期由于自由水不能很快排泄，很容易发生塑流性滑坡。

塑流性滑坡发生前，不一定出现明显的纵向裂缝，而通常表现为坡面的水平位移和垂直位移连续增长，滑坡体的下部土被压出或隆起，如图 1.7.40 所示。只有当坝体中间有含水量较大的近乎水平的软弱夹层，而坝体沿该层发生塑流破坏时，滑坡体顶端在滑动前也会出现纵向裂缝。

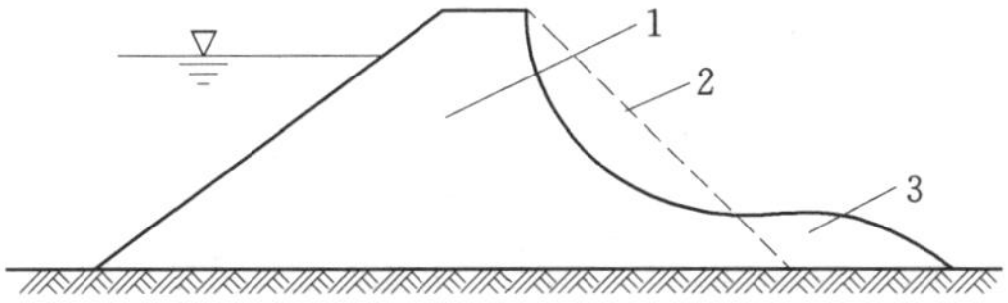

图 1.7.40　塑流型滑坡示意图

1—原坝体；2—原坡线；3—隆起体

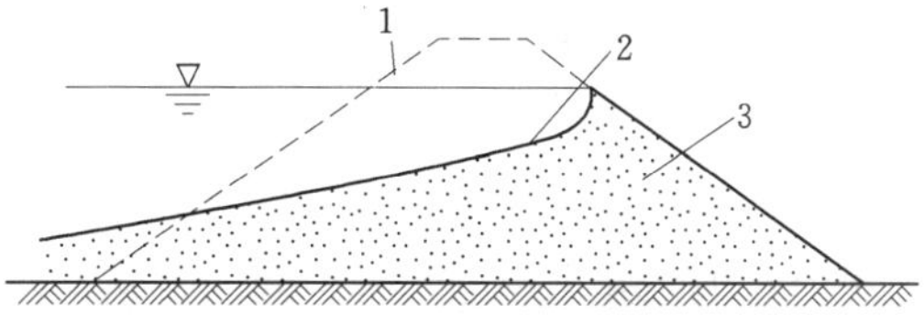

图 1.7.41　液化滑坡示意图

1—原坝坡线；2—滑动面；3—原坡体

3. 液化破坏型

对于级配均匀的中细砂或粉砂坝体或坝基，在水库蓄水砂体达饱和状态时，突然遭受强烈振动（如地震、爆炸或地基土层剪切破坏等），砂的体积急剧收缩，砂体中的水分无法流泻，这种现象即液化型滑坡，如图 1.7.41 所示。

显然，液化型滑坡发生时间短促，事前没有预兆，大体积坝体顷刻之间便液化流散，很难观测、预报或抢护。例如美国的福特帕克水力冲填坝，坝壳砂料的有效粒径为 0.13mm，控制粒径为 0.38mm，由于坝基中发生黏土层的剪切滑动，引起部分坝体液化，10min 之内塌方达 380 万 m^3。

上述三类滑坡以剪切破坏最为常见，需重点分析这种滑坡的产生原因及处理措施。而塑流型滑坡的处理基本与剪切破坏型滑坡相同。对于液化型滑坡破坏，则应在建坝前进行周密的研究，并在设计与施工中采取防范措施。

1.7.4.2 滑坡的原因

滑坡的根本原因在于滑动面上土体滑动力超过了抗滑力。滑动力主要与坝坡的陡缓有关，坝坡越陡，滑动力越大；抗滑力主要与填土的性质、压实的程度以及渗透水压力的大小有关。土粒越细、压实程度越差、渗透水压力越大，抗滑力就越小。另外，较大的不均匀沉陷及某些外加荷载也可能导致抗滑力的减小或滑动力的增大。总之，造成滑动力大于抗滑力而引起土坝滑坡的因素是多方面的，只是在不同情况下占主导地位的决定因素有所不同。一般可归纳为以下几个方面。

1. 勘测设计方面

(1) 坝基中有含水量较高的成层淤泥或其他高压缩性软土层，在勘测时没有查明，设计时未能采取适当措施，至使筑坝后软土层承载力不够，产生剪切破坏而引起滑坡。

(2) 土石坝坝坡过陡。即设计中坝坡稳定分析时，选择的土料抗剪强度指标偏高，导致设计坝坡陡于土体的稳定边坡，造成滑坡。

(3) 选择坝址时，没有避开坝脚附近的渊潭或水塘，筑坝后因坝脚局部沉陷而引起滑坡。

(4) 坝端岩石破碎，节理裂隙发育，设计时未采取适当的防渗措施，产生绕坝渗漏而引起滑坡。

(5) 下游排水设备设计不当，使下游大面积散浸而导致滑坡。

2. 施工方面

(1) 筑坝土料不符合要求，筑坝土料黏粒含量较多，含水量大。雨后、雪后坝面处理不好，在含水量过高的情况下继续施工。或将草皮、耕作土、干土块、冻土块等不符合质量要求的土上坝，使坝内存在薄弱部位，抗剪强度过低而引起滑坡。

(2) 坝体填土碾压不密实。对碾压式土坝，由于施工时铺土过厚，碾压遍数不够或漏压，致使碾压不密实，未达到设计干容重，抗剪强度过低，从而引起滑坡。

(3) 冬季施工时没有采取适当的保温措施，没有及时清理冰雪，以致填方中产生冻土层，在解冻后或蓄水后，形成软弱夹层引起滑坡。

(4) 土坝施工期的接缝质量差；土坝加高培厚，新旧坝体之间没有妥善处理，均会通过结合面渗漏，从而导致滑坡。

3. 运用管理方面

(1) 放水时库水位降落速度过快，或因闸门开关失灵，无法控制库水位的降落，上游坝体含水不能及时排出，形成较大的渗透压力，从而引起上游坡的滑坡。

库水位降落可分为骤降、缓降和同步下降三种情况。当库水位降落过程中坝体内的自由水面基本保持不变时称为骤降；当库水位降落过程中坝内的自由水面几乎同速下降时称为同步下降；介于这两者之间的降落称为缓降。

划分骤降与缓降，除了跟库水位下降速度有关外，还与土料的渗透系数、坝体的排水条件有关。南京水利水电科学研究院建议用相对比值 $K/\mu v$ 作为判别指标，标准如下：

$$\left.\begin{array}{l}\dfrac{K}{\mu v}<\dfrac{1}{10}\quad\text{（骤降）}\\[2ex]\dfrac{1}{10}<\dfrac{K}{\mu v}<60\quad\text{（缓降）}\\[2ex]\dfrac{K}{\mu v}>60\quad\text{（同步下降）}\end{array}\right\}\qquad(1-7-1)$$

$$\mu = \alpha n$$

式中：K 为土料渗透系数，m/d；μ 为给水度；n 为填土孔隙率；α 为小于 1 的系数，取决于土质（由试验确定或参考有关试验选用）；v 为库水位降速，m/d。

当库水位发生缓降或骤降时，在浸润线至库水位之间的土体容重由浮容重变为饱和容重，增大了滑动力矩；与此同时上游坝体中的孔隙水向上游排出，造成很大的反渗压力；另外，当迎水坡面存在弱透水可压缩性黏土层时，还会造成附加孔隙水压力，这时上游坡面极易滑坡。

（2）由于坝面排水不畅，加之坝体填筑质量差，在长期持续降雨条件下，雨水沿裂缝渗入坝体，使下游坝坡土料饱和，抗剪强度降低，极易引起滑坡。

（3）坝后减压设施堵塞（如减压井运用多年后淤堵失效），造成坝基渗透压力和浮托力增加。

4. 其他方面

（1）坝体土料中的水溶盐、氧化物等化学物质以及渗水中可能夹带的细颗粒堵塞了排水滤体，使浸润线抬高，降低了土体的抗剪强度。

（2）强烈地震时，由于坝坡受地震惯性力和渗透压力的作用，部分坝体失去平衡造成滑坡，在某些情况下，地震还会造成软弱地基的剪切破坏或砂土液化等，同样影响坝坡的稳定。

（3）持续的特大暴雨，使坝坡土体饱和，或因风浪淘刷，使护坡破坏，坝坡形成陡坎，均能引起滑坡。

（4）在土坝附近爆破或者在坝坡上堆放重物等也可能造成局部滑坡。

1.7.4.3　滑坡的征兆

土石坝滑坡前都有一定的征兆出现，经分析归纳为以下几个方面：

（1）产生裂缝。当坝顶或坝坡出现平行于坝轴线的裂缝，且裂缝两端有向下弯曲延伸的趋势，裂缝两侧有相对错动，进一步挖坑检查发现裂缝两侧有明显擦痕，且在较深处向坝趾方向弯曲，则为剪切性滑坡的预兆。应注意对滑坡性裂缝挖坑检查会加速滑坡的发展，故需慎重。

（2）变形异常。在正常情况下，坝体的变形速度是随时间而递减的。而在滑坡前，坝体的变形速度却会出现不断加快的异常现象。具体出现上部垂直位移向下、下部垂直位移向上的情况，则可能发生剪切破坏型滑坡。例如山西漳泽大坝，滑坡前即有坝顶明显下陷和坡脚隆起现象。若坝顶没有裂缝，但垂直和水平位移却不断增加，可能会发生塑流破坏型滑坡。

（3）孔隙水压力异常。土坝滑坡前，孔隙水压力往往会出现明显升高的现象。例如山西文峪河水库土坝，滑坡前孔隙水压力高，其值超过设计值的 23.5%～36.3%，故实测孔隙水压力高于设计值时，可能会发生滑坡。

（4）浸润线、渗流量与库水位的关系异常。一般情况下，随库水位的升高，浸润线升高，渗流量加大。可是，当库水位升高、浸润线亦升高，但渗漏量显著减少时，可能是反滤排水设备堵塞，而当库水位不变、浸润线急剧升高，渗漏量亦加大时，则可能是防渗设备遭受破坏。上述两种情况若不采取相应措施，亦会造成下游坝坡滑坡。

1.7.4.4　滑坡的处理

1. 滑坡的抢护

当发现滑坡征兆后，应根据情况进行判断，若还有一定的抢护时间，则应竭尽全力进行抢护。

抢护就是采取临时性的局部紧急措施，排除滑坡的形成条件，从而使滑坡不继续发展，并使得坝坡逐步稳定。其主要措施如下：

（1）改善运用条件。例如在水库水位下降时发现上游坡有弧形裂缝或纵向裂缝时，应立即停止放水或减小放水量以减小降落速度，防止上游坡滑坡。当坝身浸润线太高，可能危及下游坝坡稳定时，应降低水库运行水位和下游水位，以保安全。当施工期孔隙水压力过高可能危及坝坡稳定时，应暂时停止填筑或降低填筑速度。

（2）防止雨水入渗。导走坝外地面径流，将坝面径流排至可能滑坡范围之外。做好裂缝防护，避免雨水灌入，并防止冰冻、干缩等。

（3）坡脚压透水盖重，以增加抗滑力并排出渗水。

（4）在保证土石坝有足够挡水断面的前提下，亦可采取上部削土减载的措施。

2. 滑坡的处理

当滑坡已经形成且坍塌终止，或经抢护已经进入稳定阶段后，应根据具体情况研究分析，进行永久性处理。其基本原则是“上部减载，下部压重”并结合“上截下排”。具体措施如下：

（1）堆石（抛石）固脚。在滑坡坡脚增设堆石体，是防止滑动的有效方法。如图1.7.42所示，堆石的部位应在滑弧中的垂线 OM 左边，靠滑弧下端部分（增加抗滑力），而不应将堆石放在滑弧的腰部，即垂线 OM 与 ND 之间（因虽然增加了抗滑力，但也加大了滑动力），更不能放在垂线 ND 以右的坝顶部分（因主要增加滑动力）。

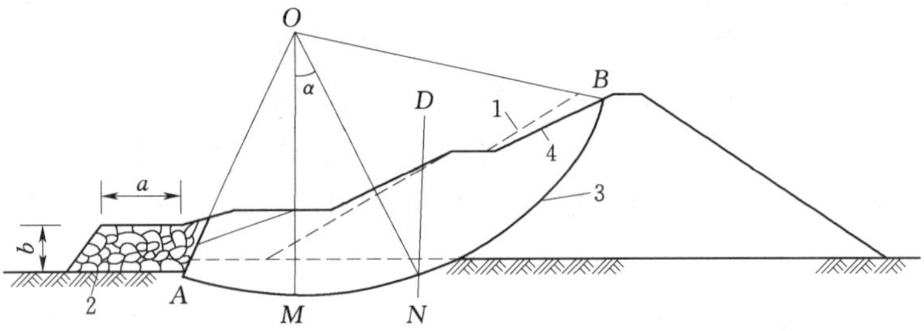

图1.7.42　堆石固脚示意图

1—原坝坡；2—堆石固脚；3—滑动圆弧；4—放缓后坝坡

如果用于处理上游坝坡的滑坡，在水库有条件放空时，可用块石浆砌而成，具体尺寸应根据稳定计算确定。当水库不能放空时，可在库岸上用经纬仪定位，用船向水中抛石固脚。同时注意，上游坝坡滑坡时，原护坡的块石常大量散堆于滑坡体上，可结合清理工作，把这部分石料作为堆石固脚的一部分。如果用于处理下游的滑坡，则可用块石堆筑或干砌，以利排水。

堆石固脚的石料应具有足够的强度，一般不低于40MPa，并具有耐水、耐风化的特性。

（2）放缓坝坡。当滑坡是由边坡过陡所造成时，放缓坝坡才是彻底的处理措施。即先将滑动土体挖除，并将坡面切成阶梯状，然后按放缓的加大断面，用原坝体土料分层填筑，夯压密实。必须注意，在放缓坝坡时，应做好坝脚排水设施，如图1.7.43

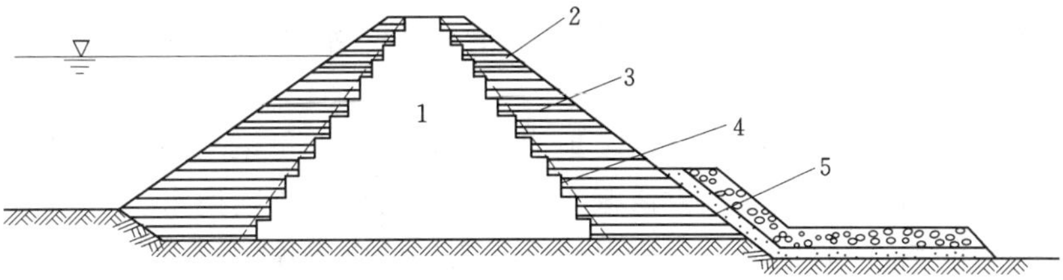

图 1.7.43　放缓坝坡示意图

1—原坝体；2—新坝坡；3—培厚坝体；4—原坝坡；5—坝脚排水

所示。

（3）开沟导渗滤水还坡。由于坝体原有的排水设施质量差或排水失效后浸润线抬高，使坝体饱和，从而增加了坝坡的滑动力，降低了阻滑能力，引起滑坡者，可采用开沟导渗滤水还坡法进行处理。具体做法为：从开始脱坡的顶点到坝脚为止，开挖导渗沟，沟中填导渗材料，然后将陡坎以上的土体削成斜坡，换填砂性土料，使其与未脱坡前的坡度相同，夯填密实，如图 1.7.44 所示。

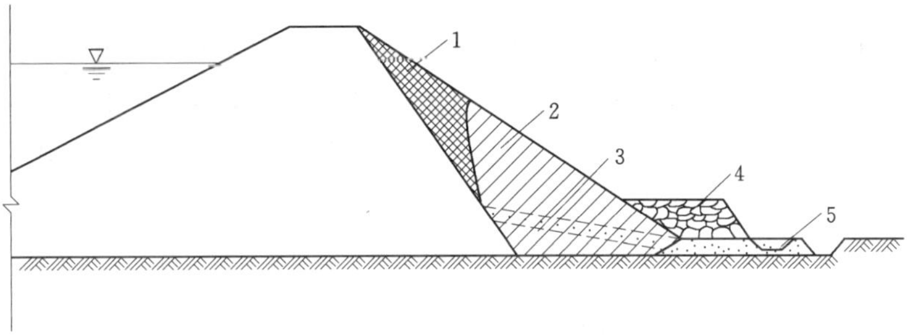

图 1.7.44　滤水还坡示意图

1—削坡换填砂性土；2—还坡部分；3—导渗沟；4—堆石固脚；5—排水暗沟

（4）清淤排水。对于地基存在淤泥层、湿陷性黄土层或液化的均匀细砂层，施工时没有清除或清除不彻底而引起的滑坡，处理时应彻底清除这些淤泥、黄土和砂层。同时，也可采用开导渗沟等排水措施，也可在坝脚外一定距离修筑固脚齿槽，并用砂石料压重固脚，增加阻滑力。

（5）裂缝处理。对土坝伴随滑坡而产生的裂缝必须进行认真处理。因为土体产生滑动以后，对土体的结构和抗剪强度都发生了变化，加上裂缝后雨水或渗透水流的侵入，使土体进一步软化，将使与滑动体接触面处的抗剪强度迅速减小，稳定性降低。

处理滑坡裂缝时应将裂缝挖开，把其中稀软土体挖除，再用与原坝体相同的土料回填夯实，达到原设计干容重的要求。

1.7.4.5　滑坡处理注意事项

（1）滑坡体的开挖与填筑，应符合上部减载、下部压重的原则，切忌在上部压重。开挖填筑应分段进行，保持允许的边坡，以利施工安全。开挖中对松土稀泥、稻田土、湿陷性黄土等，应彻底清除，不得重新上坝。对新填土应严格掌握施工质量，填土的含水量和干容重必须符合要求。新旧土体的结合面应刨毛，以利结合。

（2）对于滑坡主裂缝，原则上不应采用灌浆方法。因为浆液中的水将渗入土体，降低滑坡体之间的抗剪强度，对滑坡体的稳定不利，灌浆压力更会增加滑坡体的下滑力。

（3）滑坡处理前，应严格防止雨水、地面水渗入缝内，可采用塑料薄膜、油毡、油布等加以覆盖。同时，还应在裂缝上方修截水沟，拦截或引走坝面雨水。

（4）不宜采用打桩固脚的方法处理滑坡。因为桩的阻滑作用很小，土体松散，不能抵挡滑坡体的推力，而且因打桩连续的震动，反而促使滑坡体滑动。

（5）对于水中填土坝、水力冲填坝，在处理滑坡阶段进行填土时，最好不要采用碾压法施工，以免因原坝体固结沉陷而开裂。

1.7.5　土石坝护坡的破坏与修理

我国已建土坝护坡的形式，多数的迎水坡为干砌块石护坡，背水坡为草皮或干砌石护坡；少数土坝迎水坡有用浆砌块石、混凝土预制板、沥青渣油混凝土和抛石等形式的护坡。

1.7.5.1　土石坝护坡破坏的类型及原因

常见护坡破坏的类型有：脱落破坏、塌陷破坏、崩塌破坏、滑动破坏、挤压破坏、鼓胀破坏、溶蚀破坏等。

护坡的破坏原因是多方面的，观察和归纳后主要有以下几个方面的原因：

（1）由于护坡块石设计标准偏低或施工用料选择不严，块石重量不够，粒径小，厚度薄。有的选用石料风化严重。在风浪的冲击下，护坡产生脱落，垫层被淘刷，上部护坡因失去支撑而产生崩塌和滑移，如图 1.7.45 所示。

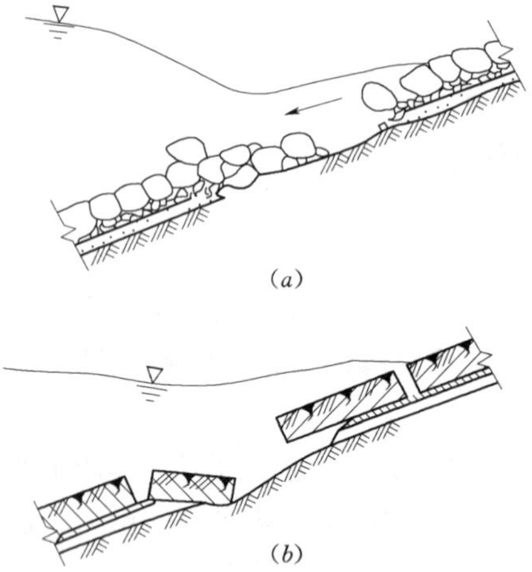

图 1.7.45　护坡在风浪作用下的破坏形式

(a) 护坡石脱落；(b) 护坡石崩塌

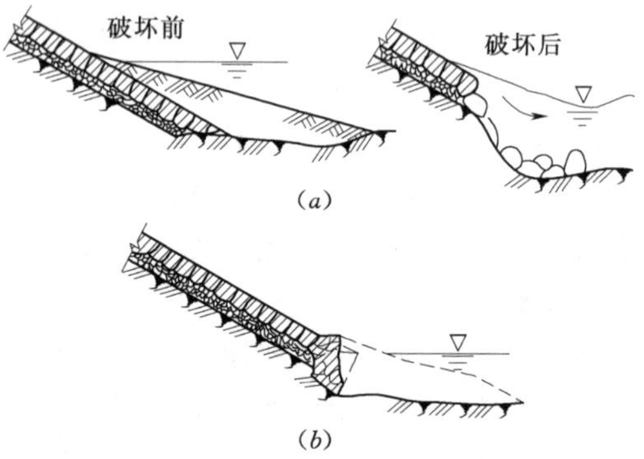

图 1.7.46　护坡基脚淘刷破坏图

（2）护坡的底端和护坡的转折处未设基脚，结构不合理或深度不够，在风浪作用下基脚被淘刷，护坡会失去支撑而产生滑移破坏，如图 1.7.46 所示。

（3）砌筑质量差。砌筑块石时，块石上下竖向缝口没有错开，出现通缝，这样砌筑就失去了块石互相连锁的作用。块石砌筑的缝隙较大，底部架空，搭接不牢。受到风浪淘刷，块石极易松动脱出，遭到破坏。

(4) 没有垫层或垫层级配不好。护坡垫层材料选择不严格，未按反滤原则设计施工，级配不好，层间系数大（$D_{50}/d_{50}>10$），起不到反滤作用。在风浪作用下，细粒在层间流失，护坡被淘空，引起护坡破坏。

(5) 在严寒地区，冻胀使护坡拱起，冻土融化，坝土松软，使护坡架空；水库表面冰盖与护坡冻结在一起，冰温升降对护坡产生推拉力，使护坡破坏。

(6) 在土坝运用中，水位骤降和遭遇地震，均易造成护坡滑坡的险情。

1.7.5.2　护坡的检查

土石坝护坡的检查项目主要包括以下几个方面：

(1) 靠近护坡处的水质是否变浑，护坡下面的垫层是否流失，垫层下面的土体是否松软、滑动和淘刷。

(2) 坝面排水沟是否畅通，坝坡表面雨水有无集中流动冲刷，排水沟有无冲刷破坏，雨水能否从排水沟排出。

(3) 护坡表面是否风化剥落、松动、裂缝、隆起、塌陷、架空和冲走，有无杂草、灌木丛、雨淋沟、空隙、兽洞或蚁穴。

1.7.5.3　护坡的抢护和修理

土石坝护坡的抢护和修理分为临时紧急抢护和永久加固修理两类。

1. 临时紧急抢护

当护坡受到风浪或冰凌破坏时，为了防止险情继续恶化，破坏区不断扩大，应该采取临时紧急抢护措施。临时抢护措施通常有砂袋压盖、抛石抢护和铅丝石笼抢护等几种。

(1) 砂袋压盖。适用于风浪不大，护坡局部松动脱落，垫层尚未被淘刷的情况，此时可在破坏部位用砂袋压盖两层，压盖范围应超出破坏区 0.5～1.0m 范围。

(2) 抛石抢护。适用于风浪较大，护坡已冲掉和坍塌的情况，这时应先抛填 0.3～0.5m 厚的卵石或碎石垫层，然后抛石，石块大小应足以抵抗风浪的冲击和淘刷。

(3) 铅丝石笼抢护。适用于风浪很大，护坡破坏严重的情况。装好的石笼用设备或人力移至破坏部位，石笼间用铅丝扎牢，并填以石块，以增强其整体性和抵抗风浪的能力。

2. 永久加固修理

永久加固修理的方法通常有局部翻砌，框格加固，砾石混凝土，砂浆灌注，全面浆砌块石和混凝土护坡。

(1) 局部翻砌。这种方法适用于原有设计比较合理，只是由于土坝施工质量差，护坡产生不均匀沉陷，或由于风浪冲击，局部遭到破坏，可按原设计恢复。在翻砌前，先按坝原断面填筑土料和滤水料的垫层，再进行块石砌筑。要求做到：①在砌筑块石时，须预先试行安放，以测试块石应锤击修凿的部位。修凿的程度，要求达到接缝紧密，块石间能有较大的缝隙，一般称"三角缝"；②块石应立砌，其间互相锁定牢固，不应平砌或块石大面向上，底部架空；③砌筑的竖向缝必须错开，不应有直缝；④砌石缝的底部如有较大空隙，应用碎石填满塞紧，要做到底实上紧，避免垫层砂砾料由石缝被风浪吸出，造成护坡塌陷破坏；⑤防止护坡因块石松动，淘刷垫层，而使整体护坡向下滑动。为此，有的在迎水坡上顺轴线方向设置浆砌石齿墙的阻滑设施，如图 1.7.47 所示。实践证明，采取这一措施后效果显著。

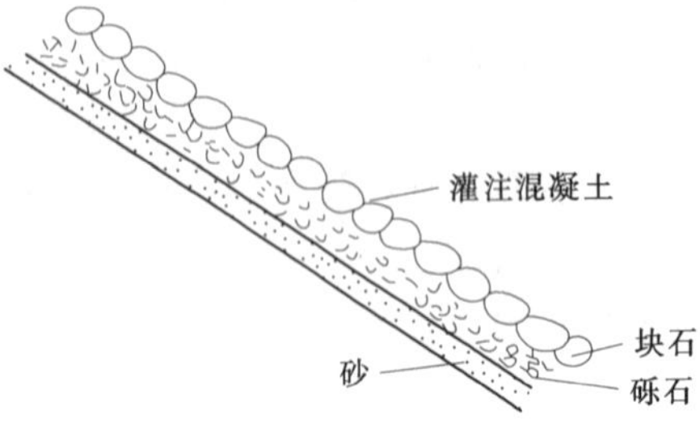

图 1.7.47　浆砌石框架护坡示意图

（2）浆砌石（或混凝土）框格。由于河面、库面较宽，风吹程较大，或因严寒地区结冰的推力，护坡大面积破坏，需全部进行翻砌，仍解决不了浪击冰推破坏时，可利用原护坡较小的块石浆砌框格，起到固架作用，中间再砌较大块石。框格形式可筑成正方形或菱形。框格大小，视风浪和冰情而定。如风浪淘刷或冰凌撞击破坏较严重，可将框格网缩小，或将框格带适当加宽；反之，可以将框格放大，以减少工程量和水泥的消耗。在采用框格网加固护坡时，为避免框格带受坝体不均匀沉陷裂缝，应留伸缩缝。在严寒地区，框格带的深度应大于当地最大冻层的厚度，以免土体冻胀，框格带产生裂缝，破坏框架作用。河南省某水库，曾采用正方形浆砌块石框格加固护坡。浆砌石带框格宽 1m，框格内干砌块石长宽各 2m。经过两次 6～7 级风浪淘刷，均未破坏。

（3）砾石混凝土或砂浆灌注。在原有护坡的块石缝隙内灌注砾石混凝土或砂浆，将块石胶结起来，连成整体，可以增强抗风浪和冰推的能力，减免对护坡的破坏。当前，有的护坡垫层厚度和级配符合要求，但块石普遍偏小；有的护坡块石大小符合要求，但垫层厚度和级配不合规定，经常遭遇风浪或冰冻，破坏了护坡。如更换块石或垫层，工程量都很大，采用上述浆砌框格加固，又不能避免破坏，可考虑采用这种措施加固护坡。一般处理范围，可在水位变化的区域内进行，通过实践，效果较好。具体的方法是：先将坡面的脏物、杂草等清除干净，用水冲洗石缝，保证块石与混凝土或水泥浆结合牢固。在初凝前，将灌注的缝隙表面用水泥砂浆勾成平缝。为了排除护坡内渗水，一般在一定的面积内应留细缝或小孔作为渗水排除通道。灌缝混凝土应选用适合石缝大小的砾石作骨料，混凝土标号不宜过高，以节约水泥。如遇石缝较小，可改用砂浆灌入，一般使用 M8 的砂浆，水灰比为 0.6，水泥与砂料比为1∶4，如图 1.7.48 所示。

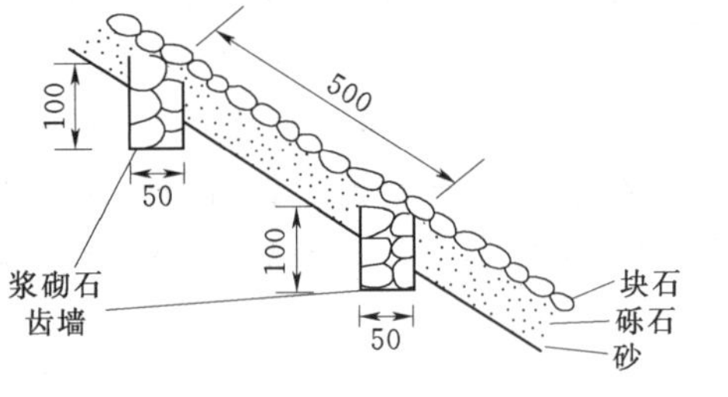

图 1.7.48　干砌石灌注混凝土护坡示意图

（4）全面浆砌块石。当采用混凝土或砂浆灌注石缝加固，不能抗御风浪淘刷和结冰挤压时，可利用原有护坡的块石进行全面浆砌。如广东省某水库干砌石护坡，最后采取了这一加固措施，解决了风浪的淘刷。在砌筑前，将原有的块石洗干净，以利于块石与砂浆紧密结合。砌筑块石时，必须保护好下边垫层，防止水泥砂浆灌入。一般采用 M5 的砂浆，勾缝为 M8 的砂浆，并一律采用块石立砌。为适应土坝边坡不均匀沉陷和有利于维修工作，应分块砌筑，并设置伸缩缝。一般分块的面积以 5～6m^2 为宜，并应留一个排水孔或排水缝以利于排除土体内渗水。

（5）块石混凝土护坡。使用这种加固方法，可以利用原护坡块石，就地分块浇筑混凝土护坡，也有用预制混凝土板护坡的，并做好接缝处理和排水孔（缝）。采用这种护坡，与全面浆砌方法相比的优点是：能抗御较大风浪的淘刷，耐冻性强，可就地使用块石。但也有缺点，需要较多的水泥、砂、碎石，工程造价高，工期较长。在我国沿海附近地区的土坝护坡，遭受飓风袭击，如采用浆砌块石护坡，仍遭受破坏时，常采用这一加固措施。

1.7.5.4　库岸坍滑的防治

水库蓄水后，库岸地下水位受库水位顶托而升高，在风浪作用下，其岸坡易造成淘刷、坍塌和滑坡现象。水库库岸坍滑严重，将影响水库及周围的地区的安全。引起库岸塌滑的因素较多，主要有：库岸的坡度、高度、形状、地质、水浸、渗透、淘刷、冻融、地震、人为开挖等作用。因此，在水库管理中，应予以重视。库岸的坍滑，一般有崩塌、滑坡和蠕动3种类型。库岸坍滑的防治，分为岩质和非岩质两种情况。

1. 岩质库岸坍滑防治

(1) 削坡。若滑坡体较小，可全部挖除；滑坡体较大时，可挖顶部填下部，以放缓坡度，防止滑动，也有的称之为刷方工程。

(2) 防漏排水。在坍滑体周围设置排水沟和排水管网，拦截岸坡流向滑坡体的地表水和地下水；对滑坡体表面种草皮、水泥喷浆、勾缝，以阻止地表水流入滑坡体内。

(3) 锚固。这种方法，用钻机钻孔，钻至稳定岩体一定深度，孔内埋设钢索或锚杆用以锚固，外边用钢丝网喷混凝土或砂浆护岸，其结构布置如图1.7.49所示。锚固前应采用相应的排水措施，以降低岸坡的地下水位，改善锚固条件。

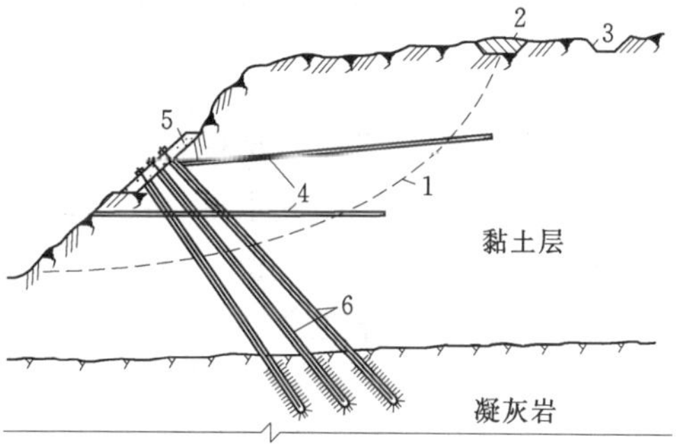

图1.7.49　预应力锚索处理滑坡示意图
1—可能滑裂线；2—黏土表明封闭；3—截水沟；4—近于水平的排水钻孔；5—混凝土挡墙；6—预应力锚索

(4) 抗滑桩法。垂直滑动面钻孔，灌注钢筋混凝土桩，增加抗剪强度。若滑动面上、下岩体完整，可沿滑动面挖平洞设键槽防滑。在紧急抢护中，也可使用钢桩和管柱桩等阻滑。

(5) 支护。常采用挡土墙支护和支撑支护。对松散的土层、坡积层、破碎岩体，在坡脚修浆砌石，混凝土或钢筋混凝土挡土墙支护；对滑坡体整体性较好，可用钢筋混凝土框架进行支撑支护。

2. 非岩质库岸坍滑防治

(1) 抛石护岸。这种方法，主要用于受主流顶冲淘刷而引起的塌岸现象。

(2) 石笼护脚。适用于水下部分，冲刷强烈的情况，条件差时，可采用柳石枕予以护脚。

(3) 护坡。适用于受风浪淘刷而引起的塌岸，可以用干砌石、浆砌石、混凝土、三台土，土、水泥等材料进行护坡。

(4) 护岸墙。适用于岸坡较陡，风浪冲击和水流淘刷强烈的地段。常用浆砌石、干砌石、混凝土、钢筋混凝土墙护岸，这种结构抗冲能力强、稳定性较好。

(5) 防护林护岸。适用于库岸滩地和土坡合适的地段，植树造林，做成防护林带，以抵御水库高水位时受风浪和雨水的侵蚀，防护效果与树木品种、疏密、坡度、土壤性质等因素有关，常用柳树和芦竹等树种。

学生工作任务书

<table>
<tr><td>课程名称</td><td colspan="3">水工建筑物监测与维护</td><td>项目一</td><td colspan="3">土石坝的监测与维护</td></tr>
<tr><td>班级</td><td></td><td>姓名</td><td></td><td>日期</td><td></td><td>学时</td><td>22</td></tr>
<tr><td>工作内容与目标</td><td colspan="7">①土石坝的工作特点；
②土石坝巡视检查的制度和内容；
③土石坝水平位移、垂直位移观测的方法；
④土石坝日常养护的内容和制度；
⑤土石坝浸润线观测等各项渗流观测的方法；
⑥土石坝各种病害的处理方法；
⑦土栖白蚁的防治；
⑧观测资料整编的内容及定性分析的方法</td></tr>
<tr><td>工作步骤</td><td colspan="7">①老师布置任务；
②学生收集资料、学习资料；
③学生到水工管理仿真实训场进行各项实操训练；
④老师评价、总结；
⑤学生总结、自评、互评</td></tr>
<tr><td>提交成果</td><td colspan="7">①强化训练；
②实操成果；
③总结报告</td></tr>
<tr><td>考核要点（知识、技能、态度）</td><td colspan="7">①土石坝水平位移和垂直位移观测方法的原理、测点布置、观测设备及计算方法；
②土坝浸润线观测等各项渗流观测的方法；
③土石坝裂缝的类型、成因及处理措施；
④土石坝滑坡的类型、成因及预防和处理措施；
⑤土石坝渗漏的途径、产生原因及处理措施；
⑥土石坝护坡破坏及库岸塌滑的种类、成因及抢护治理措施；
⑦观测资料整编分析的意义，资料初步分析的方法</td></tr>
<tr><td>考核方式</td><td colspan="7">①知识考核采用笔试、现场提问；
②技能考核依据实际操作情况和分析报告</td></tr>
<tr><td rowspan="3">工作评价</td><td colspan="5">教师评价：</td><td colspan="2">签名：</td></tr>
<tr><td colspan="5">自评：</td><td colspan="2">签名：</td></tr>
<tr><td colspan="5">小组内同学互评：</td><td colspan="2">签名：</td></tr>
</table>

强 化 训 练

一、填空题

1. 土石坝常见的病害是__________、__________、__________。

2. 土石坝变形观测的项目有__________、__________、__________等，渗流观测的项目有__________、__________、__________、__________等。

3. 某土坝出现严重的内部裂缝，则应采用__________法进行处理。对土坝安全危害最大的几种裂缝是__________、__________、__________。

4. 土石坝的巡查分为__________、__________、__________、__________ 4 项。

5. 水准法是观测土石坝的__________，它的原理是____________________。

6. 土石坝水平位移的观测方法有__________、__________、__________等。

二、名词解释

1. 渗水透明度

2. 病害水库

3. 异常渗流

4. 滑坡

三、简答题

1. 论述土石坝监测工作的必要性。

2. 土石坝巡视检查的制度有哪些？

3. 如何对土石坝裂缝进行检查？对哪些情况的裂缝应进行观测？怎样观测？

4．试述浸润线观测中测压管布置的要求以及测压管的组成。

5．视准线法的观测原理是什么？各级测点怎样设置？

6．土石坝日常维护的主要内容是什么？为什么要加强土石坝的养护修理？

7．土石坝渗漏处理的原则是什么？措施有哪些？其适用条件如何？

8．土石坝滑坡的征兆有哪些？如何预防？处理措施有哪些？

9．土石坝护坡永久加固修理有哪些方法？如何进行选择？

10. 库岸坍滑的原因有哪些？如何防治？

11. 谈谈土栖白蚁对水利工程的危害。

12. 如何预防和灭杀白蚁？

项目 2　混凝土及砌石坝的监测与维护

用浆砌石或混凝土修建的挡水坝称浆砌石坝或混凝土坝，它是一种整体结构。与土石坝比较，混凝土坝具有以下优点：坝顶可以溢流，施工期可以允许坝上过水，工程量较土石坝小，雨季也可进行施工，而且施工质量较易得到保证。浆砌石坝除了同样具有上述优点以外，还有就地取材，节约水泥用量；节省模板，减少脚手架；只需很少的施工机械；受温度影响较小，发热量低，施工期无需散热或冷却设备；施工操作技术简单等优点。所以，浆砌石与混凝土坝，在我国水利水电建设中，得到了广泛的应用。

学习情境 2.1　混凝土及砌石坝的巡视检查

为了及时发现对混凝土及砌石坝运行不利的异常现象，结合仪器设备的观测成果综合分析坝的运行状态，应对混凝土及砌石坝进行巡视检查。巡视检查的制度与土石坝一样，分经常检查、定期检查、特别检查和安全鉴定。各种检查的组织形成和工作开展的要求也与土石坝基本相似，但还应结合混凝土及砌石建筑物的不同特点进行。

对混凝土和砌石坝，应对坝顶、上下游坝面、溢流面、廊道以及集水井、排水沟等处进行巡视检查。应检查这些部位有无裂缝、渗水、侵蚀、脱落、冲蚀、松软及钢筋裸露现象，排水系统是否正常，有无堵塞现象。还应检查伸缩缝、沉陷缝的填料、止水片是否完好，有无损坏流失和漏水，缝两侧坝体有无异常错动等情况，坝与两岸及基础连接部分的岩质有无风化、渗漏情况等。

当坝体出现裂缝时，应测量裂缝所在位置、高程、走向、长度、宽度等，并详细记载，绘制裂缝平面位置图、形状图，必要时进行照相。对重要裂缝，应埋设标点进行观测。

当坝体有渗透时，应测定渗水点部位、高程、桩号，详细观察渗水色泽，有无游离石灰和黄锈析出。作好记载并绘好渗水点位置图，或进行照相。同时也应尽可能查明渗漏路径，分析渗漏原因及危害。必要时可用以下简易法测定渗水量。

（1）用脱脂棉花或纱布，先称好重量，然后铺贴于渗漏点上，记录起止时间，取下再称重量，即可算得渗水量。

（2）用容积法测量渗漏水量，方法同土石坝渗漏量观测。

检查混凝土有无脱壳，可以用木锤敲击，听声响进行判断。对表面松软程度进行检查，可用刀子试剥进行判断。对混凝土的脱壳、松软以及剥落，应量测其位置、面积、深度等。

对砌石坝还应检查块石是否松动，勾缝是否脱落等。

学习情境 2.2　混凝土及砌石坝的变形观测

2.2.1　概述

混凝土坝和砌石坝建成蓄水运用后，在水压力、泥沙压力、浪压力、扬压力以及温度变化等作用下，坝体必然发生变形。坝体的变形与各种荷载作用和影响因素的变化具有相应的规律性变化，并在允许的范围之内，这是正常的现象。而坝体的异常变形，则往往是大坝破坏事故的先兆。如法国的马尔巴塞拱坝失事前，拱座发生了异常变形。如果该坝在运行期间进行了系统的变形观测，及时掌握拱座的变形情况，采取有效措施，是有可能避免垮坝失事的。因此，为保证混凝土坝和砌石坝的安全运行，必须对坝体进行变形观测，以随时掌握大坝在各种荷载作用和有关因素影响下变形是否正常。

混凝土坝和砌石坝受水压力等水平方向的推力和坝底受向上的扬压力作用，有向下游滑动和倾覆的趋势，因此要进行水平位移观测。混凝土和砌石均属弹性体，在水平向荷载下，坝体将产生挠度，需要进行挠度观测。坝体受温度影响和自重等荷载作用，将发生体积变化，地基亦将发生沉陷，需要进行垂直位移观测。坝体体积变化，坝段间伸缩缝开合情况不同，就要进行伸缩缝观测。当发现坝体发生裂缝时，必须进行观测。此外，为了掌握坝体在荷载作用和温度影响下的应力应变情况，还应在坝体预埋各种仪器，观测其内部温度、应力和应变。这里仅就当前一般大型水库和中型水库观测工作的现状，主要介绍外部变形观测。

2.2.1.1 水平位移观测

水平位移观测通常是在坝顶表面或廊道内设置适当数量的测点，测定其平面位置变化来进行的。测定测点的平面位置的方法很多，目前常用的有以下几种。

1. *视准线法*

视准线法观测水平位移操作方便、计算简单、成果可靠，因此也广泛用于混凝土坝和砌石坝。其观测方法和仪器设备等与土坝基本相同，可详见土坝的变形观测。由于混凝土坝和砌石坝的结构与土坝不同，因此位移标点的布置也不一样。对于直线形坝，通常是在坝顶埋设一排位移标点，有观测廊道的可在廊道中布置一排标点，用倒垂线控制基准线，或通过竖井转测。有条件的拱坝也可用视准线法观测水平位移，布置测点。位移标点的间距一般按每个坝段埋设一个标点。对于不分坝段的砌石坝，可每隔 40～50m 埋设一个标点。图 2.2.1 为某砌石重力坝的位移标点布置图，图 2.2.2 为某拱坝位移标点布置图。

视准线法观测水平位移虽有很多优点，但当坝体长度超过一定限度、坝轴线成折线形或拱形而又无法成排布置标点，以及坝顶有启闭门机等无法通视时，用视准线就有困难，需要采用其他方法来观测水平位移。

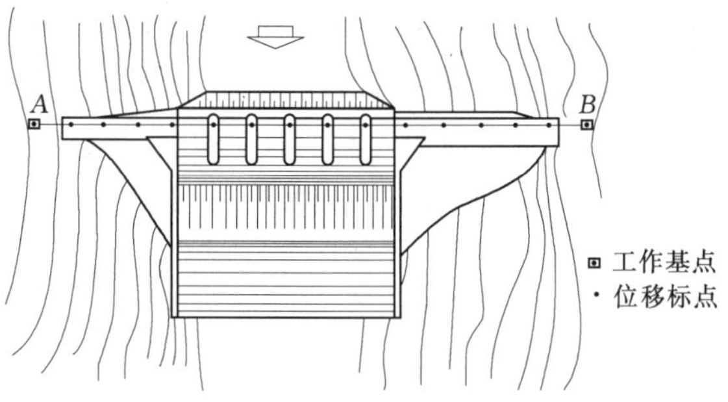

图 2.2.1 某砌石重力坝视准线法位移标点布置图

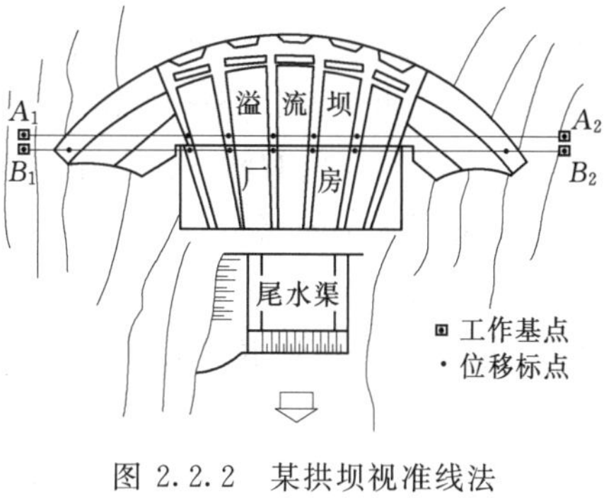

图 2.2.2 某拱坝视准线法位移标点布置图

2. 前方交会法

前方交会法可适用于任何坝形，如果交会图形良好，可保证较高的精度。尤其对于混凝土坝和砌石拱坝，更为适用。但前方交会法计算比较复杂，观测也不如视准线或其他方法简便，特别是当缺乏 T3 等 J1 级精密经纬仪，需用 J6 级经纬仪采用复测法观测时，测读计算更为复杂。

3. 引张线法

用引张线法观测混凝土坝和砌石坝水平位移设备简易，不需精密经纬仪，操作计算迅速简便，尤其在廊道中设置引张线，不受气候条件的影响，具有很大优点。引张线法适用于直线形坝，其方法和设备仪器详见课题 2。

4. 激光准直法

激光准直法是在精密经纬仪上加设激光管，利用激光光束代替望远镜的视准线观测坝体水平位移，目前也在几个混凝土坝试用，还未普遍推广。

2.2.1.2　挠度观测

混凝土坝和砌石坝的挠度，当前普遍采用垂线法进行观测。垂线有正垂线和倒垂线两种，详见 3.2.3。

2.2.1.3　垂直位移观测

混凝土坝和砌石坝的垂直位移通常用水准测量或连通管进行观测。由于混凝土和砌石坝的垂直位移量与土坝相比小得多，如果观测精度较低，将会发生间隔垂直位移量小于误差的现象，为此需要用精密水准测量。测点的布置与水平位移测点统一，方法、设备、仪器等详见土坝的变形观测。

2.2.1.4　伸缩缝观测

混凝土坝的伸缩缝一般有以下两种方法进行观测：

（1）伸缩缝两侧混凝土表面埋设金属标点，测量缝宽变化或缝侧两块混凝土体之间三个方向的相对位移。

（2）在混凝土内部伸缩缝间埋设差动电阻式或其他形式的测缝计，测量缝宽的变化。这里主要介绍金属标点式测缝设备，详见 2.2.4。

2.2.1.5　裂缝观测

当检查观测发现混凝土坝和砌石坝发生裂缝，必须进行裂缝观测。详见 2.2.5。

上述各项变形观测应配合进行，并同时进行上游水位、气温、水温等有关荷载和影响因素的观测。测次主要根据有关规定和工程具体情况确定。在运用初期测次要密，当变形趋于稳定或基本掌握其变化规律时，测次可适当减少，一般每月观测一次。伸缩缝可在每年最高、最低气温时观测，裂缝不再继续发展后，可每季观测一次。当上游水位超过历年实际运用最高水位或接近设计最高水位、气温异常高或异常低，或发生Ⅳ度以上的地震后，应增加测次。

2.2.2　引张线法观测水平位移

引张线法具有操作和计算简单，精度高，便于实现自动化观测等优点，尤其在廊道中设置引张线，因不受气候影响，具有明显的有利条件，因此在重力坝水平位移观测中应优先采用。

2.2.2.1　观测原理及设备

引张线法就是在坝的两端基点间拉紧一根钢丝作为基准线，然后测量坝体上各测点对此基准线的偏离值的变量来计算水平位移值。引张线即相当于视准线法中的视准线。

由于重力作用，引张线势必下垂成悬链状，如图 2.2.3 所示。引张线的跨度往往长达数百米，即使采用直径 1mm 的细钢丝，悬链线垂径也是很大的。为了解决垂径过大，使引张线运用到变形观测的实际中去，就要在引张线两端加重拉紧，并在中间加设若干浮托装置，将引张线托起，使引张线近似地在同一高程上。

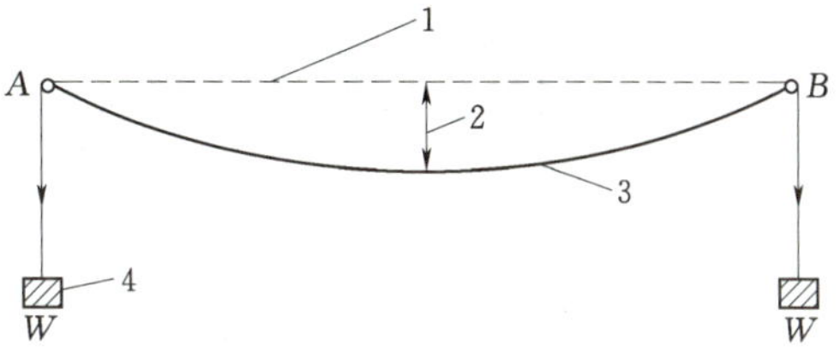

图 2.2.3　悬链线示意图

1—水平线；2—垂径；3—悬链线；4—加重

引张线观测设备由测线、端点装置和测点装置 3 部分组成。

1. 测线

测线一般采用直径 0.8～1.2mm 的不锈钢丝，个别单位也有用到直径 2mm 的。钢丝强度要求不小于 $150kN/cm^2$。为防止风的影响和外界的干扰，保证观测精度，全部测线都需要保护管保护。为考虑悬链线的垂径、坝体变形后测线的位置变化以及保护管安装误差等因素，保护管的直径要大一些，一般选用直径 10cm 的钢管或塑料管，如图 2.2.4 所示。

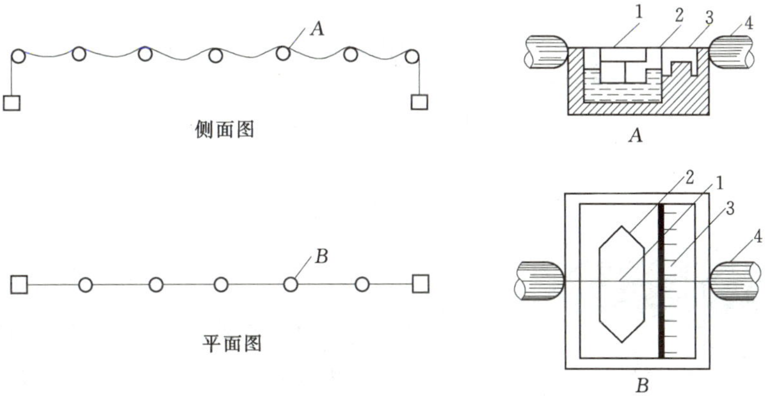

图 2.2.4　引张线示意图

1—钢丝；2—浮托器；3—标尺；4—保护管

2. 端点装置

由混凝土基座、夹线装置、滑轮、线锤连结装置以及重锤等组成，如图 2.2.5 所示。

夹线装置的作用是使钢丝始终固定在一个位置上。其构造是在钢质基板上嵌入一个铜质 V 形夹槽，将钢丝放入 V 形槽中，盖上压板，旋紧压板螺丝，测线即被固定在这个位置上，如图 2.2.6 所示。

夹线装置安装时，需注意 V 形槽中心线与钢丝方向一致，并落在滑轮槽中心的平面上。但要注意，当测线通过滑轮拉紧后，测线与 V 形槽中心线应重合，并且钢丝高出槽底 2mm 左右。

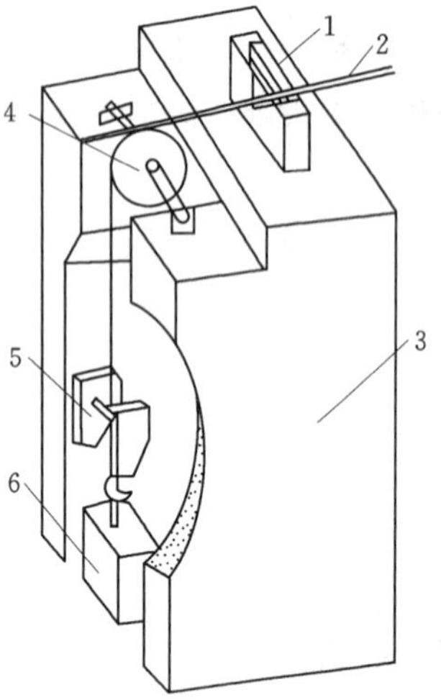

图 2.2.5　引张线端点结构示意图

1—夹线装置；2—钢丝；3—混凝土墩；4—滑轮；5—悬挂装置；6—重锤

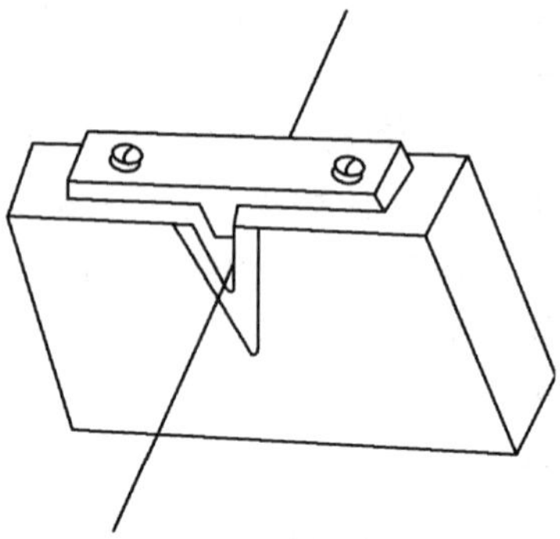

图 2.2.6　夹线装置图

线锤连结装置上有卷线轴和插销，以便卷紧钢丝，悬挂重锤并张紧钢丝。重锤的重量视钢丝的强度而定。重锤重量愈大，钢丝所受拉力愈大，引张线的灵敏度愈高，观测精度也愈高。重锤重量可按钢丝抗拉强度的1/3～1/2考虑。

3. 测点装置

测点是埋设在坝体上的一个金属箱，箱内设有水箱和人工观测标尺。水箱内盛水或硅油，水上浮有支撑钢丝的浮托器（或称浮船），如图2.2.7所示。

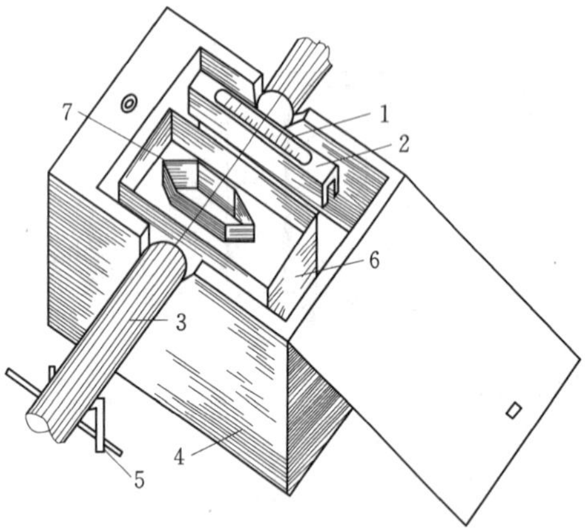

图 2.2.7　测点装置图

1—读数标尺；2—槽钢；3—保护管；4—保护箱；5—保护管支架；6—水箱；7—浮船

浮船的大小主要根据测点间距 S 和钢丝的单位长度重量 W 而定。在忽略悬链线弧长与 S 之差时，浮船荷载可近似为

$$Q = \frac{S_1 + S_2}{2}W + G$$

式中：Q 为浮船荷载，N；S_1、S_2 为测点与相邻两测点的水平距离，m；W 为加重情况下钢丝的单位长度重量，N/m；G 为浮船自重，N。

若测点间距相等，即 $S_1 = S_2$，则

$$Q = SW + G$$

根据上式可算得浮船的荷载，即可参考确定浮船的体积大小和尺寸，最好根据试验确定。

水箱的尺寸大小需使浮船在水箱中有游动的余地，一般水箱的面积为浮船面积的1.5～2.0倍。

标尺为常用的15cm不锈钢尺，安装在槽钢上。安装时需注意尺面与钢丝垂直，并尽可能使各测点的标尺在同一水平面上。

保护箱可用薄钢板焊制，水箱和带标尺的槽钢固定在保护箱内。保护管与保护箱连接。

2.2.2.2 观测方法

引张线的钢丝张紧后固定在两端的端点装置上，水平投影为一条直线，这条直线是观测的基准线。测点埋设在坝体上，随坝体变形而位移。观测时只要测出钢丝在测点标尺上的读数，与上次测值比较，即可得出该测点在垂直引张线方向的水平位移，其位移计算原理与视准线法相似。

1. 观测步骤

引张线观测随所用仪器的不同方法亦不同，无论采用哪一种仪器和方法观测，都应按以下的步骤进行。

（1）在端点上用线锤悬挂装置挂上重锤，使钢丝张紧。

（2）调节端点上的滑轮支架，使钢丝通过夹线装置 V 形槽中心，此时钢丝应高出槽底 2mm 左右，然后夹紧固定。但应注意，只有挂锤后才能夹线，松夹后才能放锤。

（3）向水箱充水或油至正常位置，使浮船托起钢丝，并高出标尺面 0.5mm 左右。

（4）检查各测点装置，浮船应处于自由浮动状态，钢丝不应接触水箱边缘和全部保护管。

（5）端点和测点检查正常后，待钢丝稳定 30min，即可安置仪器进行测读。测读从一端开始依次至另一端止，为一测回。测完一测回后，将钢丝拔离平衡位置，让其浮动恢复平衡，待稳定后从另一端返测，进行第二测回测读。如此观测 2～4 个测回，各测回值的互差，要求不超过±0.2mm。

（6）全部观测完后，将端点夹线松开，取下重锤。

（7）若引张线设在廊道内，观测时应将通风洞暂时封闭。对于坝面的引张线应选择无风天观测，并在观测一点时，将其他测点的观测箱盖好。

2. 常用的观测方法

引张线的钢丝固定在两岸的端点上，端点变形一般用倒垂线观测。测点埋设在坝体上，随坝体变形而移位，测量出钢丝在测点标尺上的读数变化，即可得出该测点垂直坝轴线方向的水平位移值。观测的方法随所用仪器而不同，常用的有以下几种。

（1）两用仪。应用武汉测绘学院试制的两用仪观测引张线是目前常用方法之一。两用仪的照准系统头部可以转动，当物镜转向上部，如图 2.2.8 所示，可用来观测引张线，当物镜转向侧面时，可用来观测垂线，因此称为两用仪。

用两用仪观测引张线，测点上不需另安标尺，而紧靠测点保护箱，钢丝的垂直下方埋设一个强制对中器，作为两用仪的底盘。观测时将两用仪安置在强制对中器上，通过目镜及读数放大镜进行读数，如图 2.2.9 所示。

（2）读数显微镜法。在水箱旁也设一标尺，用读数显微镜放置在引张线通过的标尺上，测读标尺分划线以下的小数，也可取得满意的成果，如图 2.2.10 所示。

测读方法是先用肉眼在标尺上读取毫米数，如图 2.2.10 中为 71mm，然后将读数显微镜置于标尺上，测读毫米以下的小数。先调焦至成像清晰，转动显微镜内测管，使测微分划线与钢丝平行。读数时第一步左右移动显微镜，使显微镜视场上某一分划线与标尺整分划线的左边缘重合，读取该分划线至钢丝左边缘的间距 a（设为 0.3mm）；第二步再移

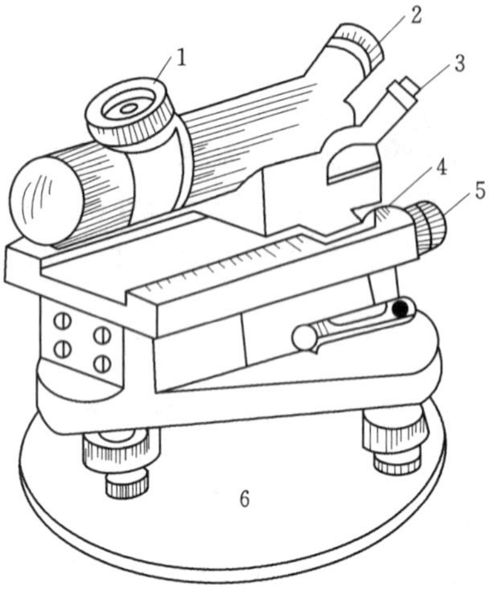

图 2.2.8　两用仪示意图（武汉测绘学院）

1—物镜；2—目镜；3—读数放大镜；
4—标尺；5—传动手轮；6—底盘

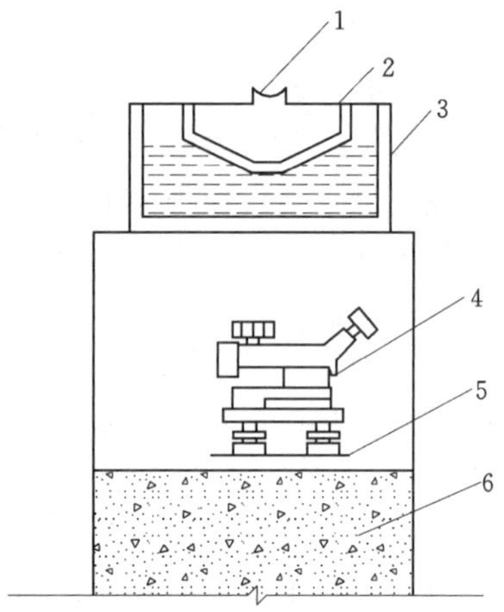

图 2.2.9　两用仪观测引张线示意图

1—引张线；2—浮船；3—水箱；4—两用仪；
5—底盘（强制对中器）；6—混凝土墩

动显微镜，将某分划线与标尺整分划线的右边缘重合，读取该分划线至钢丝右边缘的间距 b（设为 1.08mm）。由于 $a+b=2Z+d+D$，可得

$$(a+b)/2=Z+(d+D)/2$$

$(a+b)/2$ 即为标尺整分划线中心至钢丝中心的距离。由此可得钢丝中心在标尺上的读数为

$$71+(a+b)/2=71+(0.3+1.08)/2=71.69(\text{mm})$$

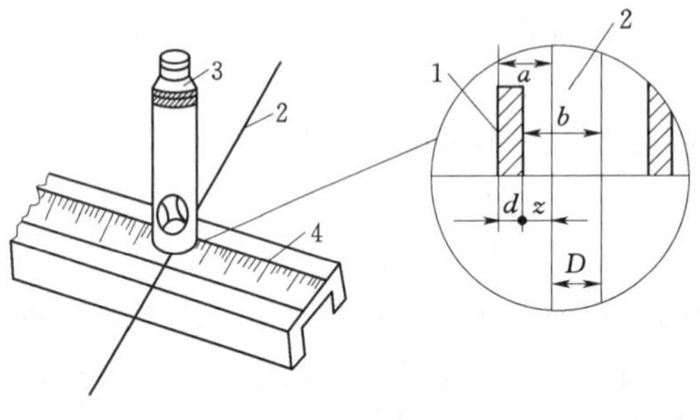

图 2.2.10　读数显微镜观测引张线示意图

1—标尺分划线；2—钢丝；3—读数显微镜；4—标尺

由图 2.2.10 可见 $b-a=D-d$，即钢丝直径与标尺整分划线粗度的差值，此差值应为定值。记录表中计算 $b-a$，目的是校核有无错误和检定精度。

以上是一个测点的测读方法。对整条引张线，一般是从一个端点开始顺次测读每个测点，直至另一个端点，这是一个测回。然后在引张线中部稍微拨动某一个测点的浮船，使整条引张线浮动，待静止后进行第二个测回。通常进行三个测回，取其平均值为位移观测值。三个测回观测值之间的互差，要求不超过±0.2mm。

（3）简易观测法。观测引张线还可用简易的方法进行。如图 2.2.11 所示，将标尺设在水箱的侧面，然后用头发丝或极细的尼龙丝系在靠近标尺的钢丝上，下面挂一小锤，即可直接测读头发丝在标尺上的读数。坝体发生位移后，头发丝在标尺上的读数发生变化，读数差即为该测点的水平位移值。用简易法观测可估读至 0.1mm。

（4）SWT 型步进式遥测引张线仪。SWT 型遥测引张线仪由水利部南京水利水文自动化研究所研制，配合引张线用于直线形大坝水平位移的自动监测。其安装在混凝土观测墩

或钢支架上，与引张线装置测点箱浮托设备配套使用。用 PSM—S 型步进式仪器检测仪直接进行测量，或接入 DG 型分布式数据采集系统，由 CCU 中央控制装置命令 MCU 测量控制装置进行自动测量。

1）功能与性能。

a）线性范围大，量测精度不因量程加大而降低，测量精度高于 0.1mm。

b）测量直观可靠。有已知基准长度进行校对，保证测值准确可靠。由于加工精度高，测值重复性好，无需多次重复测量。

c）具有永久性仪器底板和基准点，保证资料的连续性，监测资料不因仪器拆卸修理或更新而不连续。

d）采用双重光电照准装置、高密封电路、温控加热装置、仪器运行可靠。电路的抗干扰能力强，有专用的 LSP 型雷电流保护器配套使用。

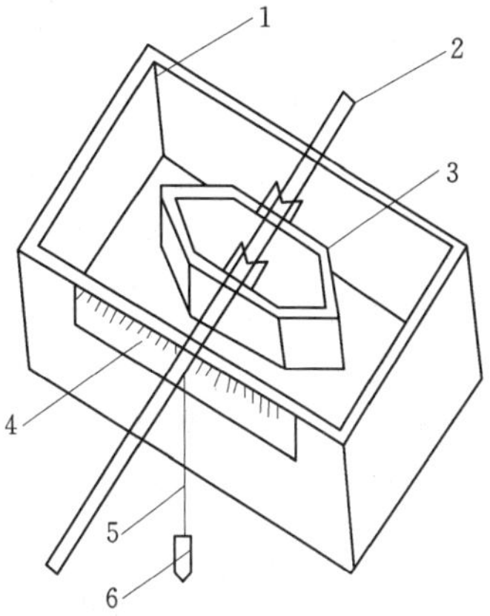

图 2.2.11　头发丝观测引张线示意图

1—水箱；2—钢丝；3—浮船；4—标尺；5—头发丝；6—小锤

e）便于接入分布式数据采集系统，实现大坝安全监测自动化。也可单独使用直接进行大坝水平位移的测量。

f）设计合理，结构紧凑，采用优质材料精密加工，具有防潮抗锈蚀性能，保证仪器长期稳定运行，使用维修方便。

2）工作原理。当步进电机接受到测控装置发来的测量信号后，开始启动，发出脉冲信号，并通过传动机构带动光电探头作直线运动，依次照准第一基准杆（测量起始点）、引张线、第二基准杆（测量终点），并由测控装置记录下反映三者位置的脉冲数和自动计算出引张线的坐标值和基准长度值。引张线在不同时刻的坐标值之差即为大坝在此时段测点的相对水平位移值。基准长度值作为自校之用，如图 2.2.12 所示。

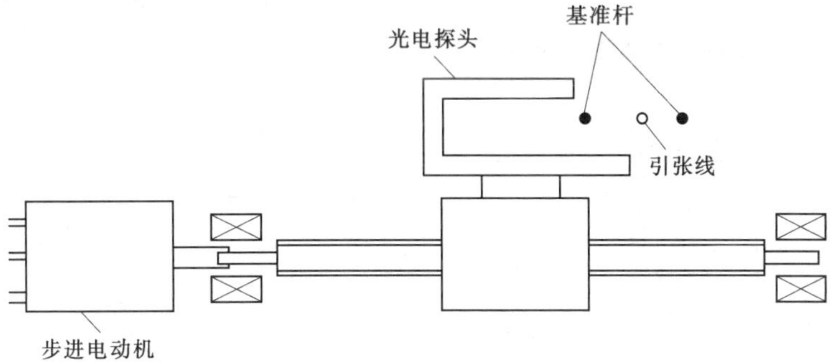

图 2.2.12　SWT 型步进式遥测引张线仪工作原理

无论采用哪一种仪器和方法（除自动测量仪器外）观测引张线，现场观测工作都应按以下的步骤进行：

a）两个引张线端点中，一个为固定端，一个为活动端。在活动端点上用线锤悬挂装置挂上重锤，使引张钢丝拉紧。

b）调节端点上的滑轮支架，使钢丝通过夹线装置 V 形槽中心，并高出槽底 2mm 左右，然后夹紧固定。必须注意，只有在挂锤后才能夹线，松开后才可放锤。否则不能起紧钢丝的作用。

c）检查测点浮托装置。若水箱内水面低于正常水位时，即应充水至正常水位，以求浮船托起钢丝与读数标尺尺面的垂直距离为 0.3～0.5mm 为宜。尤其对于用读数显微镜测读时，钢丝与标尺面垂距过大，将使照准不清晰，影响读数；垂距过小，往往由于水箱内的水被蒸发，浮船下降，极易造成钢丝被搁住在标尺上，不能获得正确的读数。通常在冬季垂距可小一些，而在夏季，气温高，水面蒸发快，垂距可大一些。垂距大小也与观测仪器和方法，以及测点多少有关。测读方法速度较慢，测点数量较多，整条引张线观测一测回的时间就长，垂距应较大些，反之则可小些。观测过程中应该检查浮船在水箱内是否处于自由浮动状态。

d）端点和测点检查正常后，待钢丝稳定 30min，即可安置仪器进行测读。测完一测回后，将钢丝拨离平衡位置，让其浮动恢复平衡，待稳定后再进行第二测回测读。如此观测 3 个测回。

e）全部观测完毕后，将端点夹线松开，把重锤取下，使钢丝在非观测时间不受拉力。

f）位于廊道内的引张线，观测前要检查廊道内的防风情况，并应将通风孔洞暂时封闭。位于坝顶的引张线应选择无风的天气进行观测。

（5）光电跟踪遥测法。南京自动化研究所研制的 YZ—1 型光电跟踪差动电感式引张线遥测仪是机电与光学部件相结合的远距离自动遥测仪。该仪器测量范围为 0～20mm，最小读数为 0.02mm（桥式仪表）或 0.01mm（数字仪表），遥测距离为 0～100m。

该仪器的工作原理如图 2.2.13 所示。光源被引张线挡住的阴影通过光电头的光学镜头放大，投影到上部两块起光电转换作用的硅光电池上。硅光电池受光照的面积不同，产生的电压会不同。如引张线遮挡的阴影在两块硅光电池上的面积不等，就有输出电压 $U_R = (I_1 - I_2)R$，称为差分电压。U_R 经放大器放大后，使微电机运转，通过传动机构带动光电头作相应的直线运动。光电头在运动过程中，与钢丝作相对位移，使得钢丝遮挡两块光电池的阴影面积变化，U_R 跟着变化。当两块光电池被遮挡的阴影面积相等时，$U_R = 0$，光电头停止移动，全部过程达到了光电自动跟踪的目的。

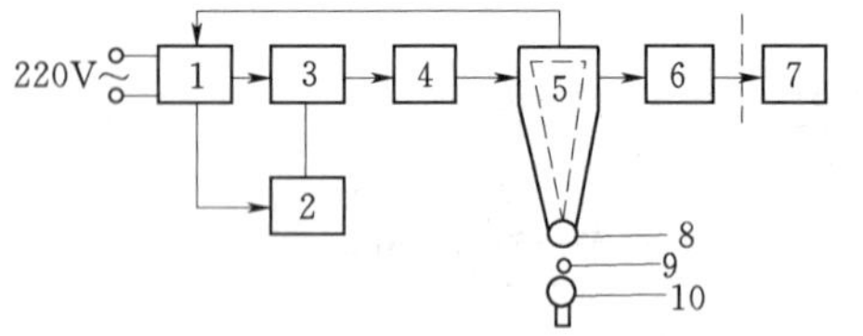

图 2.2.13　引张线遥测仪工作原理方框图

1—放大器；2—控制电路；3—微电机；4—传动机构；
5—光电池；6—位移传感器；7—指示仪表；
8—光透镜；9—引张线；10—光源

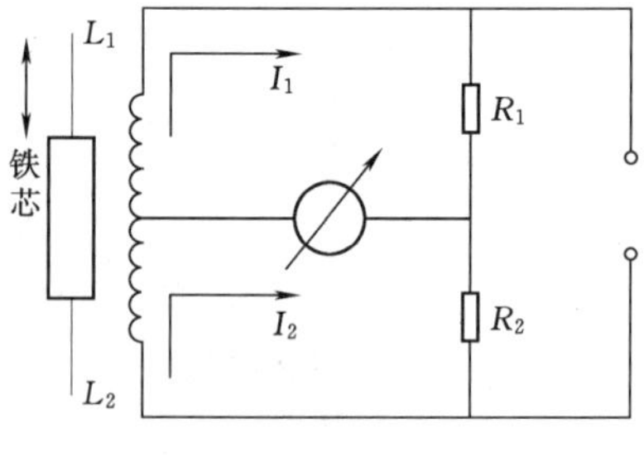

图 2.2.14　电感传感器原理图

该仪器的位移传感器采用差动电感式遥测仪，它由差动电感传感器，杠杆传动系统、油箱等部件组成。当大坝变位后，引张线推动遥测仪的传动杆并通过杠杆系统使传感器磁芯移动，从而把机械位移变成电讯号并经接收仪（比例电桥或数字显示仪）指示出来。传感器工作原理如图 2.2.14 所示，L_1 与 L_2 为传感器的两组线圈，R_1 与 R_2 为接收仪电阻，它们构成四臂电桥。当引张线通过杠杆传动系统推动铁芯上下移动时，$I_1 \neq I_2$，电桥失去平衡，接收仪有相应的显示，此显示即对应了遥测仪相对钢丝的位移量。

该套仪器在观测过程中避免了照准误差，也没有仪器调焦、调平误差的影响，因此观测精度高，速度快，操作方便。但在湿度大、气温低的情况下会影响正常观测。

2.2.2.3　端点变位测定

引张线的端点按要求应埋设在大坝两岸不受坝体变形影响的坚实地基上。但有些水库限于条件，往往不易找到理想的位置，端点紧靠坝体，甚至就设在坝体上。在廊道中设引张线，端点必然在坝体上而发生位移。为此，除非端点十分可靠，否则一般都需对端点位置进行定期校测，以判断端点变位，保证引张线观测的精度。

引张线的端点一般设在坝体上，会随坝体变形而位移。对设于坝顶的引张线，其端点变位可用视准线法或精密丈量等方法观测。设在廊道内的引张线，其端点变位一般用倒垂线观测（原理见 2.2.3）。倒垂线设置在引张线端点附近，在引张线端点基座上增设位移标心 A，在倒垂线观测墩上设置位移标心 E，如图 2.2.15 所示。

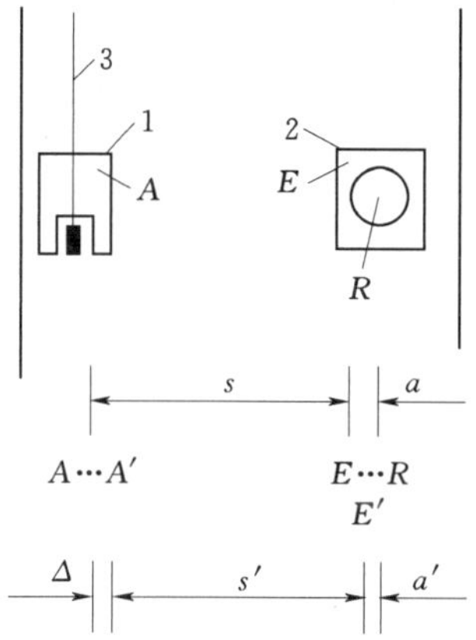

图 2.2.15　倒垂线测定引张线端点变位示意图

1—引张线端点基座；2—倒垂线观测墩；3—引张线；A—引张线端点位移标心；E—倒垂线观测墩标心；R—倒垂线

设 A、E 标心之间的距离为 s，倒垂线钢丝中心 R 至 E 的距离为 a。R 的空间位置是固定不变的。当坝体位移后，A 点和 E 点位移至 A' 和 E'。观测时用因钢尺量出 A'、E' 之间的距离 s'，由垂线仪测出 R、E' 的距离 a'，即可计算出引张线端点的位移值 Δ。由图知：

$$\Delta=(s+a)-(s'+a')=(s-s')+(a-a')=\Delta s+\Delta a \qquad (2-2-1)$$

式（2-2-1）中 Δs 和 Δa 的正负与 A、E、R 三点之间的相对位置有关，应根据实际情况分析确定。此外，由式（2-2-1）可知，若引张线与倒垂线很近，两观测墩合为一体，观测中则无 s 而只有 a，此时 $\Delta=a-a'=\Delta a$。

2.2.3　垂线法测定坝体挠度

2.2.3.1　观测原理

混凝土坝和砌石坝的挠度通常采用垂线法进行观测。即用垂线作基准线，测量沿垂线不同高程坝体各测点的水平位移。用垂线法观测挠度设备简单、精度和效率较高、观测方便，为此得到普遍采用。垂线有正垂线和倒垂线两种。

正垂线是在坝体内的观测井、电梯井、宽缝等的上部悬挂带重锤的不锈钢丝。由于重锤的作用，当正垂线稳定时总是处于铅直状态。利用铅直的垂线作为基准线，沿垂线设置测点观测坝体沿垂线不同高程的水平位移。由于垂线悬挂在坝体上，随坝体变形而整条垂线也产生位移，因此在坝基设观测点，即可测得坝顶对坝基的相对水平位移，如图 2.2.16 所示。沿垂线不同高程的坝体埋设夹线装置，当垂线由某一夹线装置夹

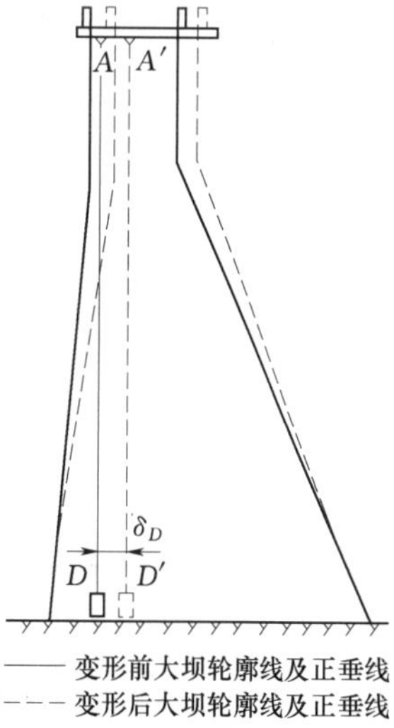

图 2.2.16　正垂线示意图

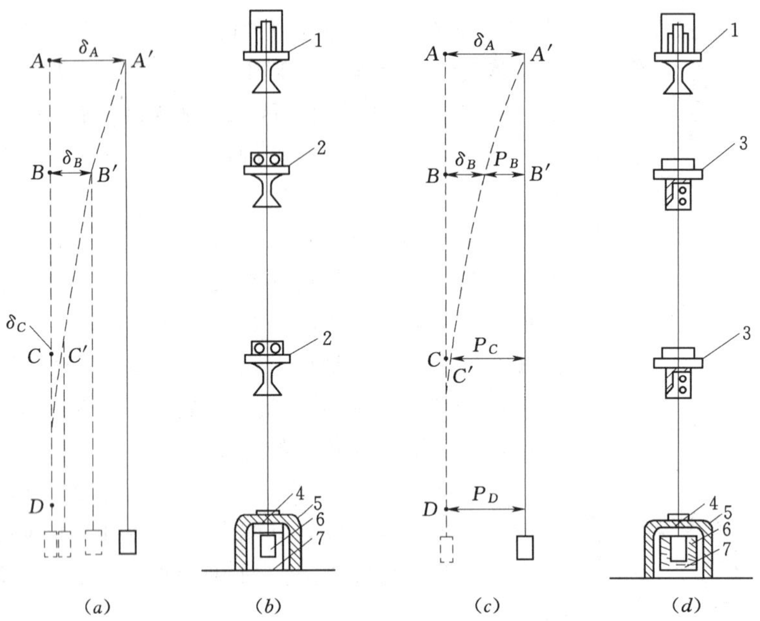

图 2.2.17　正垂线多点支承和一点支承示意图

(a) 多点支承关系示意图；(b) 多点支承结构示意图；(c) 一点支承关系示意图；(d) 一点支承结构示意图

1—悬挂装置；2—夹线装置；3—测点；4—坝底测点；5—观测墩；6—垂锤；7—油箱

紧，即可在坝基观测点测得该点对坝基的相对水平位移。顺次测出各不同高程点对坝基的相对水平位移，即可求得坝体的挠度。这种形式称为多点支承正垂线，如图 2.2.17 (a)、(b) 所示。如果在垂线不同高程设置观测点，通过观测坝顶悬挂垂线处与不同高程测点的相对水平位移，从而求得坝体挠度的，称为一点支承、多点观测正垂线，如图 2.2.17 (c)、(d) 所示。

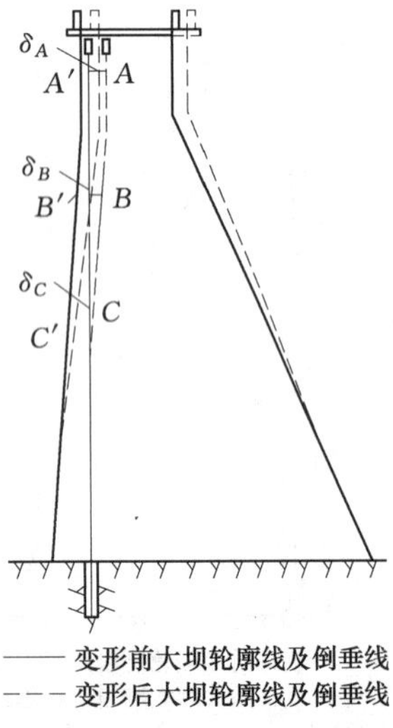

图 2.2.18　倒垂线示意图

倒垂线是将不锈钢丝的下端锚固在坝基深处，而上端连接一个浮托装置。由于浮力的作用，倒垂线稳定时也总处于铅直状态，而且认为是固定的基准线。沿倒垂线不同高程坝体上设置测点，测出垂线和测点间的水平距离变化，即可得出不同高程测点的绝对水平位移，由此求得坝体挠度，如图 2.2.18 所示。由于倒垂线可认为是固定不变的，因此有的水库往往把倒垂线作为整个大坝观测系统的基准线。

垂线通常布置在坝高最大、地基薄弱、有坝内厂房以及设计计算的典型坝段内。应根据工程规模、坝体结构、地质情况等确定，一般大型水库不少于 3 条，中型水库不少于 2 条。如湖北某混凝土坝因各种需要，共布设 10 条正垂线，其中 2 条安设在坝段接缝处，可观测 12 个坝段的挠度。每一条垂线可根据坝高等情况在不同高程布置若干测点。

2.2.3.2　正垂线观测

1. 正垂线装置的构成

不论是多点支承还是一点支承正垂线，一般由以下几部分构成：

（1）悬挂装置。在观测竖井或宽缝等空间布设正垂线，可用型钢埋入混凝土壁内固定定位栓作为垂线的悬挂装置，在坝顶混凝土体内设置正垂线，可采用图 2.2.19 所示的悬挂支点。

（2）夹线装置。固定夹线装置是悬挂垂线的支点，在垂线使用期间，应保持不变，一般也在混凝土壁上埋设型钢设置。即使在垂线受损折断后，支点亦能保证所换垂线位置不变。活动夹线装置是多点支承一点观测时的支点，观测时从上到下依次夹线。当采用一点支承多点观测形式时，取消活动夹线装置，而在不同高程取观测台。

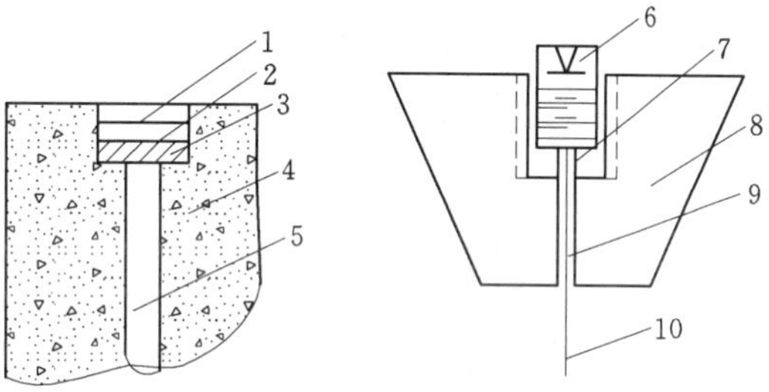

图 2.2.19　正垂线悬挂支点结构示意图

1—混凝土盖板；2—端头预留孔；3—铁板；
4—坝顶混凝土；5—垂线导管；6—压紧螺丝；
7—定位栓；8—支点端头；9—垂线孔；
10—垂线（不锈钢丝）

（3）不锈钢丝。为直径 1mm 的高强度不锈钢丝，也有用较大直径的，尤其是较高的坝，垂线较长，需要较重的锤稳定，因此有用 2.0～2.5mm 直径钢丝的。

（4）重锤。重锤应与所用钢丝粗细相适应，一般不超过钢丝极限拉力的 30%。通常当采用直径 1.0mm 钢丝时，重锤重量为 20kg，采用直径 2.5mm 钢丝时，重锤需重 150kg。重锤尚应附有止动叶片，以加速垂线的静止。重锤放置在油桶内，油桶容积视重锤大小而定。通常为高 40～45cm，直径 40cm，内装锭子油或变压器油。

（5）油箱。为高 50cm、直径大于重锤直径 20cm 的圆柱桶。内装变压器油，使之起阻尼作用，促使重锤很快静止。

（6）观测台。观测台视垂线形式及测读仪器而不同。采用多点支承正垂线者，只需在坝基重锤上部埋设观测墩，墩上埋设仪器底座，以放置观测仪器。采用胡根伯坐标仪时，仅需架设工字钢，使垂线穿过坐标仪后，将坐标仪固定在工字钢上。采用一点支承、多点观测形式时，需在不同高程测点用工字钢等架观测台，埋设仪器底座或其他设备。

2. 现场观测

正垂线的观测仪器设备很多，有武汉测绘学院制的两用仪、武汉测地所坐标仪、胡根伯坐标仪等，也可利用简易设备如读数显微镜进行观测。

由水利部南京水利水文自动化研究所研制的 STC 型步进式遥测垂线坐标仪，该坐标仪用于大坝、船闸及高层建筑物的水平位移和挠度的自动监测，与正垂线、倒垂线及其装置配套使用。由 PSM—S 型步进式仪器检测仪直接控制进行测量，或接入 DG 型分布式数据采集系统，由 CCU 中央控制装置命令 MCU 测量控制装置进行测量。

2.2.3.3　倒垂线观测

倒垂线的布置和观测仪器等与正垂线相同，其结构正好与正垂线相反，垂线下端固定，而上端浮动。

倒垂线装置由浮体组、垂线、观测台3部分组成，如图2.2.20所示。

（1）浮体组。由油箱、浮筒和连杆组成，如图2.2.21所示。

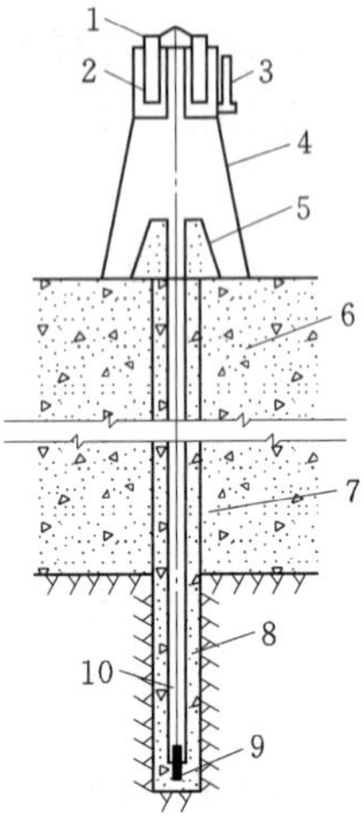

图2.2.20　倒垂线结构示意图

1—浮筒；2—油桶；3—连通管；4—支架；5—观测台；6—坝体；7—钻孔；8—保护管；9—锚块；10—钢丝

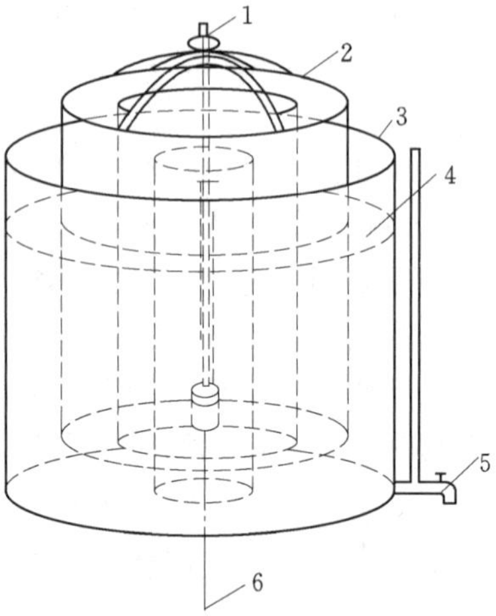

图2.2.21　倒垂线浮体组示意图

1—连杆；2—浮筒；3—油箱；4—油位指示；5—水嘴；6—钢丝

1）油箱。为一环形铁筒，外径为60cm、内径15cm、高45cm。内环中心空洞部分是浮筒连杆穿过的活动部位。

2）浮筒。形状与油箱相同，尺寸为外径50cm、内径25cm、高33cm。这种结构和尺寸能保证浮筒在油箱内有一定的活动范围。浮筒上口有连接支架，以安装连杆。

3）连杆。为一空心金属管，长50cm。上与浮筒支架连接，下端连接钢丝。

（2）垂线。一般采用直径1mm的不锈钢丝，上端连接浮筒连杆，下端固定于基岩深处的锚块上。钢丝的极限抗拉强度应大于2倍浮力。

锚块形状如图2.2.22所示，要求钻孔埋设在基本不受坝体荷载影响而发生变形的基岩深处新鲜岩石中。孔深一般为坝高的1/3，孔径150～300mm。锚块放于孔底，用混凝土浇筑在基础内。锚固孔钻好后，即可将钢丝连接在锚块上，将锚块放入孔底，浇筑混凝土或水泥砂浆胶结牢固。锚块系一直径为35cm、长50cm的铁块加工制成，顶端有连接螺丝，中间有供钢丝穿过的小孔。钢丝下端烧结有小球，并通过连接螺丝固定在锚块上。靠近锚块上下两端均焊有两组十字形的支撑，以便在埋设时保持中心位置并锚设牢固。

（3）观测台。观测台与正垂线相同，一般用混凝土或金属支架建成，中间有直径为15cm的圆孔或边长15cm的方孔，以穿过垂线。台面要求水平，并设有坐标仪底座或其他观测设备。

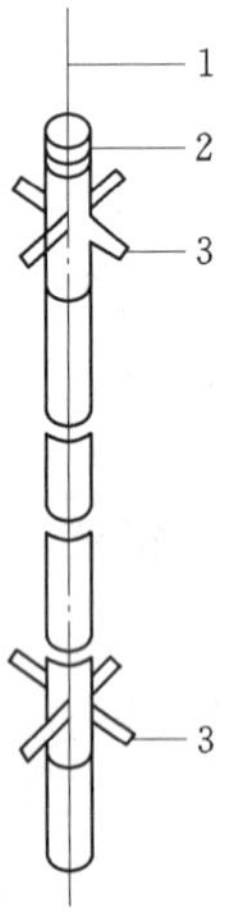

图2.2.22　倒垂线锚块示意图

1—钢丝；2—连接螺丝；3—支撑

2.2.3.4　混凝土及砌石建筑物的垂直位移观测

混凝土及砌石建筑物的垂直位移观测多采用水准法测量，使用仪器、测量原理、观测方法和位移值计算、误差分析等均与土石坝垂直位移观测相似，但因混凝土及砌石建筑物的垂直位移远小于土石坝，所以应提高其测量等级。

垂直位移的测点也分水准基点、起测基点和位移标点三级点位。水准基点为垂直位移系统的基准点，应设在坝下游1～3km的地基稳定处。起测基点设置在坝体垂直位移标点的纵排两端岸坡上以及廊道出口附近的基岩处。垂直位移标点设在坝面和廊道内，每一坝段布设1～2点。对于拱坝，坝顶一般每隔30～50m设置一点，另在拱冠、1/4拱圈及拱座处应设置测点。垂直位移标点也可与水平位移标点合为一体设置。

水准基点和起测基点的结构与土石坝的同类基点大致相同，但埋设要求和对基础的稳定性应较土石坝的高。位移标点的结构因设置方式不同而不同，若与水平位移标点设在一起，则只在标点基座上设置铜质标点头即可；若单独设置，可直接在坝体上（包括廊道内）埋设标点头。廊道内的标点头也可埋设在墙壁上，观测时用微型铟钢尺进行。

2.2.4　混凝土及砌石闸坝的伸缩缝观测

大体积混凝土受温度影响相当显著。当混凝土坝施工时，由于水泥与水发生水化作用，释放大量的热量，使混凝土温度升高，体积膨胀。以后逐渐降温，体积收缩，有可能导致混凝土坝发生裂缝。在混凝土坝的设计施工中往往采取很多措施，以避免因水化热产生的温度裂缝。例如采用水化热低的水泥品种；坝内预埋冷却水管以通水降温；预留纵横缝并埋设灌浆管，以便在混凝土降温收缩后进行接缝灌浆等。但尽管如此，仍很难完全避免混凝土因受温度变化而产生的变化。尤其在大坝建成后受年气温变化的影响而产生热胀冷缩的体积变化。此外，由于坝高、荷载或地质情况的不同，也有可能使相邻坝段发生微小的错动。因此，一般直线形大体积混凝土坝每一定长度，均设置有允许坝体伸缩和错动的伸缩缝，而将坝体分隔成若干坝段。为了掌握混凝土坝随温度升降而产生的体积变化规律以及有无异常错动等现象，以判断大坝是否正常和安全，需进行混凝土坝的伸缩缝观测。

伸缩缝观测通常选择最大坝高、地质条件较差有较大断层或破碎带、坝体混凝土质量较差或止水不良有显著漏水等坝段，在坝顶或廊道适当位置的伸缩缝布置测点进行。有些单位还在施工时选择有代表性的纵横缝埋设测缝仪，以观测接缝灌浆后缝的变化情况。图2.2.23即为吉林某混凝土坝32号坝段伸缩缝及接缝观测设备布置示意图。

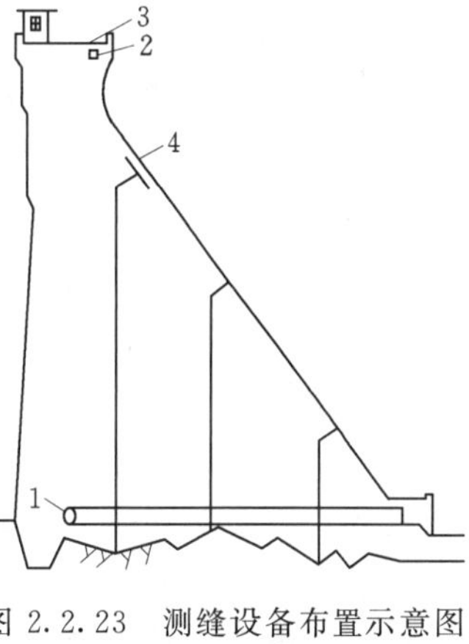

图2.2.23　测缝设备布置示意图
1—单向测缝计；2—型板式测缝标点；3—三点式测缝标点；4—电阻测缝仪

伸缩缝观测设备包括测单向缝宽和三向相对位移两类，常用的有以下几种。

1. 单向测缝标

在伸缩缝两侧各埋设一段角钢，角钢与缝平行，一翼用螺栓固定在坝体上，另一翼内侧焊一半圆球形或三棱柱形标点头，如图2.2.24所示。测量时用外径游标卡尺测读两标点头间的距离，各测次距离的变化量即为伸缩缝开合的变化。

2. 型板式三向测缝标

需要观测伸缩缝开合、错动和高差3个方向变化的测点，可在伸缩缝两侧混凝土上埋设型板式三向测缝标点，其结构形式如图 2.2.25 所示。型板式测缝标点上有 3 对不锈钢或铜质的三棱柱条，用外径游标卡尺测量每对三棱柱条间的距离变化，即可得 3 个方向的相对位移。

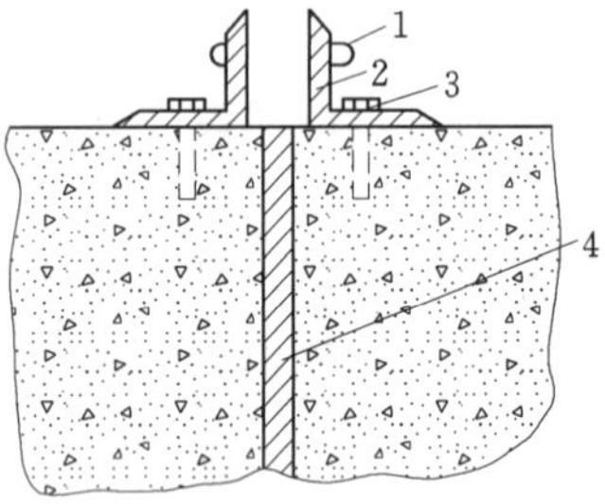

图 2.2.24 单向测缝标

1—标点；2—角钢；3—螺栓；4—伸缩缝

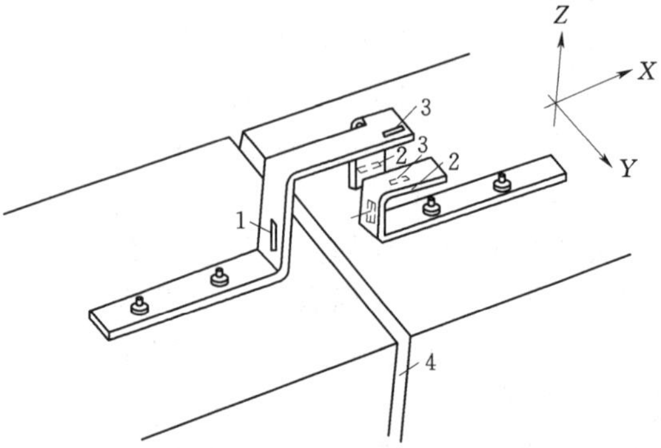

图 2.2.25 型板式三向测缝标点结构示意图

1—X 方向测量标点；2—Y 方向测量标点；3—Z 方向测量标点；4—伸缩缝

3. 三点式测缝标点

三点式测缝标点是由组成等边三角形的 3 个标点组成，其中 2 个标点埋在伸缩缝的一侧，并使两点连线与缝平行，另一个标点埋在另一侧。标点下部埋入混凝土，露出的标头为一圆柱体。中心为一圆坑，如图 2.2.26 所示。三点式测缝标点需用图 2.2.27 所示的专门游标卡尺测量。

测量时，将游标卡尺的本尺测针和游标测针分别插入两个标点的圆坑内，调整垂直测微螺丝，使水泡居中，即可读取两点间的水平距离和高差。测出标点 A、B、C 三点的水平距离 a、b、c，即可计算以 C 点为原点的 A 和 B 的空间坐标。

实际上，A 和 B 同在伸缩缝一侧的混凝土上，对 C 点来说，A 和 B 的坐标值变化，应该是相同的。因此，A 和 B 任测一点即可了解伸缩缝的三向相对位移。但为校核，也可同时观测和计算 A 和 B 两个标点的坐标值变化。

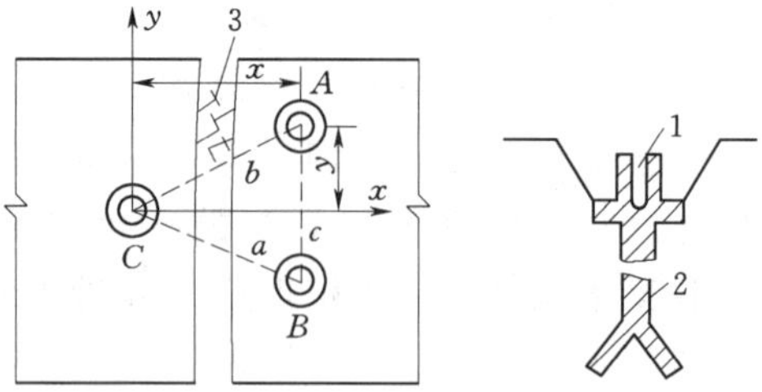

图 2.2.26 三点式测缝标点结构图

A、B、C—标点；1—放卡尺测针的小坑；2—标点固定锚筋；3—伸缩缝填料

2.2.5 混凝土及砌石建筑物的裂缝观测

当拦河坝、溢洪道和放水洞等混凝土和砌石建筑物发生裂缝，并需了解其发展情况，分析产生的原因和对建筑物安全的影响，以便进行处理，则应对裂缝进行定期的观测。在发生裂缝的初期，应至少观测一次，当裂缝发展减缓后，可适当减少测次。在出现最高、最低气温、上游最高水位，或裂缝有显著发展时，应增加测次。经相当时期的观测，裂缝确无发展时，可以停测，但仍应经常进行检查观察。

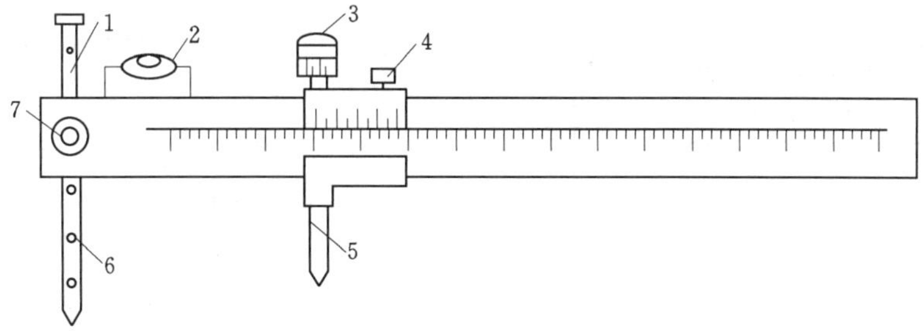

图 2.2.27　游标卡尺结构图

1—本尺测针；2—水准管；3—垂直测微螺旋；4—游标制动螺旋；
5—游标测针；6—定位孔；7—定位插销

观测裂缝时，有必要同时观测混凝土温度、气温、水温、上游水位等环境因子，对于梁、柱等建筑物还需检查荷载情况。有漏水情况的裂缝，则应同时观测漏水情况。

裂缝的位置、分布、走向和长度等观测，可在裂缝两端用油漆画线作标志，并注明观测日期。可按桩号和离坝轴距离为坐标，在混凝土或砌石坝建筑物表面划出适当大小的方格进行丈量，并绘图予以标明。图 2.2.28 为溢洪道闸墩裂缝位置的示意图。

裂缝宽度需选择缝宽最大或有代表性的位置，设置测点进行测量。

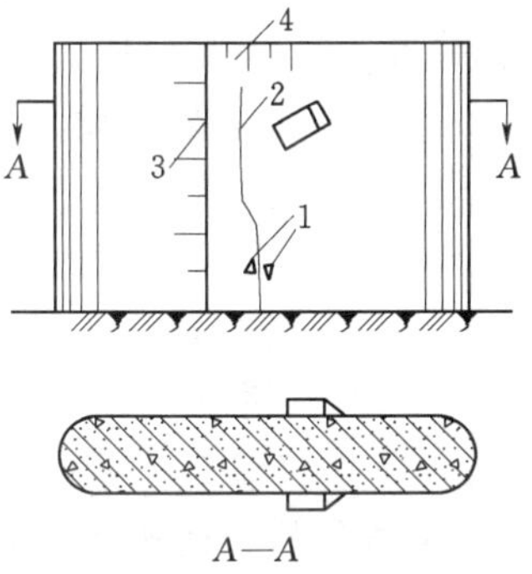

图 2.2.28　闸墩裂缝位置图

1—裂缝观测标点；2—裂缝；
3—高程标尺；4—距离标尺

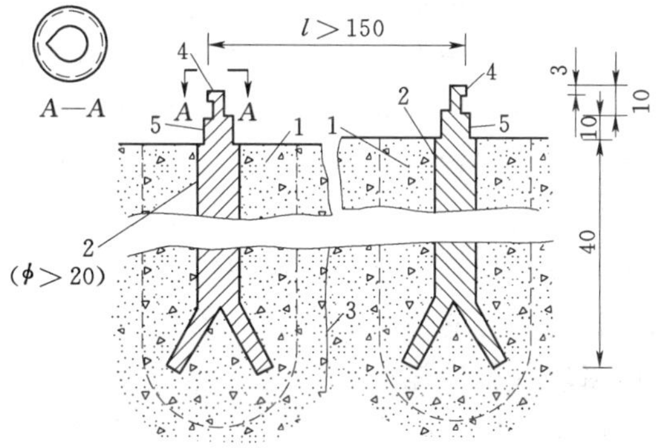

图 2.2.29　裂缝观测标点结构图（单位：mm）

1—钻孔后回填的混凝土；2—观测标点；3—裂缝；
4—游标卡尺卡着处；5—螺纹丝扣

1. 金属标点

金属标点是用直径大于 20mm，长约 60mm 的钢筋加工制成。在裂缝两侧各埋设一个，距离不小于 150mm。标点埋入混凝土约 40mm，外露部分做成标点和保护盖相结合的螺丝扣，结构形式如图 2.2.29 所示。通常用游标卡尺测量。其两点间距的变化值，即为裂缝宽度的变化值，精确度可量到 0.1mm。

2. 固定千分表

对于特殊重要的裂缝要求精度较高，其宽度可在测点固定百分表或千分表等量具进行观测。千分表安装在焊于底板上的固定支架上，底板用预埋螺丝固定在裂缝一侧的混凝土

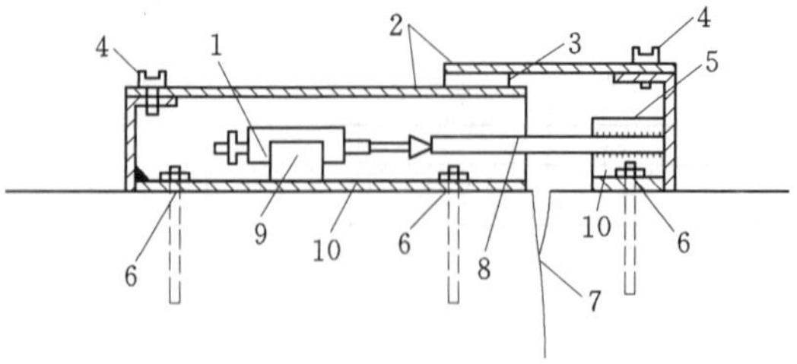

图 2.2.30　固定千分表安装示意图
1—千分表；2—可相对移动的保护盖（与底座焊接）；3—密封胶垫；4—连接螺栓；5—测杆座；6—固定螺栓；7—裂缝；8—测杆（$H=20$mm 与测杆座焊接）；9—固定千分表支架（与底板焊接）；10—底板

表面。裂缝另一侧也埋设一块底板以安装测杆。安装时，测杆应正对千分表测针，并稍稍压紧，使千分表有适当的读数。图 2.2.30 为固定千分表的安装示意图。

对于裂缝的走向和长度，必要时还可在裂缝发展的有代表性阶段拍摄照片。拍照时可在裂缝边固定位置放置标杆等，以进行比较。混凝土和砌石建筑物裂缝的深度的观测，一般采用金属线探测，有条件的地方也可用超声波探伤仪测定，或用钻机打直孔或斜孔进行探测。

上述观测成果需每次进行详细记录，并绘制相应的成果图，以便于比较分析，并采取相应的处理措施。

学习情境 2.3　混凝土及砌石建筑物扬压力观测

1. 目的与要求

混凝土和砌石建筑物基础面上的扬压力，是指建筑物处于尾水位以下部分所受的浮力和在上、下游水位差作用下，水从基底及岩石裂隙中自上游流向下游所产生的向上的渗透压力的合力。向上的扬压力，相应减少了坝体的有效重量，降低了坝体的抗滑能力。可见扬压力的大小直接关系到建筑物的稳定性。混凝土和砌石建筑物设计中，必须根据建筑物的断面尺寸、上下游水位，以及防渗排水措施等确定扬压力大小，作为建筑物的主要作用力之一，来进行稳定计算。建筑物投入运用后，实际扬压力大小是否与设计相符，对于建筑物的安全稳定关系十分重要。为此，必须进行扬压力观测，以掌握扬压力的分布和变化，据以判断建筑物是否稳定。发现扬压力超过设计，即可及时采取补救措施。

混凝土和砌石建筑物的扬压力通常是在建筑物内埋设测压管来进行的。在观测扬压力的同时，应该观测相应的上下游水位和渗流量。

2. 测点布置

扬压力观测的测点应根据建筑物的重要性和规模大小、建筑物类型、断面尺寸、地基地质情况以及防渗、排水结构等进行布置。一般可选择若干垂直于建筑物轴线的具有代表性的横断面作为测压断面。通常选择在最大坝高、老河床、基础较差以及设计时进行稳定计算的断面处。一般要求不少于 3 个测压断面。每个测压断面内测点的布置，以能测出扬压力分布及其变化为原则。一般可参考下列情况布置：

（1）为了解坝基和闸基防渗设施的效果，应在灌浆帷幕、防渗墙、铺盖齿墙、板桩等上下游各安设一个测点。

（2）为了解排水体的工作情况，应在坝基排水孔、溢洪道护坦排水孔的下游安设一个测点。

（3）建筑物底面中间及紧靠下游端各安设一个测点。

(4) 每个测压断面测点不少于3个。

对于混凝土或砌石重力坝，一般是横向廊道中布置测压断面，以便于观测，图2.3.1所示为某重力坝扬压力测点布置图。支墩坝和连拱坝可布置在支墩和坝垛内。图2.3.2所示为某宽缝重力坝第18坝段测压断面的测点布置图。溢洪道扬压力测点根据地下轮廓线布置，如图2.3.3所示。

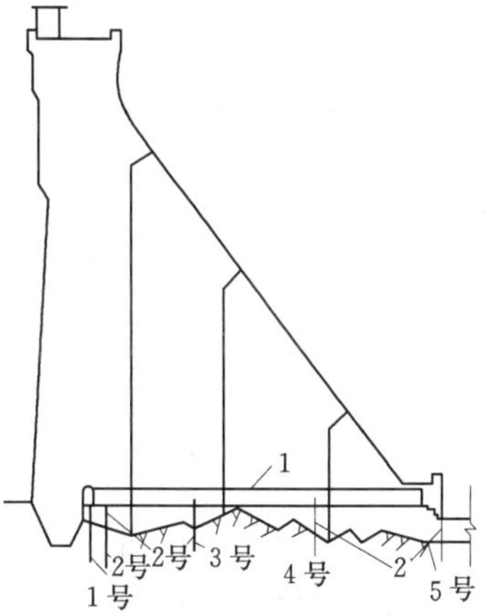

图2.3.1　某重力坝扬压力测点布置图

1—廊道；2—测压管

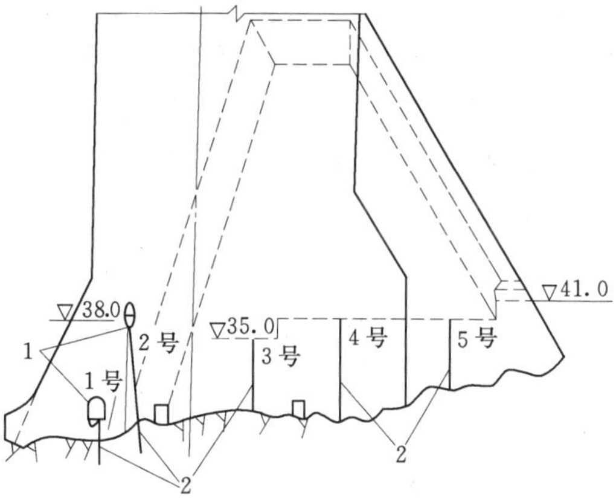

图2.3.2　某宽缝重力坝扬压力测点布置图

1—廊道；2—测压管

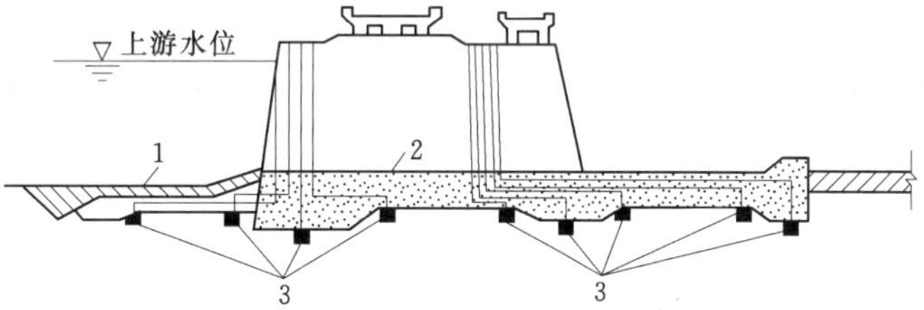

图2.3.3　溢洪道扬压力测点布置图

1—铺盖；2—底板；3—测点

如果需要研究扬压力沿建筑物纵向的分布情况，可沿建筑物轴线布设一排测点，构成一个纵向观测断面，以便分析扬压力沿整个基础的分布情况。

测点上扬压力观测设备通常使用测压管和渗压计。

3. 观测设备

观测扬压力的测压管与土坝浸润线测压管类似，也由进水管段、导管和管口保护设备3部分组成。一般在混凝土或砌石建筑物施工时埋设。扬压力测压管由进水管、导管和装有保护装置的管口组成。通常使用ϕ50mm的金属管或塑料管。

(1) 进水管。扬压力测压管的进水管段与土坝浸润线管的进水管段略有不同。为能正确地测出最高浸润线和最低浸润线的位置，浸润线管的进水管段往往很长，有的达数十米。而扬压力测压管是反映建筑物底面上某一点的水压力，一般较短，只要不小于20cm即可。由于进水段较短，为使进水通畅，故进水孔可适当加密。进水管段下部也应留长度大于 5cm 的沉沙管段，管壁不预钻，底部封闭。图 2.3.4 为扬压力进水管段示意图。扬压力测压管的进水管段往往埋设在岩基上，因此，外包反滤层可以比浸润线管的要求低些。

在软基上埋设扬压力进水管段时，应在管段外围敷设反滤层。一般可在测点处挖一方形小坑，坑的边长不小于 80cm，用钢板或木板按坑的大小做成方盒。盒的周围和底部布置间距 10～12cm、梅花形排列的小孔，孔径 5～10mm。盒内按反滤要求分层填以反滤料，并预埋好进水管段。然后将方形盒埋入基础小坑内，如图 2.3.5 所示。方盒内各层反滤料之间，以及最外层反滤料与基础土料之间，必须符合反滤要求。每层反滤料的厚度应不小于 15cm，反滤料最大粒径不超过 8～10mm。

如果扬压力进水管段埋设在基础反滤层内而且是水平向的，则沉沙管可与进水管段垂直，用三通连接，沉沙管的长度应不小于 50cm，如图 2.3.6 所示。

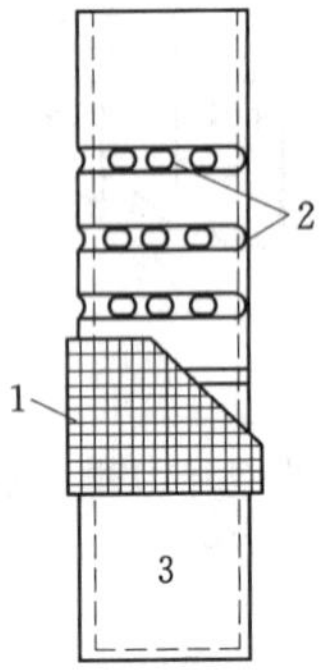

图 2.3.4　扬压力进水管段示意图

1—反滤层；2—进水孔；3—沉沙管段

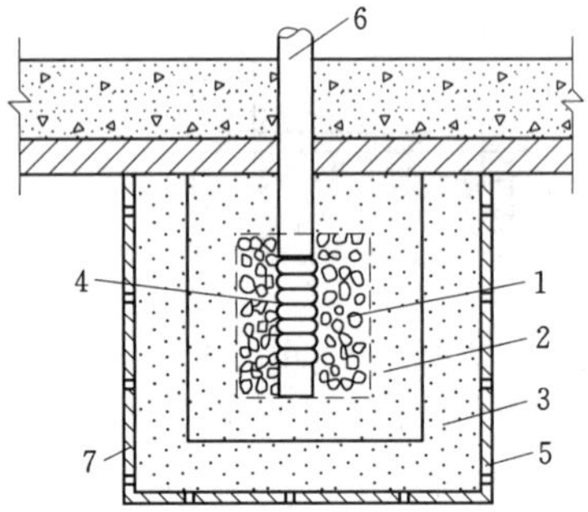

图 2.3.5　方形外壳敷设反滤层示意图

1—砾石；2—粗砂；3—细砂；4—进水短管；5—方形盒；6—导管；7—进水小孔

在破碎岩石基础上埋设扬压力进水管段时，应先挖一个断面 1.0m×1.0m、深 0.2m 的浅坑，再在浅坑中间挖一个断面 0.5m×0.5m、深约 0.5m 的深坑，将进水短管插入深坑后，在坑内填以粒径 2～5cm 的碎石，如图 2.3.7 所示。

扬压力测压管一般在混凝土或砌石建筑物施工时埋设，进水管段一般在清基时埋设。

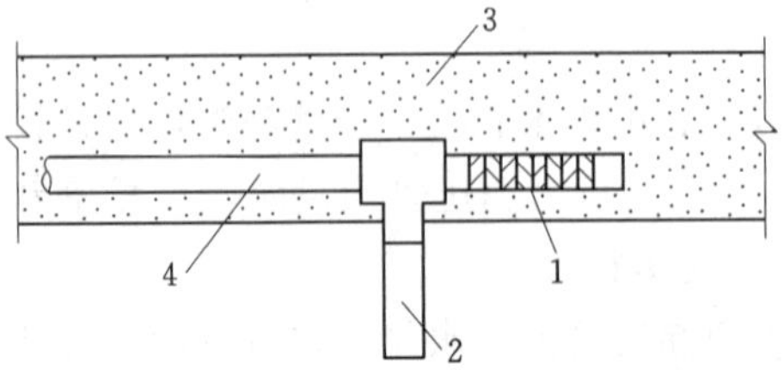

图 2.3.6　三通管连接示意图

1—进水短管；2—沉沙管；3—反滤层；4—导管

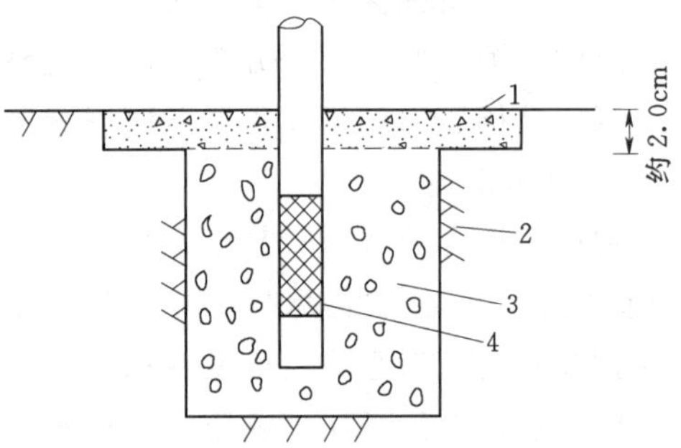

图 2.3.7　破碎岩石基础测压管进水段设备构造示意图

1—混凝土底板；2—岩石基础；3—碎石；4—进水短管

为防止浇筑混凝土或砌石时将进水管段和反滤料堵死，应将进水管段的上口临时封闭，反滤料表面可抹一层砂浆保护。

(2) 导管。扬压力测压管的导管与浸润线管一样，可采用与进水管直径相同的金属管或塑料管连接而成。

导管应尽量保持垂直，最好使管口和进水管段在同一铅垂线上。对于不能保持管口和进水管段铅直时，可设水平管段，即进水管段用水平的导管引至设计管口的投影位置，然后与垂直导管连接，向上引至便于观测处管口位置。水平管段应略呈倾斜，靠铅直导管一端略高，靠进水管段一端略低，坡度约为5%，以避免产生气塞现象。对于扬压力水头低于管口高程的测压管，水平管段应设在低于可能产生的扬压力高程。当水平管段伸出混凝土体以外时，紧靠混凝土体的伸出管段应做成环状，以免因沉陷不均匀而使水平管段断裂，如图2.3.8所示。当水平管段穿过混凝土伸缩缝时，应采用在水平面上弯曲的铅管接头，如图2.3.9所示。

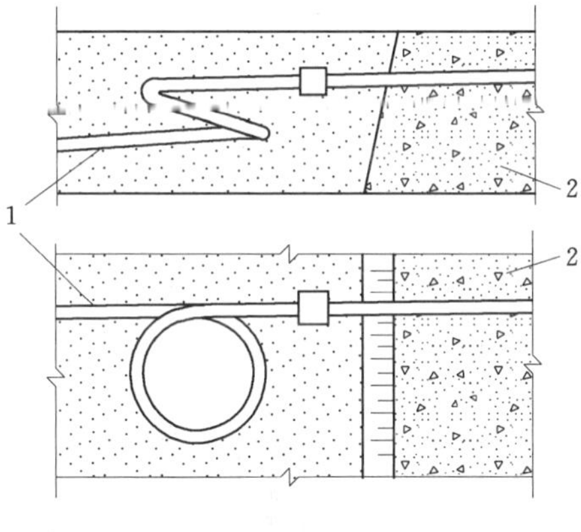

图2.3.8 测压管水平管段的环状段
1—水平管段；2—混凝土体

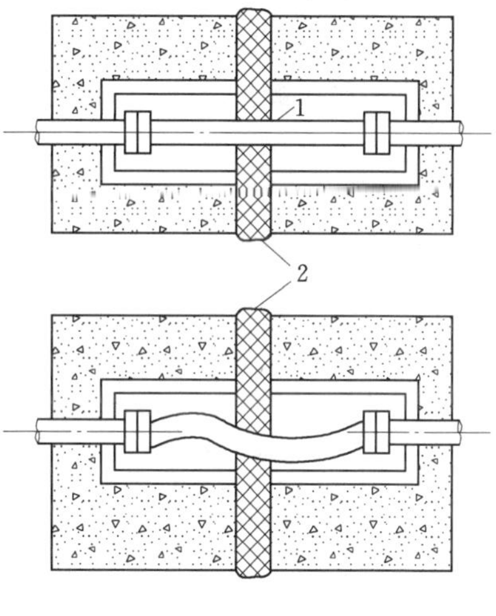

图2.3.9 测压管水平管段的铅管接头
1—铅管；2—伸缩缝

(3) 管口。扬压力测压管的管口应在不被淹没而便于观测的部位，并需保证不受破坏。如测压管内的最高水位低于管口，则管口保护设备与土坝浸润线测压管的要求相同。

扬压力测压管一般是在施工时埋设。建筑物建成后需要补设者，也可选适当位置在混凝土或砌石中钻孔埋设。钻孔应深入建筑物底面下300m，然后将按要求安装好的测压管放入钻孔，管周填以反滤料至底面高程，再填一层黏土，最后在管周填筑水泥沙浆直至建筑物表面。

扬压力测压管埋设后，应进行编号，绘制竣工图，并对管口进行水准测量，确定管口高程。为检查测压管的灵敏度，还应对测压管进行注水或放水试验。对于管中水位低于管口的，可进行注水试验，详见土坝浸润线观测。对于管中水位高于管口的，可进行放水试验。放水后关闭阀门，记录其恢复到原来压力的时间，若超过2h，应认为是不灵敏的。

4. 观测方法

扬压力测压管中水位低于管口的，其观测方法和设备与土石坝浸润线观测一样。管中水位高于管口的，一般用压力表或水银压差计进行观测。压力表适用于测压管水位高于管口 3m 以上，压差计适用于测压管水位高于管口 5m 以内。近年采用钢弦式渗压计。

用压力表观测时，需在测压管口处开一岔管以安装压力表，图 2.3.10 为常用连接方法的示意图。压力表可以固定安装在测压管上，但应注意防潮。也可采用观测时临时安装的方法，观测时，需待压力表指针稳定后，才能进行读数。压力表宜采用水管或蒸汽管上应用的压力表，其规格应根据管口可能产生的最大压力值进行选用，一般应使压力表最大读数的 1/3～1/2 量程范围内较为适宜。观测时应读到最小估读单位，并测读两次，两次读数差不得大于压力表最小刻度单位

$$测压管水位(m) = 压力表表座高程 + 10P$$

式中，P 为压力表的读数，单位为 kPa。

用水银压差计观测测压管水位时，需在管口安装压差计设备。一般采用外径 10mm、高度大于 400mm 的带三通的 U 形玻璃管，安设在便于观测的木板上，中间装一有毫米刻度的标尺，标尺零点在压差计的中段，如图 2.3.11 所示。安装时，在 U 形玻璃管中注入水银，使两管水银柱面与标尺零点相平，然后用胶皮管连接测压管和 U 形管的三通，并向三通上口注水使水和水银面接触，其间不得存在气泡，最后用另一根胶管接在三通上口处，当水流出上口后，将胶管扎紧，即可进行测读。测读时，直接从标尺上读出压差计两端水银柱面距零点的距离 h_1 和 h_2（单位为 m，读至 mm）。应测读两次，两次读数差不得大于 1mm。

$$测压管水位(m) = 标尺零点高程 + 13.6(h_1 + h_2) - h_2$$

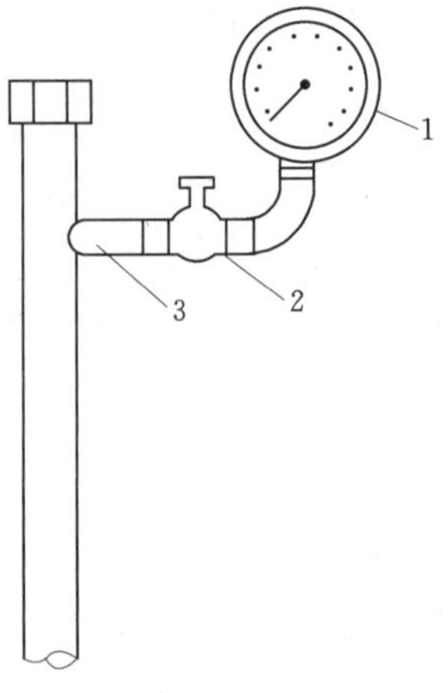

图 2.3.10　压力表与测压管连接示意图

1—压力表；2—截门；3—焊接

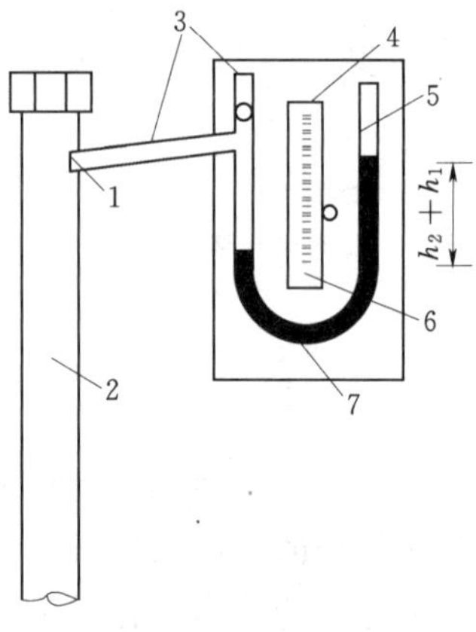

图 2.3.11　水银压差计示意图

1—焊接；2—测压管；3—胶管；4—木板；5—压差计；6—标尺；7—水银

学习情境 2.4　混凝土坝应力和应变观测

2.4.1　概述

应力、应变监测应与变形、渗流监测项目相结合布置。重要的部位可布设互相验证的观测仪器。在布置应力、应变监测项目时，应对所采用的混凝土进行热学、力学及徐变等性能试验。设计采用的仪器设备和电缆，其性能和质量应满足观测项目的需要。

埋设仪器前，应编制施工进度计划的操作细则（包括仪器检验、电缆连接、埋设方法、现场观测及资料整理等方面的规定），并需对仪器、电缆进行检验。

仪器埋设后，应按照规定的测次和时间进行观测。各种互相有关的项目，应在同次观测。发现异常测值时，应及时进行初步分析。分析各监测量的变化规律和趋势，判断测值有无异常。经检验分析确定为异常的观测值，应先检查计算有无错误，量测系统有无故障。如未发现疑点，则应及时重测，以验证观测值的真实性。经多方面比较判断，确信该监测量为异常值时，应立即向主管人员报告。

仪器设备应妥加保护。电缆的编号应防止锈蚀、混淆或丢失。电缆长度不得随意改变，必须改变电缆长度时，应在改变长度前后读取观测值，并做好记录。集线箱应保持干燥，测站可以适当配置去湿设备。

定期对监测系统进行检查。

使用差动电阻式观测仪器时，必须准确确定基准值。基准值应根据混凝土的特性、仪器的性能及周围的温度等，从初期合格的观测值中选定。

2.4.2　监测设计

2.4.2.1　混凝土坝的应力和应变

1. 布置要求

（1）应根据坝型、结构特点、应力状况及分层分块的施工计划，合理地布置测点，使观测成果能反映结构应力分布及最大应力的大小和方向，以便和计算成果及模型试验成果进行对比，并便于和其他观测资料综合分析。

（2）测点的应变计支数和布置方向应根据应力状态而定。空间应力状态宜布置7～9向应变计，平面应力状态宜布置4～5向应变计，主应力方向明确的部位可布置单向或两向应变计。

（3）单支应变计、应变计组附近均应布置相应的无应力计。

（4）坝体受压部位应布置相应的压应力计，以便与应变计组观测成果相互验证。压应力计和其他仪器之间应保持0.6～1.0m的距离。

2. 重力坝应力和应变

（1）应根据坝高、结构特点及地质条件选定重点观测坝段。

（2）在重点观测坝段上选择水平观测截面一个，该截面宜距坝底5m以上；必要时另在混凝土与基岩结合面附近布置测点。

（3）观测点应布置在观测截面中心线上，同一浇筑块内的测点应不少于2点，纵缝两侧应有对应的测点。通仓浇筑的坝体，其观测截面上一般布置5点。

（4）坝踵和坝趾应加强观测，除布置应力、应变计外，还应配合布置其他仪器。

（5）观测坝体应力的应变计组与上下游坝面的距离宜大于1.5～2m（在严寒地区还应大于冰冻深度），纵缝附近的测点宜距纵缝1.0～1.5m。

（6）边坡陡峻的岸坡坝段，宜根据设计计算及试验的应力状态布设应变计组。

（7）表面应力梯度较大时，应在距坝面不同距离处布置测点。

3. 拱坝应力和应变

（1）根据拱坝坝高、体形、坝体结构及地质条件，可在拱冠、1/4拱弧处选择铅直观测断面1～3个，在不同高程上选择水平观测截面3～5个。

(2) 在厚拱坝的观测截面上，应布置2～3个测点。拱坝设有纵缝时，测点可多于3点。

(3) 在薄拱坝的观测截面上，上下游坝面附近应各布置一个测点，应变计组的主平面应平行于坝面。

(4) 观测截面应力分布的应变计组距坝面不小于1m。测点距基岩开挖面应大于5m，必要时可在混凝土与基岩结合面附近布置测点。

(5) 拱座附近的应变计组数量和方向应满足观测平行拱座基岩面的剪应力和拱向推力的需要，在拱向还可布置压应力计。

(6) 坝踵、坝趾及表面应力和应变监测的布置要求与重力坝相同。

4. 支墩坝应力和应变

(1) 支墩坝重点观测坝段、观测断面、观测截面和测点布置可参照重力坝进行设计。

(2) 支墩坝挡水部分的应力和应变监测，应根据应力计算和试验成果布置测点。

5. 无应力计

(1) 无应力计与相应的应变计组距坝面的距离应相同。无应力计与应变计间的中心距离一般为1.5m。

(2) 无应力计筒内混凝土应与相应的应变计组处的混凝土相同，其温度和湿度条件亦应相同。

(3) 无应力计的筒口宜向上埋设，当温度梯度较大时，无应力计轴线应与等温面正交。

2.4.2.2 坝体和坝基温度

1. 布置原则

(1) 温度监测坝段应为监测系统的重点坝段。其测点分布应根据混凝土结构的特点和施工方法而定。

(2) 坝体温度测点应按温度场的状态进行布置。在温度梯度较大的坝面附近或孔口附近测点宜适当加密。在能兼测温度的其他仪器处，可不再布置温度计。

(3) 坝体温度测点宜结合坝面温度和基岩温度测点布置。

2. 坝体温度

(1) 在重力坝段的中心横剖面上，宜按网格布置温度测点，网格间距为8～15m。宽缝重力坝和重力坝引水坝段的测点布置应考虑空间温度场观测的需要。

(2) 在拱坝观测坝段，根据坝高不同可布设3～7个观测截面。大坝横剖面的每个观测截面，至少应布置3个测点。在拱座的应力观测截面上，可增设必要的温度测点。

(3) 支墩坝应在观测坝段不同高程的3～5个截面上布置测点。挡水部位的测点数宜适当增加。

3. 坝面温度

(1) 可在距上游坝面5～10cm的坝体混凝土内沿高程布置测点，间距一般为1/15～1/10的坝高，死水位以下的测点间距可加大一倍。多泥沙河流的库底水温受异重流影响，该处测点间距不宜加大。

(2) 在受日照影响的下游坝面可适当布置若干坝面温度测点。

(3) 当拱座两岸日照相差很大时，宜分别布置测点。

4. 基岩温度

宜在温度观测断面的底部，靠上下游设置深入基岩 5～10m 的钻孔，在孔内不同深度处布置测点，并用水泥砂浆回填孔洞。

2.4.2.3　观测站布置

(1) 观测站应布置在仪器比较集中的地方，该处应安全、干燥、有电源设施及便于到达，并应设计安置集线箱和量测仪表的壁龛和工作台。

(2) 永久观测站宜设置在便于观察大坝整体处，并应尽量使电缆的长度最短。

(3) 在施工期间应设置临时观测站，保证施工期能正常观测。

2.4.2.4　典型监测设计

图 2.4.1 为某混凝土重力坝和某拱坝的典型内部观测布置。

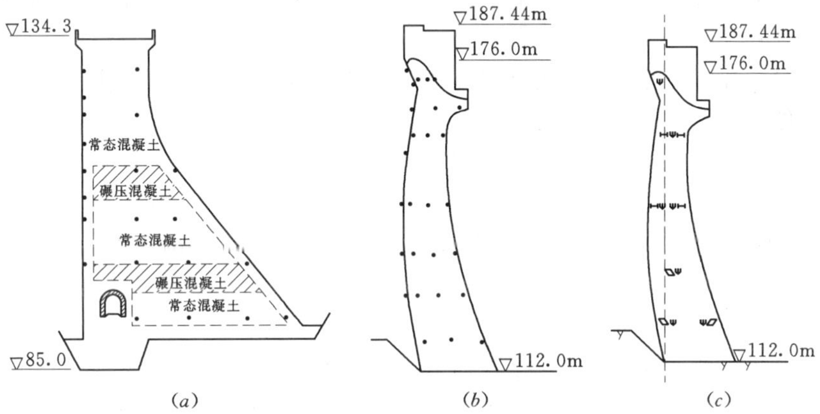

图 2.4.1　典型重力坝、拱坝内部观测布置

(a) 某重力坝温度、应力应变测点布置；(b) 某拱坝坝体温度测点布置；
(c) 某拱坝坝体应力应变测点布置

2.4.3　监测仪器的埋设

2.4.3.1　准备工作

(1) 应根据监测设计完成预留孔、导管、集线箱壁龛及各种预埋件的施工，并对埋设点进行测量放样。

(2) 应按监测设计要求进行电缆连接。

(3) 宜先将埋设仪器及附件进行试安装，检查仪器性能，保证各项工作无误。

2.4.3.2　仪器的埋设

应按监测设计要求及方法进行各种仪器埋设。一般埋设要求如下：埋设仪器周围的混凝土要小心填筑，去除大于 80cm 的骨料，由人工分层振捣密实。混凝土下料时应距仪器 1.5m 以上，浇筑混凝土时，振捣器与仪器的距离应大于振动范围的半径，一般不小于 1.0m。埋设时，应使仪器保持正确位置及方向，及时对仪器进行检测，发现问题应及时处理或更换仪器。埋设后应作好标记，以防人或机械损坏仪器，仪器顶部已终凝的混凝土厚达 60cm 以上时，守护人员方可离开。

1. 应变计的埋设

应变计分为单向应变计、两向应变计、应变计组、基岩应变计、无应力计、钢板计等

6种。

(1) 单向应变计。

1) 可在混凝土振捣后，及时造孔埋设。

2) 埋设仪器的角度误差应不超过1°，位置误差应不超过2cm。

(2) 两向应变计。

1) 两向应变计应保持互相垂直，相距8～10cm。

2) 两向应变计的中心与坝面的距离应相同。

(3) 应变计组。

1) 应变计组应固定在支座及支杆上埋设，如图2.4.2所示。

2) 支杆伸缩量应大于0.5mm，支座定向孔应能固定支杆的位置和方向。

3) 应根据应变计组在混凝土内的位置分别采用预埋锚杆或带锚杆预制混凝土块固定支座位置和方向。

4) 埋设时，外露电缆应用无底木箱保护，并随混凝土的浇筑而逐渐提升。

5) 严格控制仪器方位，角度误差不得超过±1°。

(4) 岩基应变计。

1) 岩基应变计标距长度应为1～2cm。

2) 埋设孔径应大于仪器的最大直径4～5cm，仪器应位于埋设孔中心，如图2.4.3所示。

3) 孔内杂质要清除，并冲洗干净，排除积水。

4) 埋设时应用膨胀水泥砂浆填孔，如用普通水泥，需掺适量膨胀剂。

5) 为了防止砂浆对仪器变形的影响，应在仪器中间，嵌一层2mm厚的橡皮或油毛毡。

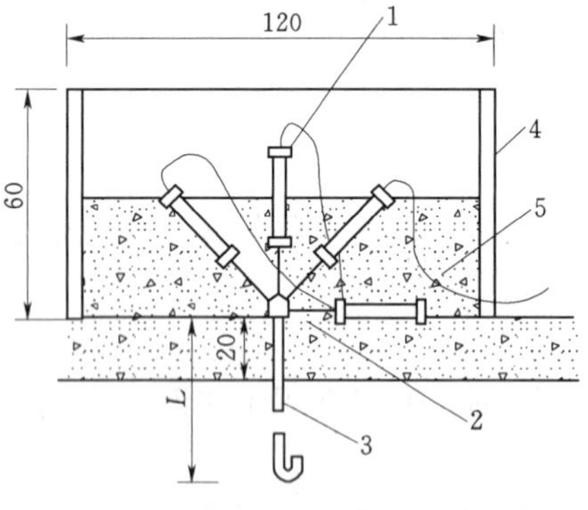

图2.4.2 应变计组埋设示意图（单位：mm）

1—应变计；2—支座（支杆）；3—预埋锚杆；4—保护箱；5—混凝土

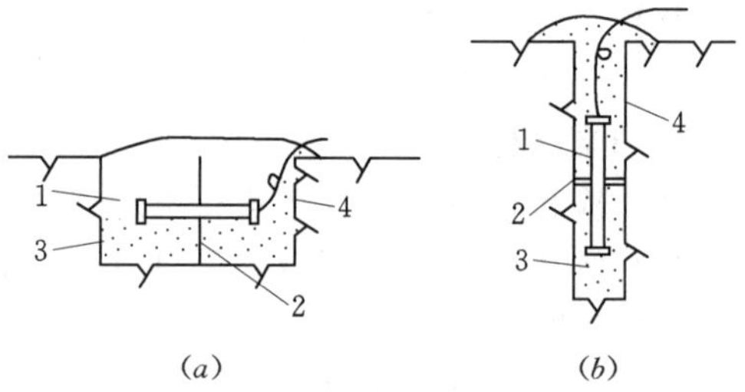

图2.4.3 基岩内埋设应变计示意图

1—基岩应变计；2—隔层；3—水泥砂浆；4—岩石

(5) 无应力计。

1) 无应力计筒应按图2.4.4进行加工。

2) 埋设时在无应力计筒内填满相应应变计组附近的混凝土，人工振捣密实。

3) 无应力计埋设在坝内部时，应将无应力计筒的大口向上，无应力计位置靠近坝面时，应尽量使无应力计筒的轴线与等温面垂直。

（6）钢板计。

1）钢板计夹具与钢板焊接时应采用模具定位。

2）夹具焊接后，应冷却至常温后安装小型应变计。

3）埋入混凝土内的钢板计应设保护盖，如图2.4.5所示。夹具表面应涂沥青。

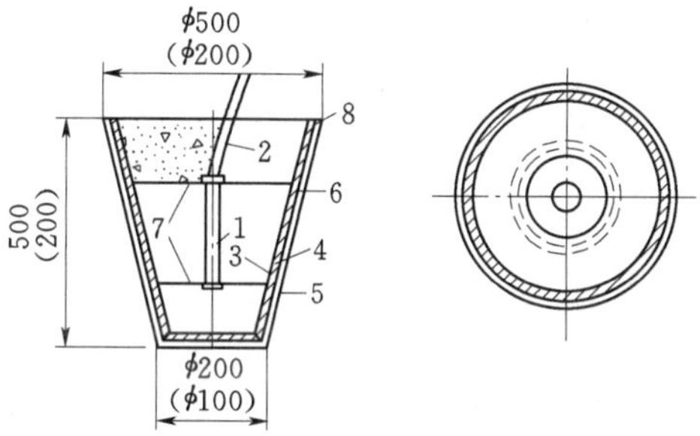

图2.4.4　无应力计筒图（单位：mm）

1—应变计；2—电缆；3—5cm厚沥青层；4—内筒；5—外筒；6—空隙（可填木屑或橡皮）；7—16号铜丝拉线；8—周边焊接

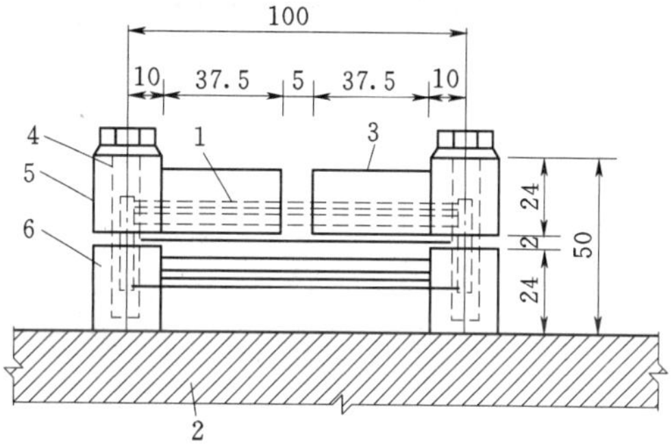

图2.4.5　钢板计埋设示意图（单位：mm）

1—应变计；2—钢管；3—保护盖；4—M8螺钉；5—上卡环；6—下卡环

2. 压应力计

（1）垂直方向埋设。

1）埋设仪器的混凝土面应凿毛冲洗，然后铺6mm厚水泥砂浆垫层；水泥砂浆配合比为2∶3，水灰比为0.5，如图2.4.6所示。

2）水泥砂浆垫层初凝后，用更稠的水泥砂浆放在垫层上，将应力计放在水泥砂浆层上边旋转边挤压，以排除气泡和多余水泥砂浆，置放三角架和10kg压重。

3）随时用水平尺校正仪器，使其保持水平。

4）压重12h后，浇筑、振捣混凝土，然后取去三角架和压重。

5）浇筑、振捣混凝土时不得碰撞三角架和仪器。

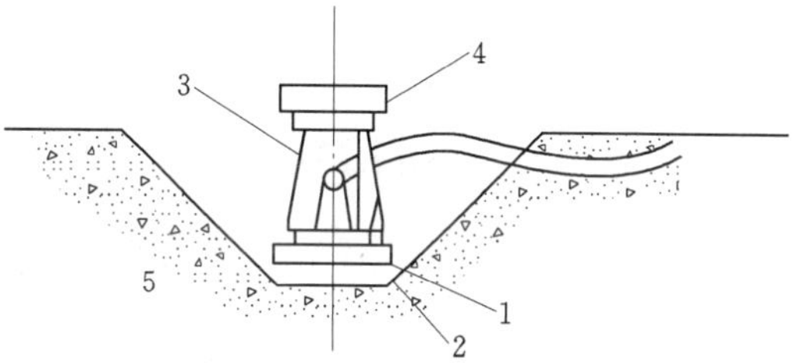

图2.4.6　应力计埋设示意图

1—应力计；2—砂浆垫层；3—三角架；4—加重块；5—混凝土

（2）水平方向或倾斜方向埋设。

1）埋设时应注意振捣密实，使混凝土与仪器承压面密切结合。

2）应保持仪器的正确位置和方向。

3. 温度计

（1）埋设在坝内的温度计一般不考虑方向，可直接埋入混凝土内，位置误差应控制在5cm内。

（2）埋设在上游面附近的水库温度计，应使温度计轴线平行坝面，且距坝面5～10cm，如图2.4.7所示。

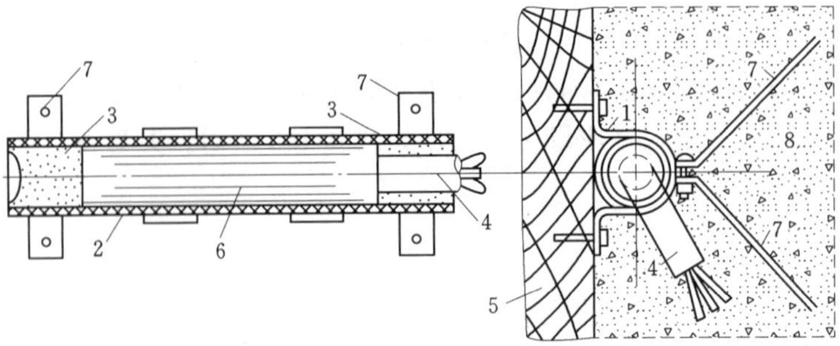

图 2.4.7　水库温度计夹具及埋设图

1—固定圈；2—保护套；3—密封胶；4—电缆；5—模板；
6—温度计；7—锚固杆；8—坝体

(3) 埋设在混凝土表层的温度计，可在该层混凝土捣实后挖坑埋入，回填混凝土后用人工捣实。

(4) 埋设在浇筑层底部或中部的温度计，振捣时，振动器距温度计应不小于 0.6m。

(5) 埋设在钻孔中的基岩温度计，可预先绑扎在细木条上，以便于控制仪器位置。

(6) 必须保证仪器埋设的位置和方向正确，并应防止仪器受到损坏。

2.4.4　观测

当监测仪器埋设完成后，就应按照规范或设计要求进行观测。仪器埋设后，24h 以内，每隔 4h 测 1 次；之后每 8h 观测 1 次，直至混凝土达到最高水化热温升为止；以后每天观测 1 次，持续 1 旬；最后按 1 周观测 1 次。当进行混凝土人工冷却或压力灌浆时，应增加测次。若发现工程建筑物出现异常情况时，应增加观测的测读次数，并立即报主管部门共同研究处理。

学习情境 2.5　混凝土坝观测资料的整编

1. 在整编混凝土坝监测资料时的一般规定

(1) 每次观测后应立即对原始数据加以检查和整理，并应及时作出初步分析。每年应进行一次资料整编。在整理和整编的基础上，应定期进行资料的分析。

(2) 资料整理和初步分析中，如发现不正常现象或确认的异常值，应立即向主管人员报告。

(3) 整编成果应做到考证清楚，项目齐全，数据可靠，方法合理，图表完整，说明完备。

(4) 在下列时期应进行资料分析，并提出监测报告：

1) 第一次蓄水时。

2) 蓄水到规定高程时。

3) 竣工验收时。

4) 运行期每年汛前。

5) 大坝鉴定时（每隔 5～10 年）。

6）出现异常或险情状态时。

第一次蓄水、竣工验收及大坝鉴定时均应先作资料分析，分别为蓄水、验收及鉴定提供依据。

（5）蓄水后，每次分析资料时应按下列类型对大坝工作状态作出评估：

1）正常状态。系指大坝（或监测的对象）达到设计要求的功能，不存在影响正常使用的缺陷，且各主要监测量的变化处于正常情况下的状态。

2）异常状态。系指大坝（或监测的对象）的某项功能已不能完全满足设计要求，或主要监测量出现某些异常，因而影响正常使用的状态。

3）险情状态。系指大坝（或监测的对象）出现危及安全的严重缺陷，或环境中某些危及安全的因素下要加剧，或主要临测量出现较大异常，因而按设计条件继续运行将出现大事故的状态。当大坝（或监测的对象）工作状态评为异常或险情时，应立即向主管部门报告，同时通报设计单位。

2. 资料的整理

（1）资料整理应做好原始观测数据的检验、观测数据的计算、填表和绘图、初步分析和异常值之判识。

（2）原始观测数据的检验。

1）对观测数据的检验：①作业方法是否合乎规定；②各项检验结果是否在限差以内；③是否存在粗差；④是否存在系统误差。

2）经检验后，若判定观测数据不在限差以内或含有粗差，应立即重测；若判定观测数据含有较大的系统误差时，应分析原因，并设法减少或消除其影响。

（3）观测数据的计算。

1）经检验合格的观测数据，应换算成监测物理量（位移、扬压力、渗漏量、应力及应变和温度等）。当存在多余的观测数据时，应先作平差处理再换算物理量。

2）对于测得的上下游水位和坝区气温应计算各自的日、旬、月及平均值。

（4）填表和绘图。

1）应将所得的物理量填入相应的表格或存入计算机。

2）应绘制各物理量的过程线图及原因量与效应量的相关图（如库水位与位移量的相关图等）。必要时还可绘制有关物理量的分布图。

（5）初步分析和异常值之判识。应根据上述图表和有关资料，及时进行初步分析。分析各监测量的变化规律和趋势，判断有无异常的观测值。对于经检验分析初步判为异常的观测值，应先检查计算有无错误，量测系统有无故障。如未发现疑点，则应及时重测一次，以验证观测值的真实性。经多方面比较判断，确信该监测值为异常值时，应立即向主管人员报告。

3. 资料的整编

（1）每年汛前必须将上一年度的监测资料整编完毕。资料整编应包括资料的收集、审定及编印等工作。

（2）凡历年共同性的资料，若已经整编刊印，则其后无需重印，只在整编前言中加以说明。

（3）如使用计算机管理监测资料，亦应按本节各条规定执行。

4. 资料的分析

(1) 一般要求。

1) 资料分析的项目、内容和方法应根据实际情况而定，但对于变形量、渗漏量、扬压力(扬压力非大坝基本荷载者除外)及巡视检查的资料必须进行分析。第一次蓄水时的分析工作可酌情处理。

2) 反映大坝工况(如大坝的稳定性和整体性，灌浆帷幕、排水系统和止水工作的效能，经过特殊处理的地基工况等)的监测成果，应与设计预期效果相比较。

3) 对分析大坝材料有无恶化的现象，并查明其原因。

4) 对于主要监测物理量宜建立(或修正)数学模型，借以解释监测量的变化规律，预报将来的变化，并确定技术警戒范围。

5) 应分析各监测量的大小、变化规律及趋势，揭示大坝的缺陷和不安全因素。

6) 分析完毕后应对大坝工作状态作出评估。

(2) 方法。资料分析通常采用比较法、作图法、特征值统计法及数学模型法。使用数学模型法作定量分析时，应同时用其他方法进行定性分析，加以验证。

(3) 内容。应了解分析各监测物理量的大小、变化规律及原因量与效应量之间(或几个效应量之间)的关系和相关程度。有条件时，还应建立原因量与效应量之间的数学模型。在此基础上应判断各监测物理量的变化和趋势是否正常，是否符合技术要求，并应对各项监测成果进行综合分析，评估大坝的工作状态。

5. 监测报告

各时期的监测报告主要包括以下几方面内容。

(1) 第一次蓄水时。

1) 蓄水前的工程情况概述。

2) 仪器监测和巡视工作情况说明。

3) 巡视检查的主要成果。

4) 蓄水前各有关监测物理量测点(如扬压力、渗漏量、坝和地基的变形、地形标高、应力、温度等)的蓄水初始值。

5) 蓄水前施工阶段各监测资料的分析和说明。

6) 根据巡视检查和监测资料的分析，为首次蓄水提供依据。

(2) 蓄水到规定高程、竣工验收时。

1) 工程概况。

2) 仪器监测和巡视工作情况说明。

3) 巡视检查的主要成果。

4) 该阶段资料分析的主要内容和结论。

5) 蓄水以来，大坝出现问题的部位、时间和性质以及处理效果的说明。

6) 对大坝工作状态的评估。

7) 提出对大坝监测、运行管理及养护维修的改进意见和措施。

(3) 运行期每年汛前。

1) 工程情况、仪器监测和巡视工作情况简述。

2) 列表说明各监测物理量年内最大最小值、历史最大最小值以及设计计算值。

3）年内巡视检查的主要结果。

4）对本年度大坝的工作状态和存在问题作分析说明。

5）提出下年度大坝监测、运用养护维修的意见和措施。

（4）大坝鉴定时。

1）工程概况。

2）仪器监测和巡视工作情况说明。

3）巡视检查的主要成果。

4）资料分析的主要内容和结论。

5）对大坝工作状态的评估。

6）说明建立、应用和修改数学模型的情况和使用的效果。

7）大坝运行以来，出现问题的部位、性质和发现的时间，处理的情况和其效果。

8）根据监测资料的分析和巡视检查找出大坝潜在的问题，并提出改善大坝运行管理、养护维修的意见和措施。

9）根据监测工作中存在的问题，应对监测设备、方法、精度及测次等提出改进意见。

（5）大坝出现异常或险情时。

1）工程简述。

2）对大坝出现异常或险情状况的描述。

3）根据巡视和监测资料的分析，判断大坝出现异常或险情的可能原因和发展趋势。

4）提出加强监视的意见。

5）对处理大坝异常或险情的建议。

学习情境2.6　混凝土及浆砌石坝的日常养护

浆砌石坝、混凝土坝的日常养护工作包括几方面内容。

1. 一般规定

（1）养护包括工程表面、伸缩缝止水设施、排水设施、监测设施等的养护，以及冻害、碳化与氯离子侵蚀、化学侵蚀等的防护。

（2）管理单位应根据有关规程规定，并结合工程具体情况，确定养护项目和内容。

（3）严禁在大坝管理和保护范围内进行爆破、炸鱼、采石、取土、打井、毁林开荒等危害大坝安全和破坏水土保持的活动。

（4）严禁将坝体作码头停靠各类船只。在大坝管理和保护范围内修建码头，必须经大坝主管部门批准，并与坝脚和泄水、输水建筑物保持一定距离，不得影响大坝安全和工程管理。

（5）经批准兼做公路的坝顶，应设置路标和限荷标示牌，并采取相应的安全防护措施。

（6）严禁在坝面堆放超过结构设计荷载的物资和使用引起闸墩、闸门、桥、梁、板、柱等超载破坏和共振损坏的冲击、振动性机械；严禁在坝面、桥、梁、板、柱等构件上烧灼；有限制荷载要求的建筑物必须悬挂限荷标示牌。各类安全标志应醒目、齐全。

2. 表面养护和防护

(1) 坝面和坝顶路面应经常整理，保持清洁整齐，无积水、散落物、杂草、垃圾和乱堆的杂物、工具。

(2) 过水面应保持光滑、平整，否则应及时处理；泄洪前应清除过水面上能引起冲磨损坏的石块和其他重物。

(3) 冻害防护可采取下列措施：

1) 易受冰压损坏的部位，可采用人工、机械破冰，或安装风、水管吹风以喷水扰动等防护措施。

2) 冻拔、冻胀损坏防护措施：①冰冻期注意排干积水、降低地下水位，减压排水孔应清淤、保持畅通；②采用草、土料、泡沫塑料板、现浇或预制泡沫混凝土板等物料覆盖保温；③在结构承载力允许时可采用加重法减小冻拔损坏。

3) 冻融损坏防护措施：①冰冻期注意排干积水，溢流面、迎水面水位变化区出现的剥蚀或裂缝应及时修补；②易受冻融损坏的部位可采用物料覆盖保温或采取涂料涂层防护；③防止闸门漏水，避免发生冰坝和冻融损坏。

(4) 碳化与氯离子侵蚀防护应采取下列措施：

1) 对碳化可能引起钢筋锈蚀的混凝土表面采用涂料涂层全面封闭防护。

2) 对有氯离子侵蚀的钢筋混凝土表面采用涂料涂层封闭防护，也可采用阴极保护。

3) 碳化与氯离子侵蚀引起钢筋锈蚀破坏应立即修补，并采用涂料涂层封闭防护。

(5) 化学侵蚀防护应采取下列措施：

1) 已形成渗透通道或出现裂缝的溶出性侵蚀，采用灌浆封堵或加涂料涂层防护。

2) 酸类和盐类侵蚀防护措施：①加强环境污染监测，减少污染排放；②轻微侵蚀的采用涂料涂层防护，严重侵蚀的采用浇筑或衬砌形成保护层防护。

3. 伸缩缝止水设施养护

(1) 各类止水设施应完整无损、无渗水或渗漏量不超过允许范围。

(2) 沥青井出流管、盖板等设施应经常保养，溢出的沥青应及时清除。

(3) 沥青井5～10年加热一次，沥青不足时应补灌，沥青老化及时更换，更换的废沥青应回收处理。

(4) 伸缩缝充填物老化脱落，应及时充填封堵。

4. 排水设施养护

(1) 排水设施应保持完整、通畅。

(2) 坝面、廊道及其他表面的排水沟、孔应经常进行人工或机械清理。

(3) 坝体、基础、溢洪道边墙及底板的排水孔应经常进行人工掏挖或机械疏通，疏通时应不损坏孔底反滤层。无法疏通的，应在附近补孔。

(4) 集水井、集水廊道的淤积物应及时清除。

5. 监测设施养护

(1) 各类监测设施应保持完好，能正常监测。

(2) 对易损坏的监测设施应加盖上锁，建围栅或房屋进行保护，如有损坏应及时修复。

(3) 动物在监测设施中筑的巢窝应及时清除，易被动物破坏的应设防护装置。

（4）有防潮湿、锈蚀要求的监测设施，应采取除湿措施，定期进行防腐处理。

（5）遥测设施的避雷装置应经常养护。

6. 其他养护

（1）有排漂设施的应定期排放漂浮物；无排漂设施的可利用溢流表孔定期排漂，无溢流表孔且漂浮物较多的，可采用浮桶、浮桶结合索网或金属栏栅等措施拦截漂浮物并定期清理。

（2）坝前泥沙淤积应定期监测。有排沙设施的应及时排淤；无排沙设施的，可利用底孔泄水排淤，也可进行局部水下清淤。

（3）坝肩和输水、泄水道的岸坡应定期检查，及时疏通排水沟孔，对滑坡体应立即处理。

学习情境 2.7　混凝土及浆砌石坝的维修

浆砌石和混凝土坝常见的病害有以下 3 种。

1. 坝和地基的抗滑稳定性不够

混凝土与浆砌石重力坝，必须同时满足强度和稳定两方面的要求。一般中等高度以下的重力坝，其强度条件较易得到保证，而抗滑稳定要求，则往往成为大坝设计的控制条件。特别当坝基内存在软弱夹层时，坝和地基的抗滑稳定性不够，常常成为一种常见的最危险的病害现象。

2. 坝体裂缝和渗漏

对于拱坝和连拱坝，由于坝身尺寸较为单薄，加以作为超静定结构，对温度和地基的变形十分敏感，因此在各种荷载组合作用下，常于坝体内产生较大的拉、压应力。当应力超过材料的允许应力时，即将在坝体内引起裂缝，并造成坝体渗漏，出现常见的坝体裂缝和渗漏病害现象。尤其是浆砌石拱坝，由于其灰缝的抗拉强度较低更易产生坝体裂缝和渗漏。对于重力坝，当施工质量较差时，在温度和地基不均匀沉陷变形的影响下，也可能出现不同程度的坝体裂缝和渗漏。

3. 坝基渗漏与绕坝渗漏

一般坝基往往存在不同程度的缺陷，其渗透性多不能满足设计要求，水库蓄水后常易产生坝基渗漏现象，通常均要求对坝基进行灌浆处理。由于山体岩石破碎或在大坝施工时山体出现过滑坡等，在坝体施工中处理不够，以及水库蓄水后产生绕坝渗漏现象，在水库运行期需进行处理。

2.7.1　增加重力坝稳定性的措施

对于浆砌石重力坝，应力条件较易满足要求，而抗滑稳定要求往往是坝体安全的关键问题。浆砌石重力坝必须保证在各种外力组合作用下，有足够的抗滑稳定性。抗滑稳定性不足是浆砌石重力坝最危险的病害情况。当发现坝体存在抗滑稳定性不足（如坝基发现新的软弱夹层，核算结果抗滑稳定性小于安全要求），或已产生初步滑动迹象（如观测结果，坝体底部水平位移增大，或由于水平位移而引起坝体裂缝和渗漏）时，必须严加注意，应详细分析坝体抗滑稳定性不足的原因，并提出妥善的措施，及时处理。

2.7.1.1　重力坝抗滑稳定性不足的主要原因

影响重力坝稳定的主要因素为：坝与地基或坝基内软弱夹层的抗剪强度指标 C、φ，坝基扬压力 u，坝体所受垂直和水平荷载 $\sum V$、$\sum H$。其中，特别是地基的抗剪强度指标，由于变化范围极大，对重力坝的抗滑稳定性常起着最关键的作用。造成重力坝抗滑稳定性不足的主要原因，就是由于在勘测、设计、施工和管理中发生的一些缺点，引起以上各种数值变化的结果。归纳起来，最常见的原因有以下几个方面：

（1）坝基地质条件不良，坝体建造于较差的地基上。在勘测工作中，常由于各种原因，对坝基地质条件缺乏全面了解，特别是当忽略了坝基内摩擦系数极小的薄层黏土夹层或软弱结构，平时往往因为在设计中采用了过高的抗剪强度指标而造成抗滑稳定性不足。

（2）设计时坝体断面过于单薄，自重不够，在水平推力作用下，使坝体上游面底部形成拉力裂缝，增大了扬压力，使坝体稳定性不够。

（3）施工时由于地基处理不彻底，开挖深度不够，将坝体置于强风化岩层上，使坝与地基接触面之间的抗剪强度指标减小，而坝底扬压力却超过设计计算数值。

（4）由于各种原因造成防渗帷幕断裂漏水，或者由于管理不善而造成排水设备堵塞失效，这样均将增大坝基渗透压力，减小坝体的抗滑稳定安全系数。

（5）在运用中，由于管理不善，造成水库水位超过设计最高水位，甚至出现洪水漫坝情况，增大了坝体所受水平推力。此外，如果下游冲刷坑过分靠近坝体，也将减小坝体的抗滑稳定性。

一般抗滑稳定性不足，往往是由于多方面原因综合造成的结果。采取处理措施增加抗滑稳定性以前，应对造成抗滑稳定性不足的原因进行全面的分析，针对具体情况，采取合理的处理措施，才能有效地增加坝体的抗滑稳定性。

2.7.1.2　增加重力坝抗滑稳定性的主要措施

重力坝承受强大的上游水压力和泥沙压力等水平荷载，如果某一截面的抗剪能力不足以抵抗该截面以上坝体承受的水平荷载时，便可能产生沿此截面的滑动。由于一般情况下坝体与地基接触面的结合较差，因此，滑动往往是沿坝体与地基的接触面发生的。所以，重力坝的抗滑稳定分析，主要是核算坝底面的抗滑稳定性。坝底面的抗滑稳定性与坝体的受力有关，重力坝所受的主要外力有：垂直向下的坝体自重；垂直向上的坝基扬压力；水平推力和坝体沿地基接触面的摩擦力等，如图 2.7.1 所示。摩擦力 F 的大小，决定于坝体重力与坝基扬压力之差和坝体与坝基之间的摩擦系数 f 的乘积。坝体的抗滑稳定性的计算公式为

$$k=\frac{F}{\sum P}=\frac{f(\sum G-u)}{\sum P} \qquad (2-7-1)$$

式中：$\sum P$ 为水平推力，包括水压力、风浪压力、泥沙压力等；$\sum G$ 为垂直向下的坝体、水、泥沙的重力；u 为垂直向上的坝基扬压力；f 为抗剪摩擦系数；k 为安全系数。

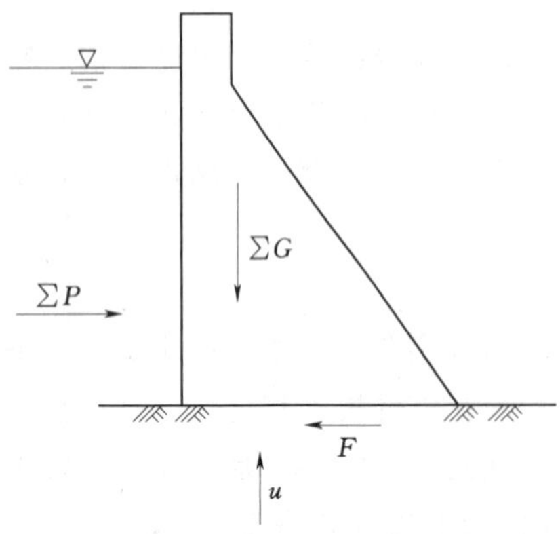

图 2.7.1　重力坝受力示意图

$\sum P$—水平推力；u—扬压力；$\sum G$—重力；F—抗滑力

由式（2-7-1）可知，增加坝体的抗滑稳定，也就是增大安全系数，其途径有：减少扬压力，

增加坝体重力，增加摩擦系数和减少水平推力等。现将具体措施分述如下。

1. 减少扬压力

扬压力对坝体的抗滑稳定性有极大的影响，减少扬压力是增加坝体抗滑稳定性的主要方法之一，特别是当观测中发现实测扬压力增大成为坝体抗滑稳定性不足的主要原因时，更是如此。通常减少扬压力的方法有两种：一是加强防渗，即在坝基上游部分补强帷幕灌浆；二是在帷幕下游部分加强排水能力。

（1）加强防渗。补强帷幕灌浆减小扬压力的效果是极为显著的。对较为重要的工程当有条件进行补强帷幕灌浆时，均应首先考虑。灌浆时可从坝体灌浆廊道中进行，如图2.7.2（*a*）所示。当没有灌浆廊道或需结合坝身灌浆处理时，可从坝顶上游侧钻孔，穿过坝身，深入基岩，进行灌浆，如图2.7.2（*b*）所示。当从坝顶钻孔灌浆困难，而且既无灌浆廊道，又无放空的底孔时，也可进行深水钻孔灌浆，如图2.7.2（*c*）所示。灌浆材料以水泥为主。当基岩较差，岩体破碎，造成坝体由于扬压力过大而抗滑稳定性不够时，除了应于坝基上游部分进行补强帷幕灌浆以外，还应在帷幕下游部分设置排水系统增加排水能力。两者配合使用更能保证坝体的抗滑稳定性。

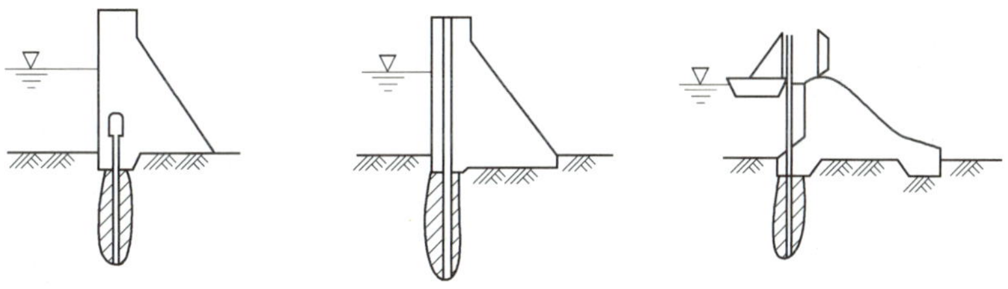

(*a*)　(*b*)　(*c*)

图2.7.2　补强帷幕灌浆进行方式

（2）加强排水。排水的主要形式有排水孔、排水廊道和设置宽缝等。作为处理的手段，则只能采用排水孔。

排水孔作成竖直的较好，这样便于观测和检查，而且孔又不易堵塞。在实际工程中，也有的把排水孔倾向下游10°左右以保证帷幕与排水孔在坝基面上有一定的距离（最小要求2m）。常用的孔距为2～3m，排水孔径10～20cm，排水孔深为0.40～0.75倍的帷幕深度。经验证明，排水孔过浅，是不能很好地排除地基内的渗透水流，减小坝基扬压力的。

如原有的排水孔受泥沙或地基中钙质析出物堵塞时，可用钻机进行扫通，恢复其排水能力。

2. 增加坝体重力

重力坝的坝体稳定，主要靠坝体的重力平衡水压力，所以，增加坝体的重力是增加抗滑稳定的有效措施之一。增加坝体重量可采用加大坝体断面或预应力锚固等方法。

（1）加大坝体断面。加大坝体断面可从坝的上游面或从坝的下游面进行。从上游面增加断面时，既可增加坝体重力，又可能增加垂直水重，同时还可改善防渗条件，但必须降低库水位，或堆筑围堰挡水，然后进行砌筑。从下游面增加断面时施工较为方便，但不能利用水重和改善防渗条件。坝体断面增加部分的尺寸，应通过稳定计算确定，同时还应考虑增加坝体时分期施工对坝体应力的影响，不可增大上游面拉应力。所以，虽然采取从下游增加坝体断面，也最好能适当降低上游库水位以后进行。施工时还应注意新旧坝体之间结合紧密。

对空腹重力坝或大头坝等坝型，也可采用坝腔内填石渣加重，不一定增大坝体断面。

（2）预应力锚固。预应力锚索锚固增加重力的方法是从坝顶钻孔到坝基，孔内放置钢索，将其一端锚入地基岩层中，而在坝顶的另一端施加很大的拉力，使钢索受拉，坝体受压，从而增加坝体抗滑稳定。

阿尔及利亚的谢尔法砌石重力坝，由于坝体断面不够，即采用预应力锚索锚固方法加固坝体，收到很好效果，如图2.7.3所示。该坝锚固的垂直钻孔直径为25.4cm，间距为4m，从坝顶通过坝体深入到坝下22～24.5m的基岩内。在孔的底部扩大成2个直径为33cm的锚定段，高差约3m。锚索的钢束由630根镀锌钢丝组成，每根钢丝直径4.75mm，锚索构造如图2.7.4所示。

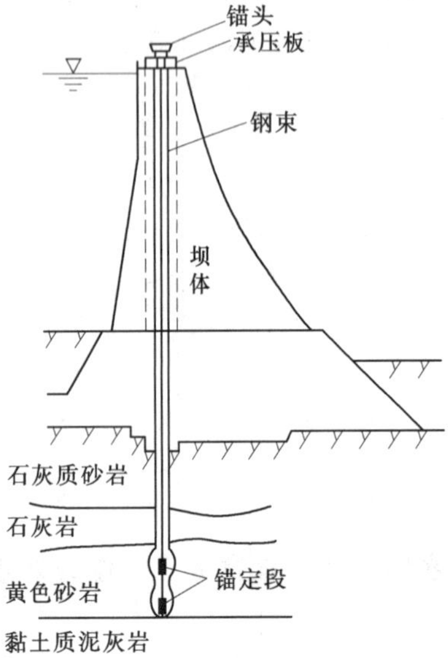

图2.7.3 预应力锚索锚固的布置

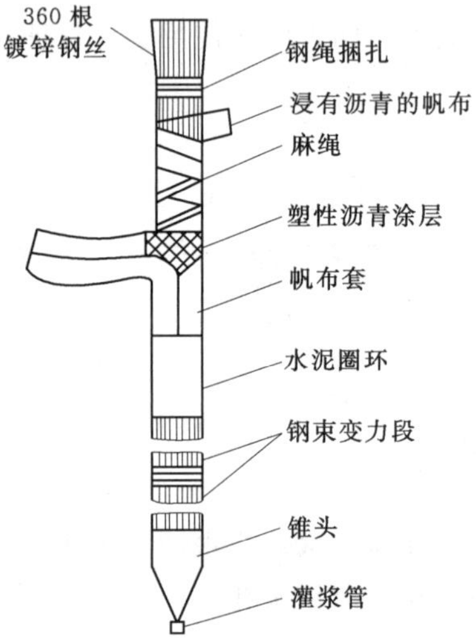

图2.7.4 锚索构造图

将钢丝先切成适当的长度，再冷拉到弹性极限，然后绑扎成钢束。钢束内包含有一根直径25.4mm的灌浆管，围绕管外放置630根涂有沥青的镀锌钢丝，并用韧性钢绳捆扎，捆扎间距为50cm。钢束先用浸有沥青的帆布缠绕，以防锈蚀，其外再裹以2cm塑性沥青，并加一帆布套。在两层帆布之间用一根麻绳缠绕，将两层帆布分开。钢束平均直径（包括防锈层）约20.3cm。

钢束下端7m不加涂层保护，只在中间捆扎一圈韧性钢绳，而使捆扎圈的上下部分鼓出，与钻孔扩大部分相对应以便锚固。在这一段上端设一水泥圈环，下端设一铁锥头。

钢束自坝顶放入孔内后，通过灌浆管先以压力水冲洗，然后用1∶1水泥浆灌入，将下端无防护层的7m一段锚入基岩内。

在钢束的顶端，将钢丝分散编结在坝顶的混凝土锚头内。然后每根钢束用3台4400kN千斤顶张拉，逐步拉到11000kN。相当于沿纵向每米坝长增加重力2750kN。根据多年观测，效果良好。坝体稳定性大为提高，库水位比原水位提高3.05m。坝内钢束的应力几乎都没有减少。个别钢束的拉力虽降低了 3%，但用千斤顶很方便地恢复了原有拉力。

预应力锚索锚固虽较有效，但仍有缺点，主要是材料困难，施工技术较为复杂并需要较多的施工机具设备。

用预应力锚固来提高坝体抗滑稳定性，效果良好，但具有施工工艺复杂等缺点。且预应力可因锚索松弛而受到损失。安徽梅山水库连拱坝曾于 1964 年对右坝肩预锚加固，根据 7 年观测的结果，预应力平均损失为 8.8%。对于空腹重力坝或大头坝等坝型，也可采用腹内填石加重，不必加大坝体断面。

3. *增加摩擦系数*

对于增加的坝体断面要求施工时必须注意清基和注意砌筑的质量。砌筑以前，最好先浇一层混凝土，一方面可改善坝体与地基的结合条件，另一方面也便于砌筑条石或块石。如上游面增加的坝体能加做齿样，则对防止滑动更为有利。

对于原坝体与地基的连接，则只能通过固结灌浆的措施加以改善。固结灌浆除了能加强坝体与地基的结合，从而提高坝体的抗滑稳定性以外，还能增强基岩的整体性和其弹性模数，增加地基的承载能力，减少不均匀沉陷的发生；并可辅助帷幕灌浆，加强地基与防渗帷幕的衔接，提高帷幕的效果。

关于固结灌浆孔的深度，在坝的上游部分坝基中，由于坝基可能产生拉应力，要求基岩有较高的整体性；同时希望固结灌浆能够加强帷幕，故对钻孔要求较深，约 8～12m。在坝基的下游部分，应力较集中，所以也要求较深的固结灌浆孔，以便在加强坝体与地基连接的同时，提高基岩的抗压强度和弹性模数。在其余部分，则可采用 5～8m 的浅孔，但是当坝基有浅层软弱夹层影响坝体抗滑稳定性时，固结灌浆孔应穿过软弱夹层，加强坝基。

固结灌浆孔距一般为 3～4m，呈梅花形或方格形布置。灌浆压力约为 20～50N/cm^2。

对基岩有软弱夹层的情况，还可采取开挖平洞或竖井等方法，然后回填钢筋混凝土增加抗剪强度，以加大坝体的抗滑稳定性。

4. *减小水平推力*

减小水平推力可采用控制水库运用和在坝体下游面加支撑等方法。

(1) 控制水库运用。控制水库运用主要用于病险水库度汛或水库设计标准偏低等情况。对病险水库来讲，通过降低汛前调洪起始水位，可减小库水对坝的水平推力。对设计标准偏低的水库，通过改建溢洪道，加大泄洪能力，控制水库水位，也可达到保持坝体稳定的作用。

(2) 坝体下游面加支撑。坝体下游面加支撑，可使坝体上游的水平推力通过支撑传到地基上，从而减少坝体所受的水平推力，又可增加坝体重力。支撑的形式如图 2.7.5 所示，可根据建筑物的形式和地质地形条件加以选用。图 2.7.5 (*a*) 是在溢流坝下游护坦钻孔设桩，通过桩将部分水平推力传到河床基岩上；图 2.7.5 (*b*) 是非溢流坝的重力墙支撑；图 2.7.5 (*c*) 是钢筋混凝土水平拱支撑。

也可在坝体下游一定距离处建一低坝造成壅水，给予大坝一指向上游的水压力，相当于减小了坝体所受水平推力，因此，也能增加坝体的抗滑稳定性。

在上述各种增加抗滑稳定性的措施中，补强帷幕灌浆和加大坝体断面是普遍采用的、行之有效的方法。下游建坝壅水的方法是应在其他方法无效时方可考虑，因为它对水库工程的综合利用和管理都是不利的。

在采用增加抗滑稳定性具体措施以前，必须分析造成稳定性不足的原因，然后针对原因，采取综合措施，从多方面着手增加坝体的稳定性。

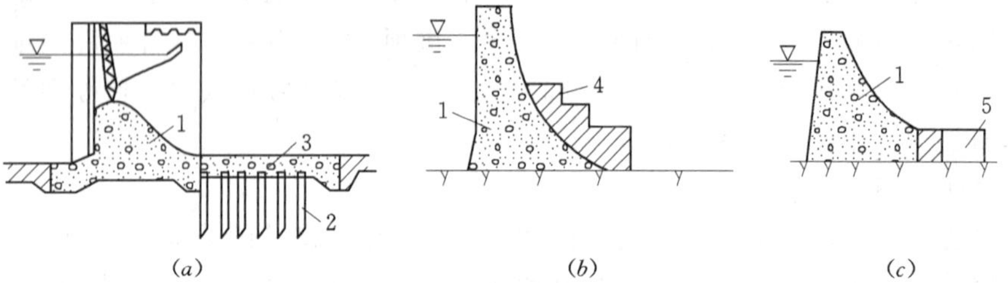

图 2.7.5　下游面加支撑的形式

(a) 溢流坝下游护坦设桩；(b) 非溢流坝重力墙支撑；(c) 钢筋混凝土水平拱支撑

2.7.2　混凝土及浆砌石坝裂缝处理

2.7.2.1　裂缝的分类及特征

混凝土坝及浆砌石坝裂缝是常见的现象，其类型及特征见表 2.7.1。

表 2.7.1　　裂缝的类型及特征

类　型	特　　征
沉陷缝	1. 裂缝往往属于贯通性的，走向一般与沉陷走向一致； 2. 较小的沉陷引起的裂缝，一般看不出错距；较大的不均匀沉陷引起的裂缝，则常有错距； 3. 温度变化对裂缝影响较小
干缩缝	1. 裂缝属于表面性的，没有一定规律性，走向纵横交错； 2. 宽及长度一般都很小，如同发丝
温度缝	1. 裂缝可以是表层的，也可以是深层或贯穿性的； 2. 表层裂缝的走向没有一定规律性； 3. 钢筋混凝土深层或贯穿性裂缝，方向一般与主钢筋方向平行或近似于平行； 4. 裂缝宽度沿裂缝方向无多大变化； 5. 缝宽受温度变化的影响，有明显的热胀冷缩现象
应力缝	1. 裂缝属深层或贯穿性的，走向一般与主应力方向垂直； 2. 宽度一般较大，沿长度和深度方向有明显变化； 3. 缝宽一般不受温度变化的影响

2.7.2.1　裂缝形成的主要原因

混凝土坝与浆砌石坝裂缝的产生，主要与设计、施工、运用管理等方面有关。

1. 设计方面

大坝在设计过程中，由于各种因素考虑不全，坝体断面过于单薄，致使结构强度不足，造成建筑物抗裂性能降低，容易产生裂缝。设计时，分缝分块不当，块长或分缝间距过大也容易产生裂缝。由于设计不合理，水流不稳定，引起坝体振动，同样能引起坝体开裂。

2. 施工方面

在施工过程中，由于基础处理、分缝分块、温度控制等未按设计要求施工，致使基础产生不均匀沉陷；施工缝处理不善，或者温差过大，造成坝体裂缝。在浇筑混凝土时，由于施工质量控制不好，使混凝土的均匀性、密实性差，或者混凝土养护不当，在外界温度骤降时又没有做好保温措施，导致混凝土坝容易产生裂缝。

3. 运用管理方面

大坝在运用过程中，超设计荷载使用，使建筑物承受的应力大于设计应力产生裂缝。大坝维护不善，或者在北方地区受冰冻影响而又未采取防护措施，也容易引起裂缝。

4. 其他方面

由于地震、爆破、台风和特大洪水等引起的坝体振动或超设计荷载作用，常导致裂缝发生。含有大量碳酸氢离子的水，对混凝土产生侵蚀，造成混凝土收缩也容易引起裂缝。

2.7.2.3　裂缝处理的方法

1. 裂缝修补技术

裂缝修补可采用喷涂法、粘贴法、充填法和灌浆法。

(1) 喷涂法施工应符合的要求。

1) 喷涂法适用于宽度小于 0.3mm 的表层裂缝修补。

2) 表面喷涂材料可选用环氧树脂类、聚酯树脂类、聚氨酯类、改性沥青类等涂料。

3) 喷涂法施工工艺：

a) 首先用钢丝刷或风砂枪清除表面附着物和污垢，并凿毛、冲洗干净。

b) 混凝土表面气孔可用树脂类材料充填，对凹处先涂刷一层树脂基液，后用树脂砂浆抹平。

c) 喷涂或涂刷 2～3 遍，第一遍喷涂采用经稀释的涂料，涂膜总厚度应大于 1mm。

(2) 粘贴法施工应符合的要求。粘贴法分表面粘贴法和开槽粘贴法两种，前者适用于裂缝宽度小于 0.3mm 的表层裂缝修补，后者适用于裂缝宽度大于 0.3mm 的表层活缝修补。粘贴材料可选用橡胶片材、0.3mm 聚氯乙烯片材等。

1) 表面粘贴法施工工艺。粘贴基面处理按上述喷涂法有关规定执行，在粘贴片材前应使基面干燥，并涂刷一层胶黏剂，再加压粘贴刷有胶黏剂的片材。

2) 开槽粘贴法施工工艺。

a) 沿裂缝凿槽，槽宽 18～20cm、槽深 2～4cm、槽长超过缝端 15cm，并清洗干净。

b) 在槽面先涂刷一层树脂基液，再用树脂基砂浆找平。

c) 沿缝铺宽为 5～6cm 的隔离膜，再在隔离膜两侧干燥基面上涂刷胶黏剂，粘贴刷有胶黏剂的片材，并用力压实。

d) 在槽两侧面涂刷一层胶黏剂后，回填弹性树脂砂浆，并压实抹光，其表面应与原混凝土面齐平。

(3) 充填法施工应符合的要求。充填法适用于缝宽大于 0.3mm 的表层裂缝修补。充填材料应根据裂缝的类型进行选择，对死缝可选用水泥砂浆、聚合物水泥砂浆、树脂砂浆等；对活缝应选用弹性树脂砂浆和弹性嵌缝材料等。

1) 死缝充填法施工工艺。沿裂缝凿 V 形槽，槽宽、深 5～6cm，并清洗干净；槽面应涂刷基液，涂刷树脂基液时使槽面处于干燥状态，涂刷聚合物水泥浆时使槽面处于潮湿状态；向槽内充填修补材料，并压实抹光。

2）活缝充填法施工工艺。沿裂缝凿U形槽，槽宽、深5～6cm，并清洗干净；槽底面用砂浆找平并铺设隔离膜；槽侧面涂刷胶黏剂，再嵌填弹性嵌缝材料，并用力压实；回填砂浆与原混凝土面齐平。

（4）灌浆法施工应符合的要求。灌浆法适用于深层裂缝和贯穿裂缝的修补。灌浆材料应根据裂缝的类型选择，死缝可选用水泥浆材、环氧浆材、高强水溶性聚氨酯浆材等；活缝可选用弹性聚氨酯浆材等。

灌浆法施工工艺如下：

1）按设计要求布置灌浆孔。

2）钻孔、洗孔、埋设灌浆管。

3）沿裂缝凿宽、深5～6cm的V形槽，并清洗干净，在槽内涂刷基液，用砂浆嵌填封堵。

4）压水检查，孔口压力为50%～80%设计灌浆压力，宜为0.2～0.4MPa。

5）垂直裂缝和倾斜裂缝灌浆应从深到浅、自下而上进行，接近水平状裂缝灌浆可从低端或吸浆量大的孔开始；灌浆压力限制为0.2～0.5MPa，当进浆顺利时应降低灌浆压力。

6）灌浆结束封孔时的吸浆量应小于0.02L/5min。

7）在浆材固化强度达到设计要求后钻检查孔进行压水试验，检查孔单孔吸水量应小于0.01L/5min，不合格必须补灌。

8）水泥灌浆施工可参照SL 62—94《水工建筑物水泥灌浆施工技术规范》的规定执行。

9）灌浆宜在低温季节或裂缝开度大时进行。

修补材料、施工环境和养护应符合下列要求：

1）水泥、树脂、骨料等原材料的品质和储存应符合有关规范的规定。

2）选用标号不低于32.5号的硅酸盐水泥、普通硅酸盐水泥，受侵蚀性介质影响或有特殊的要求时，按有关规范或通过试验选用。

3）选用质地坚硬、清洁、级配良好的中砂，砂的细度模数宜为2.3～3.0。

4）各种混凝土及砂浆的配合比必须通过试验确定。

5）修补施工前宜进行工艺性试验。

6）修补施工宜在5～25℃环境条件下进行，不应在雨雪或大风等恶劣气候的露天环境下进行。

7）树脂类修补材料宜干燥养护不少于3d；水泥类修补材料应潮湿养护不少14d；聚合物水泥类材料应先湿养护7d，再干燥养护不少于14d。

2. 补强加固

补强加固可采用灌浆法、预应力法、粘贴玻璃钢法、增加断面法等。

（1）灌浆法施工应符合的要求。

1）灌浆法适用于深厚层裂缝和贯穿裂缝的补强加固。

2）灌浆材料可选用水泥类浆材、环氧类浆材、高强水溶性聚氨酯浆材和甲凝浆材等。

3）灌浆法施工按上述的规定执行。

（2）预应力法施工应符合的要求。

1）预应力法适用于影响建筑物抗滑稳定或整体受力的裂缝和因强度不足而开裂部位的补强加固。

2）根据预应力吨位可选用不同直径的预应力钢丝或钢束等材料。

3）预应力法施工可按 SL 46—94《水工预应力锚固施工规范》的规定执行，还应符合下列要求：

a）用钢筋探测器探查钢筋位置，钻孔时不得损伤钢筋。

b）预应力钢束或钢丝必须防锈处理。

c）预加应力方向应与裂缝面垂直。

（3）粘贴玻璃钢法施工应符合的要求。粘贴玻璃钢法适用于梁、板、管等补强加固。补强加固材料可选用环氧树脂、聚酯树脂等胶黏剂和玻璃丝布。

粘贴玻璃钢法施工工艺：

1）混凝土表面应清刷干净和保持干燥，用树脂腻料找平；有较大裂缝或缺陷时应作灌浆处理。

2）玻璃丝布必须除蜡，并用清水漂洗晾干。

3）一次配制胶黏剂和腻料的数量不宜过多，做到随配随用。

4）基面涂刷胶黏剂，粘贴玻璃丝布，粘贴层数不宜少于 3 层，各层应无气泡、无折皱密实平整。

5）施工环境温度宜在 10～25℃，不应在温度过高、过低或雨雾天气施工。

6）施工结束后宜干燥养护不少于 3d。

（4）增加断面法施工应符合的要求。增加断面法适用于涵管、柱、墩等补强加固。补强加固材料可选用水泥混凝土和活性聚合物。

增加断面法施工工艺：

1）混凝土表面应凿毛、冲洗干净，并涂刷界面处理剂。

2）新老混凝土结合面设置锚筋，其间距为 30～40cm，锚固长度约为 15 倍锚筋直径。

3）新浇混凝土强度等级应高于老混凝土强度等级。

补强加固后要进行质量检查，包括下列内容：

1）检查裂缝闭合情况。

2）用应变计测定钢筋或混凝土的应变。

3）用静载试验测定钢筋混凝土构件挠度。

4）用动载试验测定钢筋混凝土构件振荡特性。

2.7.3　混凝土及浆砌石坝渗漏处理

2.7.3.1　渗漏的原因及危害

1. 渗漏的种类

混凝土及浆砌石坝渗漏，按其发生的部位，可分为以下几种：

（1）坝体渗漏，如由裂缝、伸缩缝和蜂窝空洞等引起的渗漏。

（2）坝与岩石基础接触面渗漏。

（3）基础渗漏。

（4）绕坝渗漏。

2. 渗漏产生的原因

造成混凝土和浆砌石坝渗漏的原因很多，归纳起来有以下几个方面。

(1) 因勘探工作做得不够，地基中存在的隐患未能发现和处理，水库蓄水后引起渗漏。

(2) 在设计过程中，由于对某些问题考虑不全，在某种应力作用下，使坝体产生裂缝。

(3) 施工质量差。如对坝体温度控制不严，使坝体内外温差过大产生裂缝，地基处理不当，使坝体产生沉陷裂缝，混凝土振捣不实，坝体内部存在蜂窝空洞，浆砌石坝勾缝不严，帷幕灌浆质量不好，坝体与基础接触不良，坝体所用建筑材料质量差等，均会导致渗漏的产生。

(4) 设计、施工过程中采取的防渗措施不合理，或运用期间由于物理、化学因素的作用，使原来的防渗措施失效或遭到破坏，均容易引起渗漏。

(5) 运用期间，遭受强烈地震及其他破坏作用，使坝体或基础产生裂缝，引起渗漏。

3. 渗漏的危害

混凝土和浆砌石坝的渗漏危害是多方面的。坝体渗漏，将使坝体内部产生较大的渗透压力，影响坝体稳定。侵蚀性强的水还会产生侵蚀破坏作用，使混凝土强度降低，缩短建筑物的使用寿命。在北方地区，渗漏还容易造成坝体冻融破坏。坝基渗漏、接触面渗漏或绕坝渗漏，会增大坝下扬压力，影响坝身稳定，严重的将因流土、管涌等而引起沉陷、脱落，使坝身破坏。

2.7.3.2　渗透处理的原则

渗漏处理的基本原则是："上截下排"，以截为主，以排为辅。渗漏宜在迎水面封堵截，不能降低上游水位时宜采用水下修补，不影响结构安全时也可在背水面封堵。应根据渗漏的部位、危害程度以及修补条件等实际情况确定处理的措施。

(1) 对坝体渗漏的处理，主要措施是在坝的上游面封堵，这样既可直接阻止渗漏，又可防止坝体侵蚀，降低坝体渗透压力，有利于建筑物的稳定。

(2) 对坝基渗漏的处理，以截为主，以排为辅。排水虽可降低基础扬压力，但会增加渗漏量，对有软弱夹层的地基容易引起渗漏变形，应慎重对待。

(3) 对于接触渗漏和绕坝渗漏的处理，应尽量采取封堵的措施，以减少水量损失，防止渗透变形。

2.7.3.3　渗漏处理措施

1. 集中渗漏处理

当水压小于0.1MPa时可采用直接堵漏法、导管堵漏法、木楔堵塞法；当水压大于0.1MPa时，可采用灌浆堵漏法。堵漏材料可选用快凝止水砂浆或水泥浆材、化学浆材。

(1) 直接堵漏法施工符合下列要求：

1) 把孔壁凿成口大内小的楔形状，并冲洗干净。

2) 将快凝止水砂浆捻成与孔相近的形状，迅速塞入孔内，堵住漏水。

(2) 导管堵漏法施工应符合下列要求：

1) 清除漏水孔壁的松动混凝土，凿成适合下管的孔洞。

2) 将导管插入孔中，导管四周用快凝止水砂浆封堵，凝固后拔出导管。

3）用快凝止水砂浆封堵导管孔。

（3）木楔堵塞法施工应符合下列要求：

1）把漏水处凿成圆孔，将铁管插入孔中，管长应小于孔深。

2）铁管四周用快凝止水砂浆封堵，凝固后将裹有棉纱的木楔打入铁管堵水。

（4）灌浆堵漏法施工应符合下列要求：

1）将孔口扩成喇叭状，并冲洗干净。

2）用快凝砂浆埋设灌浆管，使漏水从管内导出，用高强砂浆回填管口四周至原混凝土面。

3）砂浆强度达到设计要求后进行顶水灌浆。

4）灌浆压力控制在 0.2～0.4MPa。漏水封堵后表面应选用水泥防水砂浆、聚合物水泥砂浆或树脂砂浆保护。

2. 裂缝渗漏处理

裂缝渗漏处理应先止漏后修补，裂缝修补按上述有关规定执行。裂缝漏水的止漏可采用直接堵塞法、导渗止漏法。对大坝上游面水平裂缝的渗漏处理应进行专项设计。

（1）直接堵塞法施工应符合下列要求：

1）适用水压小于 0.1MPa 的裂缝漏水处理。

2）沿缝面凿槽，并冲洗干净。

3）把快凝砂浆捻成条形，逐段迅速堵入槽中，挤压密实，堵住漏水。

（2）导渗止漏法施工应符合下列要求：

1）适用于水压大于 0.01MPa 的裂缝漏水处理。

2）用风钻在缝的一侧钻斜孔，穿过缝面并埋管导渗。

3）裂缝修补后封闭导水管。

3. 散渗处理

散渗处理可采用表面涂抹粘贴法、喷射混凝土（砂浆）法、防渗面板法、灌浆法等。

（1）表面涂抹粘贴法适用于混凝土轻微散渗处理，材料可选用各种有机或无机防水涂料及玻璃钢等，施工应符合下列要求：

1）混凝土表面凿毛，清除破损混凝土并冲洗干净。

2）采用快速堵漏材料对出渗点强制封堵，使混凝土表面干燥。

3）基面处理和涂抹施工按上述有关规定执行。

4）粘贴玻璃钢施工按上述有关规定执行。

（2）喷射混凝土（砂浆）应符合下列要求：

1）喷射混凝土（砂浆）适用于迎水面大面积散渗的处理。

2）施工方法有干式、湿式和半湿式 3 种。对有渗水的受喷面宜采用干式喷射；无渗水的受喷面宜采用半湿式或湿式喷射。

3）喷射厚度在 5cm 以下时，宜采用喷射砂浆；厚度 5～10cm 时，宜采用喷射混凝土或钢丝网喷射混凝土；厚度为 10～20cm 时，宜采用钢筋网喷射混凝土或钢纤维喷射混凝土。

4）喷射混凝土（砂浆）施工参照 SDJ 57—85《水利水电地下工程锚喷支护施工技术规范》、GBJ 86—85《锚杆喷射混凝土支护技术规范》的规定执行。

(3) 防渗面板施工应符合下列要求：

1) 防渗面板适用于严重渗漏、抗渗性能差的迎水面处理。

2) 材料可选用水泥混凝土、沥青混凝土等。

3) 水泥混凝土施工应按 SDJ 207—82《水工混凝土施工规范》的规定执行。

4) 灌浆处理适用于建筑物内部混凝土密实性较差或网状深层裂缝产生的散渗。

灌浆材料可选用水泥浆材或化学浆材，施工应符合下列要求：

1) 灌浆孔可设置在坝上游面、廊道或坝顶处，孔距根据渗漏状况确定。

2) 灌浆压力为0.2～0.5MPa。

3) 水泥灌浆施工按 SL 62—94《水工建筑物水泥灌浆施工技术规范》的规定执行。

4) 灌浆结束后散渗面可用防水涂层防护。

4. 伸缩缝渗漏处理

伸缩缝渗漏处理可采用嵌填法、粘贴法、锚固法、灌浆法及补灌沥青等。

(1) 嵌填法的弹性嵌缝材料可选用橡胶类、沥青基类或树脂类等，施工应符合下列要求：

1) 沿缝凿宽、深均为5～6cm的V形槽。

2) 清除缝内杂物及失效的止水材料，并冲洗干净。

3) 槽面涂刷胶黏剂，槽底缝口设隔离棒，嵌填弹性嵌缝材料。

4) 回填弹性树脂砂浆与原混凝土面齐平。

(2) 粘贴法的粘贴材料可选用厚3～6mm的橡胶片材，施工按上述有关规定执行。

(3) 锚固法施工应符合下列要求：锚固法适用于迎水面伸缩缝处理，局部修补时应做好伸缩缝的止水搭接。防渗材料可选用橡胶、紫铜、不锈钢等片材，锚固件采用锚固螺栓、钢压条等。

锚固金属片材施工工艺：

1) 沿缝两侧凿槽，槽宽35cm，槽深8～10cm。

2) 沿缝两侧各钻一排锚栓孔，排距25cm，孔径22～25mm，孔距50cm、孔深30cm，并冲洗干净，预埋锚栓。

3) 清除缝内堵塞物，嵌入沥青麻丝。

4) 挂橡胶垫，再将金属片材套在锚栓上。

5) 安装钢垫板、拧紧螺母压实。

6) 片材与缝面之间充填密封材料，片材与坝面之间充填弹性树脂砂浆。

锚固橡胶板施工工艺：

1) 沿缝两侧各30cm范围将混凝土面修理平整。

2) 凿V形槽，槽宽、深5～6cm，并冲洗干净。

3) 在缝两侧各钻一排锚栓孔，排距50cm，孔径40mm，孔深40cm，孔距50cm。

4) 用高压水冲洗钻孔，将树脂砂浆放入孔内，插入直径20mm，长45cm的锚栓，锚栓必须垂直迎水面。

5) V形槽内涂刷胶黏剂，铺设隔离棒再嵌填嵌缝材料。

6) 在锚栓部位浇一层宽12cm树脂砂浆垫层找平。

7) 根据锚栓位置，在橡胶片上开孔，将宽60cm、厚6mm的橡胶片准确地套在锚栓上，及时安装压板，拧紧螺母。

(4) 灌浆法适用于迎水面伸缩缝局部处理。灌浆材料可选用弹性聚氨酯、改性沥青浆材等。灌浆施工应符合下列要求：

1) 沿缝凿宽、深 5～6cm 的 V 形槽。

2) 在处理段的上、下端骑缝钻止浆孔，孔径 40～50mm、孔深不得打穿原止水片，清洗后用树脂砂浆封堵。

3) 骑缝钻灌浆孔，孔径 15～20mm，孔距 50cm，孔深 30～40cm。

4) 用压力水冲洗钻孔，将直径 10～15mm、长 15～20cm 灌浆管埋入钻孔内 5cm，密封灌浆管四周。

5) 冲洗槽面，用快凝止水砂浆嵌填。

6) 逐孔洗缝，控制管口风压 0.1MPa，水压 0.05～0.1MPa。

7) 灌浆前对灌浆管作通风检查，风压不得超过 0.1MPa。

8) 灌浆自下而上逐孔灌注，灌浆压力为 0.2～0.5MPa，灌至基本不吸浆时并浆，后结束灌浆。

(5) 补灌沥青适用于沥青井止水结构的渗漏处理，施工应符合下列要求：

1) 沥青井加热可采用电加热法或蒸汽加热法。

2) 蒸汽加热时，加热前用风水轮换冲洗加热管，加热的进气压力为 0.3～0.4MPa，回气压力为 0.1～0.2MPa，持续加热 24°～36°。

3) 电加热时应有 2000～3000A 的电源。

4) 井内沥青膏加热温度控制在 120～150℃。

5) 打开出流管检查沥青熔化和老化程度。

6) 补灌的沥青膏配比由试验确定。

7) 补灌的沥青膏经熔化熬制后灌注井内，灌注后膏面应低于井口 0.5～1.0m。

8) 灌后应对井口、管口加盖保护。

5. 基础及绕坝渗漏处理

(1) 帷幕深度不够或帷幕失效，混凝土与基岩接触面产生渗漏等情况的基础渗漏处理可采用灌浆法。其施工应符合下列要求：

1) 接触面接触灌浆，孔深应钻至基岩面以下 2m，当同时补做帷幕时，接触段灌浆应单独划分为一孔段，并先行钻灌。

2) 防渗性能差的帷幕应加密灌浆孔。

3) 断层破碎带垂直或斜交于坝轴线、贯穿坝基，渗漏严重的应加深加厚帷幕。

4) 帷幕孔深小于 8m 宜采用风钻钻孔，超过 8m 的深孔宜采用机钻钻孔，机钻孔的孔径宜为 75～91mm，检查孔的孔径应不小于 110mm。

5) 灌浆压力宜通过试验确定。

6) 水泥灌浆施工按 SL 62—94《水工建筑物水泥灌浆施工技术规范》的规定执行。

(2) 基础排水设施堵塞无法疏通时须补设排水孔。

(3) 绕坝渗漏处理可采用下列方法：

1) 对山体岩石破碎的可采用水泥灌浆作帷幕，对山体岩石节理裂隙发育的可采用水泥灌浆或化学灌浆。

2）岩溶渗漏可采用灌浆、堵塞、阻截、铺盖和下游导排等措施处理。

3）岸坡坝肩下游应做导渗排水设施。

4）土质岸坡采用上游回填黏性土等防渗铺盖，下游面增设反滤排水措施。

2.7.3.4 水下修理

混凝土和浆砌石坝在运用中出现裂缝、漏洞等病害，由于某些原因不能降低库水位时，为防止病害发展，保证工程正常运用，就需要在水下进行修理。水下修理的特点是工作环境较差、对材料的选用有一定要求、修补材料的输送和修理操作要防止水的影响。

1. 水下嵌缝或粘贴堵漏

（1）麻丝、桐油灰嵌堵。施工时，由潜水员先将裂缝或漏洞清洗干净，然后用螺丝刀将麻丝桐油灰掺石棉绳、棉絮等嵌入裂缝或漏水孔洞内，并用锤锤击，使其密实，堵塞漏水。如要求有水硬性时，可在油灰内掺入少量水泥。

（2）瓷泥粘堵。粘堵前，需将裂缝漏水处表面清刷干净，再将瓷泥（即高岭土）掺水拌合制成条状，然后粘贴在漏水处，并尽力压紧。

（3）水下环氧粘贴。水下粘贴裂缝堵漏，可选用环氧焦油砂浆或酮亚胺环氧砂浆等水下环氧材料。为防止粘贴材料在水中发生离析，需将其在水上装入有边框的模板，然后下至粘贴部位并加压顶紧。对于深水粘贴裂缝堵漏，可用螺杆加力器加压，对于浅水粘贴裂缝堵漏，可用支撑加压。

2. 水下浇筑混凝土堵漏

坝基面的接触渗漏、断层破碎带的表面止漏等，可用水下浇筑混凝土的方法进行处理。水下浇筑混凝土的方法较多，其中的导管法，因使用不受水深限制、施工质量有保证而多被采用，施工过程如图2.7.6所示。

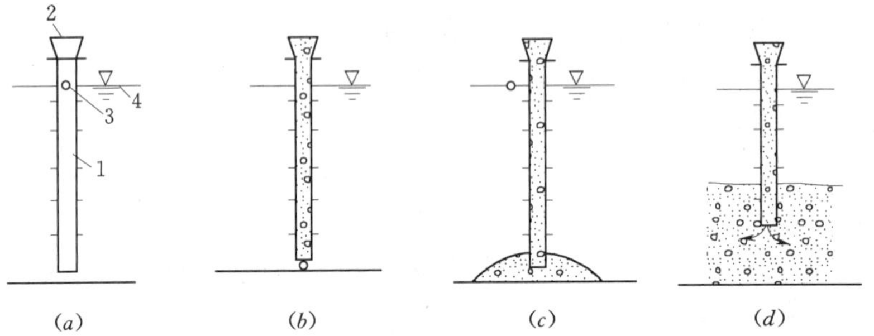

图2.7.6 导管法施工示意图

1—导管；2—漏斗；3—木球；4—水面

施工时，现将导管下至距底孔10～12cm处，导管内放一比导管直径小10mm左右的浮球，以便开始浇筑时把混凝土和泥浆隔开，浇筑时，先倒入坍落度为18～21cm的水泥砂浆，再倒入混凝土，混凝土倒入量应稍大于导管容积，以便一次把浮球压至管底，满管后，把导管提起一定高度，使浮球溜出管口外，混凝土随即流出，此时，再把导管放到离孔底10～12cm处，使导管底部插入已浇筑的混凝土中，立即开始连续浇筑混凝土，随着混凝土面的上升，导管相应提高，并逐节拆卸导管，直到将混凝土浇筑到设计高程以上为止。

为了保证混凝土浇筑的质量，混凝土水灰比不宜太大，一般为 0.55～0.66，水泥用量较一般混凝土多 30%～35%，砂率一般采用 50%左右。坍落度不仅是控制混凝土质量的重要指标，而且是导管法施工成败的重要因素，根据导管直径的不同，坍落度可选用不同数值，管径大的坍落度可以小些，反之则大些，一般控制在 16～22cm。为改善混凝土的和易性，可在拌制时掺入 0.25/10000～1/10000 加气剂，施工时，导管应始终埋入混凝土中，埋管长度最好在 1～5m，防止产生脱空现象。

2.7.4　混凝土及砌石坝病害处理工程案例

案例一：大江水库漏水处理

1. 基本情况

大江水库位于广西壮族自治区临桂县的漓江支流良丰河上游。工程于 1978 年 8 月建成蓄水。坝型为浆砌石重力坝，坝顶高程 257m；集雨面积 $60.22km^2$，水库总库容 $4.16\times10^4km^3$。

大坝于 1977 年关闸蓄水即发生渗漏，渗漏量逐年增大，1984 年观测，库水位在 252m 时，渗漏量 1140L/s，经检查分析，漏水原因有以下几个。

(1) 坝体漏水。施工时浆砌石的水泥浆液不饱满，孔洞多，空隙大，质量差。混凝土防渗截水墙设计厚 60cm，但无伸缩缝，施工时每层高 1～1.5m，没有用振捣器振实，出现蜂窝裂缝。迎水面出现裂缝 17 条，其中由坝顶到坝脚的有 2 条；最大缝宽 2cm，因而形成渗水通道。库水位在正常水位时，坝后有漏水点 282 处。

(2) 绕坝和接触渗漏。坝址由砂岩和泥岩组成，左右两坝肩基岩走向基本倾向下游，左岸强风化层厚达 2～5m，右岸厚达 5～10m，裂缝极为发育，岩石破碎，透水性强。左岸吸水率最大达 1.192L/（min·m·m），右岸吸水率最大达到 0.46～0.6L/（min·m·m），属严重漏水带。但筑坝前和坝建成后，没有进行处理，防渗齿墙没有伸至弱风化带，又没有进行帷幕灌浆处理，这是绕坝和接触渗漏的原因。

(3) 坝基断层裂隙漏水。坝址共有大小断层 19 条，其中与大坝关系密切的有 7 条，在施工时没有对这些断层进行认真处理，形成漏水通道。

2. 处理措施及效果

大江水库在选用处理方法时，曾进行过方案比较，对处理坝体渗漏曾提出做混凝土心墙、混凝土面板和灌浆处理。但坝体是浆砌石，做混凝土防渗墙难以造槽孔，做混凝土面板要求水下作业，施工技术复杂，并受汛期洪水影响，最后选用灌浆方案，对坝基漏水处理采用帷幕灌浆方案。坝体和坝基灌浆同时进行。灌浆时从坝顶施灌，布孔两排，排距 1.5m，孔距 2m，两排孔位成品字形，孔深伸入基岩相对不透水层，即吸水率小于 0.03L/（min·m·m）接触带，伸入接触面以下 5m。断层裂缝部位伸入到 8～12m。采取自上而下分段灌浆法，每段长一般为 2～4.5m。灌浆压力坝体为 0～588kPa，接触带 196～490kPa，基岩 588～980kPa。灌浆时，根据需要浆液中加入掺料和速凝剂。坝体和接触带孔洞多，空隙大，加掺料以节省水泥用料和投资，掺料采用粉煤灰，用量为水泥的 15%～30%。在渗漏水流速较大的部位掺入速凝剂，以缩短浆液的凝结时间，速凝剂采用水玻璃和氯化钙，水玻璃为浆液的 35%～50%，氯化钙为水泥用量的 3%。灌浆后，经过压水试验，证明灌浆效果达到了设计要求。吸水率坝体 $\omega<0.05$L/（min·m·m），基础和接触带 $\omega<0.05$L/（min·m·m），符合设计要求。灌浆前与灌浆后相比较，漏水量减少 96%以上。

案例二：黑龙滩重力坝的病害处理

1. 基本情况

四川省黑龙滩浆砌条石重力坝，于1971年建成，最大坝高55m，总库容3.6亿m^3为一大型的灌溉蓄水工程。由于设计考虑不周，勘测条件较差，加以施工质量控制不严，因此，蓄水后出现了多方面的病害。

黑龙滩重力坝的病害是多方面的，主要有以下几方面。

（1）坝体抗滑稳定性不够。施工时发现坝基内有黏土夹层，但未能全部清除，实际的摩擦系数远小于设计采用值0.55。因此，大坝的抗滑稳定性不够，需加固处理。

（2）渗漏。坝体和坝基均有严重渗漏现象，坝内廊道多处漏水，当水库蓄水位较高时，右岸坝肩基岩也大面积渗水。据1973年5月观测，当库水位为471m时，大坝渗漏水量为96L/min。

（3）裂缝。坝体有多处裂缝，有的为贯穿性裂缝。在廊道左岸出口下游坝面附近的一处裂缝，还有射水现象。

（4）廊道排水沟淤积。由排水带出大量钙质析出物，这些钙质析出物沿廊道排水沟沉积，每周沉积厚度可达1cm。

（5）由于部分排水孔被堵塞，造成坝体扬压力增大，增加了坝体的不稳定性。

2. 处理措施及效果

根据病害情况，采用了坝身灌浆，坝基帷幕补强灌浆和加厚坝体的综合处理方案。由于放空水库存在实际困难，而且渗漏范围较大，故未采取上游面勾缝或作防渗面板的处理措施。

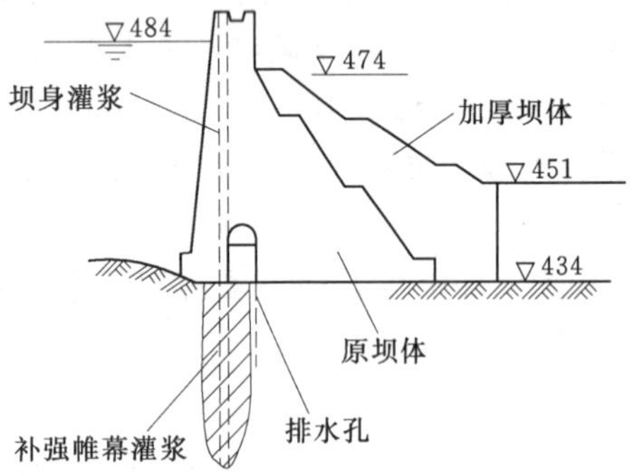

图2.7.7　四川黑龙滩重力坝病害处理示意图

坝身灌浆采用坝顶钻孔灌浆方法，经过处理后，坝身裂缝多已闭合，渗漏情况也大为好转，渗漏范围大为减小，廊道内和下游坝坡已能基本上保持干燥状态。帷幕灌浆时，排距2m，孔距3m，部分坝段孔距加密至1.5m。河床段深入基岩40m，两岸坝肩段深入基岩25～30m。帷幕补强后，坝基渗漏也明显减少。通过坝身灌浆和帷幕灌浆后，1974年初测得渗透流量已减少为26L/min，仅约为原渗透流量的1/4。坝体加厚，一方面通过地质勘测工作，确定黏土夹层的摩擦系数；另一方面根据库水位实际达到480m时，认为原坝体处于极限平衡状态，求出摩擦系数，然后根据蓄水至484m，并保持一定的抗滑稳定系数的要求，求得须加宽坝体13m，整个加厚坝体如图2.7.7所示。核算结果表明，稳定系数满足要求。处理工作结束后，水库蓄水运用正常。

学习情境2.8　水工建筑物混凝土缺陷的处理

2.8.1　常见的缺陷种类

2.8.1.1　裂缝

1. 裂缝的种类

裂缝是最常见的混凝土缺陷之一。我国的水工混凝土建筑物几乎没有能幸免的，国际

土，要选用低热水泥；在有硫酸盐侵蚀的工程，要选用抗硫酸盐水泥。

骨料的岩性对混凝土的热膨胀系数起着决定作用，为了降低温度应力，在条件允许下，应尽量选用热膨胀系数小的骨料，如石灰岩、玄武岩等。

在混凝土中掺用优质外加剂（如引气剂）并保证合理的含气量和严格控制水灰比，是提高混凝土的抗冻性和抗渗性行之有效的措施。为防止裂缝，掺用氧化镁等微膨胀原料，促使混凝土微膨胀，已被实践证明相当有效。因此合理采用外加剂、掺合料对防止混凝土缺陷也是有用的。

除了原材料的种类和特性外，材料的配合比也是影响缺陷的重要内容。优秀的配合比能提高混凝土的性能，增强抗缺陷的能力。例如龙羊峡和刘家峡两座大坝裂缝较少，分析其原因，其中一项重要原因是混凝土的配合比设计比较先进，混凝土绝热温升较小。

2. 优化结构形式

混凝土结构形式对建筑物的应力状态有很大的影响，过流面的形状对空蚀的形成起重要的作用，采用合理的结构形式将为预防和减轻混凝土缺陷提供有利的内在条件。例如：为了减小应力集中，应尽量控制结构中孔洞的数量和控制断面的突变，采用合理的形状；为了减少暴露面，宜优先选用实体重力坝、拱坝等坝型。我国混凝土坝的实践证明，合理的坝型和结构形式能有效地减小裂缝发生的几率。

为防止或减轻泄水建筑物混凝土遭受空蚀破坏，过流面应满足水流形态的要求，要严格控制表面不平整度，清除阻碍高速水流通畅下泄的钢筋头、混凝土渣，对凹凸不平和突变部位要认真处理，高速水流要采用掺气措施。

施工期间的结构形状合理与否也非常重要，分缝分块与相邻块高差都必须按照工程的温控条件合理选择、加以控制。按照我国重力坝设计规范的有关规定，横缝间距一般应为15～20m，纵缝间距一般应为15～30m，相邻块高差一般应小于10～12m。如果超过这些规定，要进行论证。实践证明采用“薄层、短间歇、均匀上升”的浇筑方式，保持建筑物在施工期间的合理形象是预防和减少裂缝的有力措施之一。

3. 严格控制浇筑质量

混凝土的质量优劣是混凝土产生缺陷与否的关键，加强混凝土全面质量管理，保证混凝土质量达到设计要求，是防止或最大限度地消除缺陷的最重要措施。尤其是搞好混凝土施工期间的质量控制，更是关键之关键。

混凝土施工质量控制与管理应该贯穿于混凝土浇筑的全过程，包括原材料配备、拌和、运输、入仓、平仓振捣、养护及立模拆模等，每一个环节、每一道工序都必须注意做到精心施工，一丝不苟。往往有些工程很注重混凝土原材料本身的品质，注重配合比设计，但在施工的某些环节上却未能严格控制、以致造成混凝土质量低劣，其结果或者是直接造成缺陷，如架空、低强等，或者导致发生裂缝、渗漏等。

4. 采用先进技术

在加强混凝土质量控制的同时，积极推广应用新技术、新材料、新工艺，是提高混凝土质量、最大限度地避免混凝土缺陷的重要一环。科学技术发展日新月异，科技成果层出不穷，这些都为提高混凝土工程的技术水平创造了条件。水工混凝土设计、施工、运行各方面、各部门都有责任积极推广应用先进技术来预防缺陷。

已经被广泛应用于混凝土工程中的先进技术很多，如预冷骨料、微机控制混凝土拌和、液压滑模、平仓振捣机、软吸盘真空作业、组合钢模板和胶合板模板、无损检测等，对预防混凝土缺陷发挥了重要作用。

2.8.3　过流面不平整处理

水工混凝土过流面不平整是常见的缺陷之一，对建筑物的安全运行有着不同程度的危害，因此必须予以重视，尤其是垂直升坎，在其后将发生水流分离，产生强烈的漩涡，进而导致过流面空蚀破坏。

国内外有关资料指出，当流速为12～15m/s时，在闸门槽、泄水建筑物进、出水口和消力墩等部位，若遇实体发生绕流形成空穴，混凝土便会受到空蚀破坏；当流速大于18m/s时，一般强度的混凝土甚至钢筋等材料亦会遭到空蚀破坏。

导致空蚀破坏的原因是多方面的，包括设计方面如过流面不合理、施工方面的过流面不平整和运行管理方面的闸门开启不当、维修不及时等。由于过流面平整度欠佳而导致空蚀发生的工程实例较多，应该注意。国内外对此研究得比较充分，许多国家和工程都制定了相应的过流面不平整度允许标准，有关科研部门还从理论上进行了研究，提出了控制标准。

过流面不平整缺陷包括表面轮廓线走样、升坎、跌坎、局部凸凹和蜂窝麻面、残留钢筋头等。

近年来关于掺气免蚀的研究获得了突破性进展，通过掺气可以降低过流面平整度控制标准，这对高速泄水建筑物而言，不仅是项新技术，而且也具有重要的经济意义。

2.8.3.1　缺陷分类及检查方法

过流面不平整缺陷大致可分为3大类。

(1) 表面轮廓线走样。主要因施工测量放线不准及模板滑动所致，一般可达数厘米至数十厘米。

此类缺陷的检查，目前主要靠陆地摄影和激光测量，测点间距根据不同部位从0.25～2.5m不等。

(2) 升坎、跌坎、局部突起和蜂窝麻面。这类缺陷主要因施工中模板错位等原因造成的，是整平处理的主要内容。检测方法主要凭目测配合1m直尺测读。

(3) 表面残留物。常见的有钢筋头、砂浆块和砂浆帘等残留物。

2.8.3.2　整平处理方法

1. 升坎的凿除和磨平

根据平整度控制标准，对升坎高度超过标准要求的，先以风镐凿除，预留0.5～1.0cm保护层，再用手持电动砂轮研磨平整；对凿除超标准的凹坑，不得用锤击、斧砍，只能用砂轮磨平。葛洲坝工程处理升坎的施工方法如图2.8.1所示。

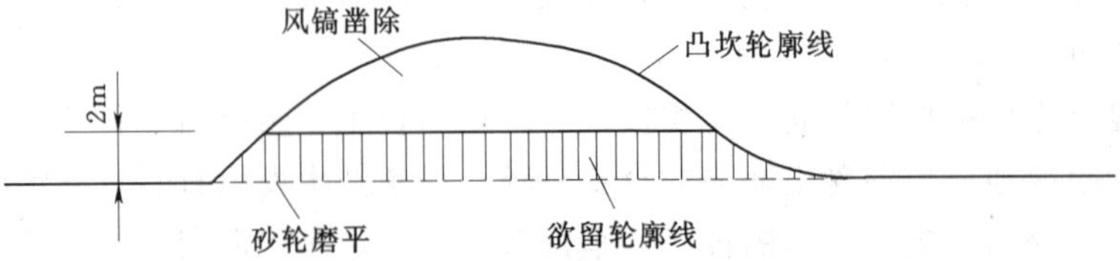

图2.8.1　升坎凿磨示意图

2. 蜂窝、麻面的凿除和填补

对数量集中、超过规定的蜂窝、麻面，先进行凿除（凿除的深度由所选用的修补材料类型决定），再将填补面清洗干净，涂刷相应的黏结剂或砂浆，补后压实抹平。

对超标准的气泡，先凿成深度不小于2cm的坑，再以预缩砂浆填补，若用环氧砂浆填补，凿深应不少于1cm。一般尽量采用水泥类高强砂浆修补，因为这类材料价廉、易取、方便、无毒、耐久性好。

对上述两类缺陷的处理原则是："多磨少补、宁磨不凿"，尽量不损坏建筑物表面混凝土的完整性，以确保工程质量。

3. 凹陷部位的填补

修补材料选择的原则是：①应与被补基材的变形性能（如弹模和线膨胀系数）和力学性能相一致；②经济，安全，耐久性好，③方便施工，④外观颜色协调，满足美观要求。

根据上述原则，宜选用水泥类材料，如预缩砂浆、水泥石英砂浆等；其次选用水泥改性砂浆，如氯一偏聚合物改性水泥砂浆等；环氧及其他高分子聚合物砂浆宜用于重要部位，一般尽量少用，不宜在大面积范围内应用。

2.8.3.3　掺气后降低不平整度控制标准的工程实例

1. 丰满水电站

东北勘测设计研究院水科所于1980年曾在丰满水电站溢流坝进行过人工突体有、无掺气挑坎的原型对比试验。溢流坝试验孔宽11.5m，过流宽度内半孔设掺气坎，另一半不设。在设坎部位以下的坝面浇了两个混凝土突体。经泄水后检查，上游无掺气坎的突体发现了空蚀痕迹，而上游有掺气坎的突体则完好无损。

2. 乌江渡水电站

乌江渡水电站于1982年进行大规模综合性掺气减蚀原型试验，分别在左岸泄洪洞和滑雪式溢洪道上设置数个人工不平整突体，以检验各泄水建筑物上所设掺气槽的减蚀效果。

（1）左岸滑雪溢洪道。放水前在其反弧段末端设置8个人工突体，迎水面垂直，高度2.5～6.0cm。泄水时突体最大水头98m，单宽流量56.85～163.08m^3/s，历时10.5h。该断面最大流速43.18m/s，实测掺气浓度6.4%。泄水后检查，无空蚀发生。

（2）左岸泄洪洞设有掺气槽一道。为检验掺气减蚀效果，在反弧段鼻坎末端设置4个人工突体，迎水面垂直，高2.5～4.0cm。试验放水历时30.7h，突体处最大水头94.64m，最大单宽流量236.11m^3/s。泄水后经检查，高3～4cm突体后发现了轻微空蚀麻面，而高25cm的突体后则无空蚀现象。

2.8.4　空蚀处理

高速水流作用的水工混凝土过流面，由于设计形式不合理、表面不平整、工程质量差或运行管理不善等原因，常常遭受空蚀破坏。从已发生的空蚀破坏看，一般发生在泄水建筑物的反弧段、消能工表面和门槽等部位。

我国的水利水电工程，随着坝高、流速、水头、库容、发电量等逐渐增高而发生的冲磨、空蚀破坏事例也不断增多，现在就空蚀产生原因、防蚀措施和运用效果等方面举例如下。

2.8.4.1 空蚀破坏机理及其防止措施

1. 空蚀破坏机理

空蚀是一种复杂的水流动力现象，其发生的机理是：当高速水流（流速大于12～15m/s）通过泄水建筑物表面时，由于过水边界条件的突变，水流产生涡流和分离现象，使局部流速加大，压力降低，当水流质点压力降至相应水温下的蒸汽压力时，水质点就会汽化成气泡。当这些气泡被水流带到下游高压区时，因受到周围水体的压缩而突然溃灭，瞬间产生巨大冲击力。若此现象发生在固体边界处，会对建筑物表面产生巨大的破坏力，导致水工混凝土表面被冲击而剥蚀，形成凹坑，再逐步扩大成洞穴。

2. 减免空蚀的主要措施

减免空蚀发生的措施涉及设计方面、施工方面和运行管理方面，以及掺气减蚀等。

（1）设计方面。设计方面的措施主要是通过模型试验，力求找出一条适应性最强、最合理的曲线型式。也就是说，按照有关设计方法算出的泄水表面曲线，必须经过水工模型试验加以验证和修正。严格地讲，选定的一条过流面曲线，只能与某一水流曲线完全吻合，当河流流量发生变化时，建筑物上定型曲线并不都能适应，因此强调多做模型试验，而且试验比例在条件许可下，尽量接近原型，这样找出的曲线，适应性较强。

（2）施工方面。施工方面的措施主要是控制泄流面不平整度，清除泄流面残留物和钢筋头，以达到过流面平顺，消除局部水流漩涡。

（3）运行管理方面。运行管理方面的措施主要是避免闸门不规则小开度启用和局部间隔开启所造成的单宽流量集中和超标准泄水及流态恶化。为此，必须制订严格的操作规程，按规程操作和管理。

（4）掺气减蚀。据有关资料报道，在泄水建筑物上利用掺气减蚀措施，效果显著。我国黄龙滩和新安江、乌江渡等水电站，均采用了此措施，减蚀效果良好。新安江电站为减轻鼻坎侧面发生空蚀，在各个高坎中设有ϕ28cm的通气孔，泄洪时可看到气孔有喷水及补气现象，证明减蚀效果显著。

（5）采用抗空蚀材料防蚀。对容易发生空蚀破坏的部位，可采用高抗空蚀材料砌筑或作空蚀后的修复，亦是减蚀、抗蚀的措施之一。

从抗空蚀的目的出发，一级配混凝土为最好，混凝土水灰比应控制在0.4～0.45，混凝土标号一般在C30以上。

高强水泥砂浆具有较高的抗空蚀能力（主要是该材料的均匀性较混凝土好）。如陆水水电站用C30预缩砂浆修补护坦空蚀坑、碧口电站泄洪洞内用C50水泥砂浆处理混凝土缺陷，均收到良好效果。

铸石板具有很高的抗空蚀能力，但必须砌筑密实，否则易被整体掀掉。

环氧砂浆等高分子有机材料的抗空蚀强度也很高，但由于价高、有毒等原因，只能用于局部填补。

综上所述，最有发展前途的抗空蚀材料应推高标号混凝土和水泥砂浆、改性水泥砂浆等价廉、方便施工的水泥系列材料。钢纤维混凝土的整体性和抗冲击韧性优于普通混凝土，国内外均有用以修复空蚀坑的工程实例。至于浸渍混凝土类，由于施工工艺十分复杂，造价高，尽管国外已有应用于空蚀坑修复的工程实例，但我国应用于工程的实例尚少。

2.8.4.2　空蚀处理工程实例

1. *柘溪溢流坝差动式挑流鼻坎*

柘溪水电站大坝为单支墩溢流式大头坝，溢流坝共分 9 孔，每孔净宽 12m，坝下消能工采用矩形差动式鼻坎，高坎宽 4.6m，反弧半径 11m，出射角 40°。

1961～1962 年施工期间，原矩形鼻坎即发生空蚀，当时鼻坎最大单宽泄量仅 28～58m³/s，泄水 4h 后即发现 1～6 号坝段的 12 个高坎中，23 个侧面发生空蚀破坏，总面积达 23.65m²，冲断钢筋 11 根，其中 3 号坝段右坎左侧空蚀最严重，蚀深达 1.1m。

1963 年将矩形鼻坎改建为梯形。1964 年，当堰顶单宽流量达 49.2m³/s 时，梯形鼻坎亦发生了空蚀，并逐年有所发展。

对空蚀坑的修复，1967 年在鼻坎上涂抹环氧橡皮粉胶泥、环氧砂浆粘贴橡皮板现场试验，但效果不够理想。1973～1976 年，又在鼻坎上进行了辉绿岩铸石板、硅锰渣铸石板以及环氧砂浆、呋喃砂浆、预缩水泥砂浆和钢板等多种材料的抗空蚀试验。结果证明，辉绿岩铸石板抗空蚀性能良好。

鼻坎形式由矩形改为梯形后，仍不能适应高速水流的绕流条件，在一定的流量下仍会

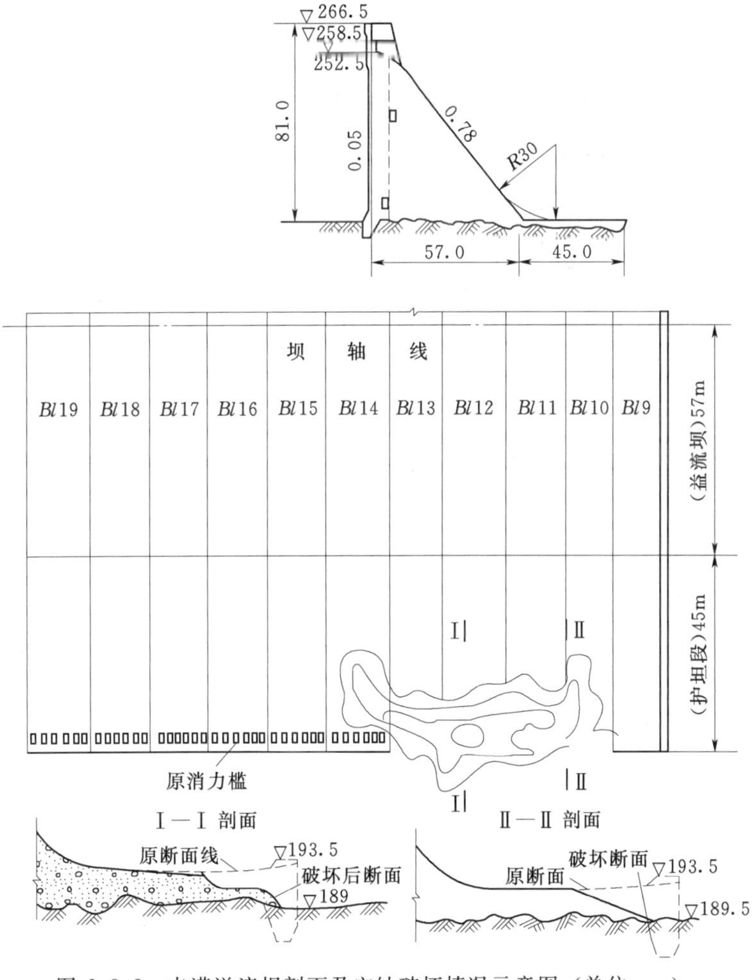

图 2.8.2　丰满溢流坝剖面及空蚀破坏情况示意图（单位：m）

发生空蚀破坏。

1978年又进行控制挑角差及其局部体型改善的试验，经历接近千年一遇洪水泄洪考验，鼻坎未再发生空蚀破坏。

2. 丰满溢流坝及护坦

丰满电站溢流坝段全长149m，11个溢流孔，孔口尺寸为6m×12m。该工程建于新中国成立前，工程质量差（含设计不合理和施工质量低劣）。

丰满溢流坝于1945年开始泄流，至1949年汛后调查时，即发现护坦上空蚀面积达1541m^2，最大坑深4.2m，长72m，消力槛被毁。1950年过坝流量达2581m^3/s，空蚀面积达1600m^3，最大坑深达4.5m（图2.8.2）。

空蚀发生后，大坝于1951～1953年进行了修复和改建，消力坎由原八角棱台改为差动式，提高混凝土标号，但因坝面施工平整度控制较差，坝下仍有空蚀现象发生。

为摸清空蚀破坏的规律性，1963～1975年对坝面存在的不平整度进行了全面调查，共发现鼻坎上有234个模板接头处形成起伏，并对347个点进行了空蚀破坏调查。调查发现前突起形和三角形空蚀最严重，小三角尖体次之，后凹下最轻。

与此同时，又统计了位于护坦上的603个钢筋头，除顺水流方向弯曲的85个未发生空蚀外，其余518处均发生了不同程度的空蚀破坏。

调查结果表明，溢流坝与护坦连接的反弧段普遍产生了空蚀破坏，这是由于此处流速达到25～35m/s，是整个溢流面上空穴指数最低的地区。

溢流坝坝顶、直线段、护坦和鼻坎段均发生空蚀坑，后一段时间处于稳定状态，最大蚀深仅5～10cm，亦未再扩大。

学生工作任务书

<table>
<tr><td>课程名称</td><td colspan="2">水工建筑物监测与维护</td><td>项目二</td><td colspan="3">混凝土及砌石坝的监测与维护</td></tr>
<tr><td>班级</td><td></td><td>姓名</td><td></td><td>日期</td><td></td><td>学时</td><td>13</td></tr>
<tr><td>工作内容与目标</td><td colspan="7">①混凝土坝的病害类型；
②混凝土坝变形观测的方法；
③混凝土和浆砌石坝日常养护的内容；
④混凝土建筑物表层损坏的类型、原因和修补方法；
⑤增加重力坝稳定性的措施；
⑥混凝土和浆砌石坝裂缝、渗漏的类型、成因及处理方法；
⑦水工建筑物混凝土缺陷的种类和处理</td></tr>
<tr><td>工作步骤</td><td colspan="7">①老师布置任务；
②学生收集资料、学习资料；
③学生到水工管理仿真实训场进行各项实操训练；
④老师评价、总结；
⑤学生总结、自评、互评</td></tr>
<tr><td>提交成果</td><td colspan="7">①强化训练；
②实操成果；
③总结报告</td></tr>
<tr><td>考核要点（知识、技能、态度）</td><td colspan="7">①混凝土及砌石坝安全监测各种方法的应用；
②观测点的布置，观测资料的整理分析；
③混凝土及砌石坝日常检查和养护的内容；
④能够对混凝土及砌石建筑物各种病害做出判断并能根据实际情况选择较合适的措施；
⑤能处理空蚀、表面不平整等混凝土缺陷；
⑥自主学习能力和分析能力，善于总结经验和创新；
⑦工作责任感和团结协作精神</td></tr>
<tr><td>考核方式</td><td colspan="7">①知识考核采用笔试、现场提问；
②技能考核依据实际操作情况和分析报告</td></tr>
<tr><td rowspan="3">工作评价</td><td colspan="6">教师评价：</td><td>签名：</td></tr>
<tr><td colspan="6">自评：</td><td>签名：</td></tr>
<tr><td colspan="6">小组内同学互评：</td><td>签名：</td></tr>
</table>

强　化　训　练

一、填空题

1. 混凝土坝常见的病害是__________、__________、__________。

2. 混凝土坝变形观测的项目有__________、__________、__________等。

3. 正垂线法用来观测混凝土及砌石坝的__________，观测原理是________________。

4. 增强重力坝抗滑稳定性的措施有__________、__________、__________等。

二、名词解释

1. 引张线法

2. 应力

3. 基础扬压力

三、简答题

1. 混凝土坝巡视检查的内容有哪些？测量混凝土建筑物裂缝有哪些方法？是怎样测出裂缝变化的？

2. 混凝土及浆砌石坝巡视检查的主要内容有哪些？

3. 简述正垂线法和倒垂线法的区别。

4. 混凝土坝的裂缝分为哪几种？修补措施有哪些？

5. 混凝土及浆砌石坝日常养护的主要内容有哪些？

6. 混凝土及浆砌石坝常见的病害有哪些？其主要原因是什么？

7. 混凝土及浆砌石坝渗漏有哪些形式？有何危害？

8. 混凝土及浆砌石坝渗漏处理的原则是什么？渗漏处理的方法有哪些？

9. 观测扬压力测压管水位的方法有哪些？是怎样测出坝基扬压力的？

10. 混凝土坝的应力、应变观测如何布置测点?

11. 水工建筑物混凝土缺陷主要有哪些?如何预防?

项目3 水闸的养护与修理

学习情境3.1 认 识 水 闸

水闸是一种低水头的水工建筑物，兼有挡水和泄水的作用，用以调节水位、控制流量，以满足水利事业的各种要求。

3.1.1 水闸的种类

1. 按水闸所承担的任务分类（图3.1.1）

（1）进水闸。进水闸是用来从河道、湖泊、水库引取水流，一般建于引水渠道的首部。

（2）节制闸（或拦河闸）。拦河或在渠道上建造。枯水期用以拦截河道，抬高水位，以利上游取水或航运要求；洪水期则开闸泄洪，控制下泄流量。位于河道上的节制闸称为拦河闸。

（3）进水闸。建在河道、水库或湖泊的岸边，用来控制引水流量，以满足灌溉、发电或供水的需要。进水闸又称取水闸或渠首闸。

（4）分洪闸。常建于河道的一侧，用来将超过下游河道安全泄量的洪水泄入预定的湖泊、洼地，及时削减洪峰，保证下游河道的安全。

（5）排水闸。排水闸常建在江河沿岸堰区低洼地区排水渠道末端，用以排除低洼地区的积水。在外河水位高于内河水位时，关闸挡水，防止外水倒灌，在枯水期则关闸蓄水或引外河水灌溉。因此，排水闸往往具有双向挡水、双向过水的特点。

（6）挡潮闸。建在入海河口附近，涨潮时关闸不使海水沿河上溯，退潮时开闸泄水。挡潮闸具有双向挡水的特点。

（7）排沙闸、排冰闸、排污闸。为排除泥沙、冰块、漂浮物等而设置的。

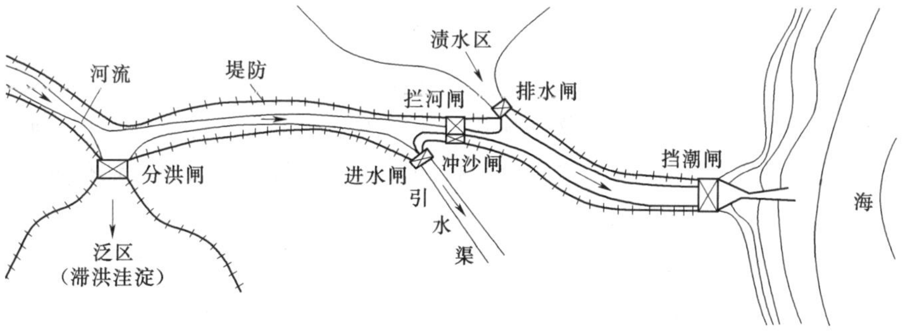

图3.1.1 闸的类型及位置示意图

2. 按闸室结构形式分类

（1）开敞式水闸。闸室上面是露天的，上面没有填土（图3.1.2）。当引（泄）水流量较大、渠堤不高时，常采用开敞式水闸。

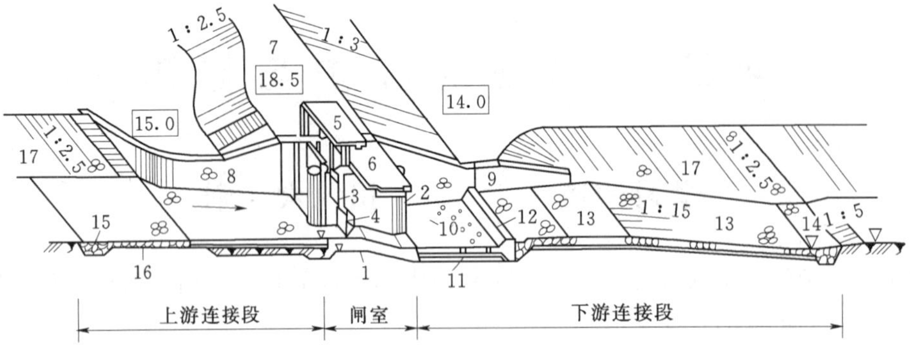

图 3.1.2 开敞式水闸及组成

1—闸室底板；2—闸墩；3—胸墙；4—闸门；5—工作桥；6—交通桥；7—堤顶；
8—上游翼墙；9—下游翼墙；10—护坦；11—排水孔；12—消力坎；13—海漫；
14—下游防冲槽；15—上游防冲槽；16—上游护底；17—上、下游护坡

一般有泄洪、排水、过木等要求时，多采用不带胸墙的开敞式水闸，多用于拦河闸、排冰闸等；当上游水位变幅大，而下泄流量又有限制时，为避免闸门过高，常采用带胸墙的开敞式水闸，如进水闸、排水闸、挡潮闸多用这种形式。

(2) 涵洞式水闸。闸（洞）身上面填土封闭的水闸，又称封闭式水闸，主要建在渠堤较高，引水流量较小的渠堤之下，闸室后有洞身段。洞身上面填土作为路基。根据水力条件的不同，涵洞式可分为有压的和无压的两种。

3.1.2 水闸的组成

水闸由闸室和上游连接段、下游连接段3部分组成（图3.1.2）。

(1) 上游连接段。上游连接段的主要作用是引导水流平稳地进入闸室，同时起防冲、防渗、挡土等作用。一般包括上游翼墙、铺盖、护底、两岸护坡及上游防冲槽等。上游翼墙的作用是引导水流平顺地进入闸孔并起侧向防渗作用。铺盖主要起防渗作用，其表面应满足抗冲要求。护坡、护底和上游防冲槽（齿墙）的作用是保护两岸土质、河床及铺盖头部不受冲刷。

(2) 闸室段。闸室段是水闸的主体部分，通常包括底板、闸墩、闸门、胸墙、工作桥及交通桥等。底板是闸室的基础，承受闸室全部荷载，并较均匀地传给地基，此外，还有防冲、防渗等作用。闸墩的作用是分隔闸孔并支承闸门、工作桥等上部结构。闸门的作用是挡水和控制下泄水流。工作桥供安置启闭机和工作人员操作之用。交通桥的作用是连接两岸交通。

(3) 下游连接段。下游连接段具有消能和扩散水流的作用。一般包括护坦、海漫、下游防冲槽、下游翼墙及护坡等。下游翼墙引导水流均匀扩散兼有防冲及侧向防渗等作用。护坦具有消能防冲作用。海漫的作用是进一步消除护坦出流的剩余动能、扩散水流、调整流速分布、防止河床受冲。下游防冲槽是海漫末端的防护设施，避免冲刷向上游扩展。

3.1.3 水闸的工作特点

水闸是既挡水又过流的低水头水工建筑物，大多建于河流中下游平原地区的软土地基

上。水闸因闸基土壤中常夹有压缩性大、承载力低的软弱夹层，容易产生较大的沉陷或不均匀沉陷，轻则影响水闸的正常使用，重则危及水闸的安全。另外，水闸的水头低且变幅大，下泄水流佛汝德数低，消能不充分，土壤抗冲能力又很低，故闸下冲刷比较普遍。还有在闸基和两岸连接部分因水头差引起的渗流，对闸的稳定不利，也可能引起有害的渗透变形。水闸的工作特点表现为如下 4 个方面：

(1) 稳定方面。关门挡水时，水闸上下游较大的水头差造成较大的水平推力，使水闸有可能沿基面产生向下游的滑动，为此，水闸必须具有足够的重力，以维持自身的稳定。

(2) 防渗方面。由于上下游水位差的作用，水将通过地基和两岸向下游渗流。渗流会引起水量损失，同时地基土在渗流作用下，容易产生渗透变形。严重时闸基和两岸的土壤会被淘空，危及水闸安全。渗流对闸室和两岸连接建筑物的稳定不利。因此，应妥善进行防渗设计。

(3) 消能防冲方面。水闸开闸泄水时，在上下游水位差的作用下，过闸水流往往具有较大的动能，流态也较复杂，而土质河床的抗冲能力较低，可能引起冲刷。此外，水闸下游常出现波状水跃和折冲水流，会进一步加剧对河床和两岸的淘刷。因此，设计水闸除应保证闸室具有足够的过水能力外，还必须采取有效的消能防冲措施，以防止河道产生有害的冲刷。

(4) 沉降方面。土基上建闸，由于土基的压缩性大，抗剪强度低，在闸室的重力和外部荷载作用下，可能产生较大的沉降影响正常使用，尤其是不均匀沉降会导致水闸倾斜，甚至断裂。在水闸设计时，必须合理地选择闸型、构造，安排好施工程序，采取必要的地基处理等措施，以减少过大的地基沉降和不均匀沉降。

学习情境 3.2　水闸的操作运用和日常养护

3.2.1　水闸的操作

1. 闸门的操作运用原则

(1) 按照有关规定和协议合理运用；综合利用水资源；局部服从全局，全局照顾局部，兴利服从防洪、统筹兼顾；与上下游和相邻有关工程密切配合运用。

(2) 工作闸门可以在动水情况下启闭；检修闸门一般在静水情况下启闭；船闸的工作闸门应在静水情况下启闭。

2. 闸门启闭前的准备工作

(1) 严格执行启闭制度。管理机构对闸门的启闭，应严格按照控制运用计划及负责指挥运用的上级主管部门的指示执行。对上级主管部门的指示，管理机构应详细记录，并由技术负责人确定闸门的运用方式和启闭次序，按规定程序下达执行。操作人员接到启闭闸门的任务后，应迅速做好各项准备工作。当闸门的开度较大，其泄流或水位变化对上下游有危害或影响时，必须预先通知有关单位，做好准备，以免造成不必要的损失。

(2) 认真进行检查工作

1) 闸门的检查。闸门的开度是否在原定位置；闸门的周围有无漂浮物卡阻，门体有无歪斜，门槽是否堵塞；冰冻地区，冬季启闭闸门前还应注意检查闸门的活动部分有无冻结现象。

2）启闭设备的检查。启闭闸门的电源或动力有无故障；电动机是否正常，相序是否正确；机电安全保护设施、仪表是否完好；机电转动设备的润滑油是否充足，特别注意高速部位（如变速箱等）的油量是否符合规定要求；牵引设备是否正常。如钢丝绳有无锈蚀、断裂，螺杆等有无弯曲变形，吊点结合是否牢固；液压启闭机的油泵、阀、滤油器是否正常，油箱的油量是否充足，管道、油缸是否漏油。

3）其他方面的检查。上下游有无船只、漂浮物或其他障碍物影响行水等情况；观测上下游水位、流量、流态。

3. 闸门的操作运用

（1）工作闸门的操作。闸门操作运用的基本要求：过闸流量必须与下游水位相适应，使水跃发生在消力池内。可根据实测的闸下水位一安全流量关系图表进行操作；过闸水流应平衡，避免发生集中水流、折冲水流、回流、漩涡等不良流态；关闸或减少过闸流量时，应避免下游河道水位降落过快；避免闸门停留在发生振动的位置运用。

（2）多孔水闸的闸门操作运用应符合：①多孔水闸闸门应按设计提供的启闭程序或管理运用经验进行操作运行，一般应同时分级均匀启闭，不能同时启闭的，应由中间孔向两边依次对称开启，由两边向中间依次对称关闭；②多孔挡潮闸闸下河道淤积严重时，可开启单孔或少数孔闸门进行适度冲淤，但必须加强监视，严防消能防冲设施遭受损坏；③双层孔口或上、下扉布置的闸门，应先开启底层或下扉的闸门，再开启上层或上扉的闸门，关闭时顺序相反。

（3）涵洞式水闸的闸门操作：应避免洞内长时间处于明满流交替状态。

4. 启闭机的操作

（1）电动及手、电两用卷扬式、螺杆式启闭机的操作。

1）电动启闭机的操作程序，凡有锁定装置的，应先打开锁定装置，后合电器开关。当闸门运行到预定位置后，及时断开电器开关，装好锁锭，切断电源。

2）人工操作手、电两用启闭机时，应先切断电源，合上离合器，方能操作。如使用电动时，应先取下摇柄，拉开离合器后，才能按电动操作程序进行。

（2）液压启闭机操作。

1）打开有关阀门，并将换向阀扳至所需位置。

2）打开锁定装置，合上电器开关，启动油泵。

3）逐渐关闭回油控制阀升压，开始运行闸门。

4）在运行中若需改变闸门运行方向，应先打开回油控制阀至极限，然后扳动换向阀换向。

5）停机前，应先逐步打开回油阀，当闸门达到上、下极限位置，而压力再升时，应立即将回油控制阀升至极限位置。

6）停机后，应将换向阀扳至停止位置，关闭所有阀门，锁好锁锭，切断电源。

5. 水闸操作运用应注意的事项

（1）在操作过程中，不论是遥控、集中控制或机旁控制，均应有专人在机旁和控制室进行监护。

（2）启动后应注意：启闭机是否按要求的方向动作，电器、油压、机械设备的运用是否良好；开度指示器及各种仪表所示的位置是否准确；用两部启闭机控制一个闸门的是否同步启闭。若发现当启闭力达到要求，而闸门仍固定不动或发生其他异常现象时，应立即停机检查处理，不得强行启闭。

(3) 闸门应避免停留在容易发生振动的开度上。如闸门或启闭机发生不正常的振动、声响等，应立即停机检查。消除不正常现象后，再行启闭。

(4) 使用卷扬式启闭机关闭闸门时，不得在无电的情况下，单独松开制动器降落闸门(设有离心装置的除外)。

(5) 当开启闸门接近最大开度或关闭闸门接近闸底时，应注意闸门指示器或标志，应停机时要及时停机，以避免启闭机械损坏。

(6) 在冰冻时期，如要开启闸门，应将闸门附近的冰破碎或融化后，再开启闸门。在解冻流冰时期泄水时，应将闸门全部提出水面，或控制小开度放水，以避免流冰撞击闸门。

(7) 闸门启闭完毕后，应校核闸门的开度。

3.2.2　水闸的日常养护

1. 闸门的日常养护

(1) 闸门门叶清洁，无水生物、杂草和污物附着，要经常清理闸门上附着的水生物和杂草污物等，避免钢材腐蚀，保持闸门清洁美观，运用灵活。要经常清理门槽处的碎石、杂物，以防卡阻闸门，造成闸门开度不足或关闭不严。

(2) 严禁水闸的超载运行。严禁在水闸上堆放重物，以防引起地基不均匀沉陷或闸身裂缝。

(3) 闸门面板及主要构件无明显的局部变形、裂纹或断裂，采取有效的防腐措施，防腐涂膜无破损、裂纹、生锈、鼓包、脱落等现象。要注意发现门叶变形、杆件弯曲或断裂及空蚀等病害，发现问题应及时处理。

(4) 支承行走装置是闸门升降时的主要活动和支承部件，支承行走装置常因维护不善而引起不正常现象，如滚轮锈死，由滚动摩擦变为滑动摩擦，压合胶木滑块变形，增大摩擦系数等。对支承行走装置的养护工作，除防止压合胶木滑块劈裂变形及表面保持一定光滑度外，主要是加强润滑和防锈。

(5) 闸门止水完好，无破损、老化，设计水头下每米长度渗漏量不大于 0.2L/s，止水橡皮适时调整，门后无水流散射现象。水封养护工作主要是及时清理缠绕在水封上的杂草、冰凌或其他障碍物，及时拧紧或更换松动锈蚀的螺栓，定期调整橡胶水封的预压缩量，使松紧适当；打磨或涂抹环氧树脂于水封座的粗糙表面，使之光滑平整；对橡皮水封要做好防老化措施，如涂防老化涂料；木水封要做好防腐处理，金属水封要做好防锈蚀工作等。

(6) 闸门工作时，往往由于水封漏水，开度不合理、波浪冲击、闸门底缘型式不好或门槽型式不适当等，均容易使闸门发生振动。振动过大，就容易使闸门结构遭受破坏。因此，在日常养护过程中，一旦发现闸门有异常振动现象，应及时检查，找出原因，采取相应的处理措施。

(7) 闸门各部位的紧固部件无松动和损坏；所有运转部位润滑完好、油路通畅、油量适中、油质合格。闸门埋件防腐涂层无脱落，埋件的二期混凝土无破损小孔洞。

2. 启闭机的日常养护

（1）启闭机金属结构表面卫生清洁，无铁锈、氧化皮、焊渣、油污、灰尘、锈迹及掉漆。

（2）启闭机各传动部位润滑良好，黄油杯注满，定期加油；齿轮箱加注符合规范的齿轮油，并保持在油尺标线位置。启闭机齿轮箱各轴头、检查孔等无漏油、渗油现象。

（3）启闭机的连接件保持紧固，无松动现象，启闭机制动装置整洁、无污物，工作灵活、可靠，刹紧时无滑动、冒烟、噪音等现象，制动带与制动轮接触面积不小于总面积的75%，启闭机机械限位装置运行可靠，动作准确。

（4）启闭机运行时各机械部件均无冲击声和其他杂音。电动机工作时无异常响声，三相电流不平衡率在±10%以内，电动机绝缘电阻大于0.5MΩ。启闭机金属结构有良好的接地，其接地电阻不大于4Ω。

（5）启闭机钢丝绳经常涂抹防水油脂，定期清洗保养，无油污、锈蚀、断丝、硬弯、松股、缠绕等缺陷，钢丝绳在任何部位均不得与其他部件相摩擦，钢丝绳端部固定连接符合规定，端部固定压板无裂纹、变形等缺陷，压板数量不少于3个，连接强度不小于钢丝绳破断拉力的85%。

（6）启闭机滑动轴承的轴瓦、轴颈无划痕或拉毛，轴与轴瓦配合间隙符合规定；滚动轴承的滚子及其配件无损伤、变形或严重磨损，各滑轮组转动灵活，轴承工作时无噪音、发热，轴承室注入占其80%容量的钙基油脂，滑轮磨损量不超过有关标准。

3. 其他日常养护工作

（1）定期清理机房、机身、闸门井、操作室以及照明设施等，并要充分通风。

（2）拦污栅必须定期进行清污，特别是水草和漂浮物多的河流上更应注意。在多泥沙河流上的闸门，为了防止门前大量淤积，影响闸门启闭，要定期排沙，并防止表面磨损。

（3）备用照明、通信、避雷设备等要经常保持完好状态。

3.2.3 水闸的检查

水闸检查工作，应包括经常检查、定期检查、特别检查和安全鉴定。

经常检查：水闸管理单位应经常对建筑物各部位、闸门、启闭机、机电设备、通信设施、管理范围内的河道、堤防、拦河坝和水流形态等进行检查。检查周期，每月不得少于一次。当水闸遭受到不利因素影响时，对容易发生问题的部位应加强检查观察。

定期检查：每年汛前、汛后或用水期前后，应对水闸各部位及各项设施进行全面检查。汛前着重检查岁修工程完成情况，度汛存在问题及措施；汛后着重检查工程变化和损坏情况，据以制订岁修工程计划。冰冻期间，还应检查防冻措施落实及其效果等。

特别检查：当水闸遭受特大洪水、风暴潮、强烈地震和发生重大工程事故时，必须及时对工程进行特别检查。

安全鉴定：水闸投入运用后，每隔15～20年应进行一次全面的安全鉴定；当工程达折旧年限时，亦应进行一次；对存在安全问题的单项工程和易受腐蚀损坏的结构设备，应根据情况适时进行安全鉴定。

经常检查和定期检查应包括以下内容：

(1) 土工建筑物有无雨淋沟、塌陷、裂缝、渗漏、滑坡和白蚁、害兽等；排水系统、导渗及减压设施有无损坏、堵塞、失效；堤闸连接段有无渗漏等迹象。

(2) 石工建筑物块石护坡有无塌陷、松动、隆起、底部淘空、垫层散失；墩、墙有无倾斜、滑动、勾缝脱落；排水设施有无堵塞、损坏等现象。

(3) 混凝土建筑物（含钢丝网水泥板）有无裂缝、腐蚀、磨损、剥蚀、露筋（网）及钢筋锈蚀等情况；伸缩缝止水有无损坏、漏水及填充物流失等情况。

(4) 水下工程有无冲刷破坏；消力池、门槽内有无砂石堆积；伸缩缝止水有无损坏；门槽、门坎的预埋件有无损坏；上下游引河有无淤积、冲刷等情况。

(5) 闸门有无表面涂层剥落、门体变形、锈蚀、焊缝开裂或螺栓、铆钉松动；支承行走机构是否运转灵活；止水装置是否完好等。

(6) 启闭机械是否运转灵活、制动准确，有无腐蚀和异常声响；钢丝绳有无断丝、磨损、锈蚀、接头不牢、变形；零部件有无缺损、裂纹、磨损及螺杆有无弯曲变形；油路是否通畅，油量、油质是否合乎规定要求等。

(7) 机电设备及防雷设施的设备、线路是否正常，接头是否牢固，安全保护装置是否动作准确可靠，指示仪表是否指示正确、接地可靠，绝缘电阻值是否合乎规定，防雷设施是否安全可靠，备用电源是否完好可靠。

(8) 水流形态应注意观察水流是否平顺，水跃是否发生在消力池内，有无折冲水流、回流、漩涡等不良流态；引河水质有无污染。

3.2.4　水闸的观测

水闸的观测项目主要有水位、流量、沉陷、裂缝、扬压力、上下游引河及护坦的冲刷和淤积等。根据工程具体情况，还可设置倾斜、水平位移、地基深层沉降、结构振动、闸下流态，结构应力、地基反力、墙后土压力等专门性观测项目。

水闸的沉陷标点可布置在闸室和岸墙、翼墙底板的端点和中点。标点先埋设在底板面层，放水前再转接到上部结构上，以便施工期间的观测。在标点安设后应立即进行观测，然后根据施工期不同荷载阶段分别进行观测。水闸竣工放水前、后应各观测一次，在运用期则根据情况定期观测，直至沉陷稳定时为止。

裂缝的检查和观测应在水闸施工期和运用期经常进行，观测范围一般为结构主要受力部位和有防渗要求的部位。扬压力观测可埋设测压管或渗压计进行。测点通常布置在地下轮廓线有代表性的转折处，测压断面不少于两个，每个断面上的测点不少于三个，如图 3.2.1 所示。侧向绕渗观测的测点可设在岸墙、翼墙的填土侧。对于水位变化频繁或黏性土地基上的水闸，应尽量采用渗压计。扬压力观测的时间和次数根据上下游水位变化情况确定。

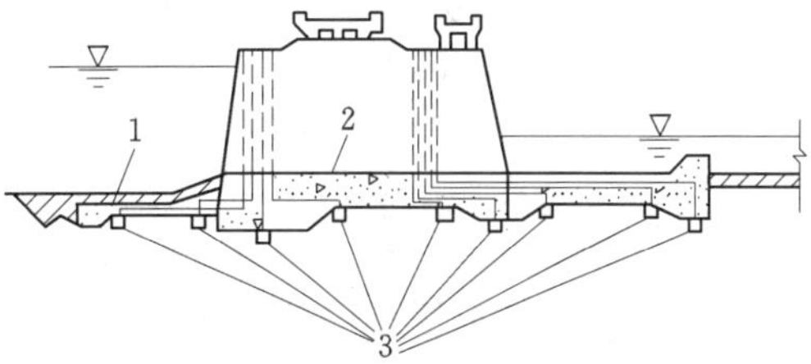

图 3.2.1　水闸闸基扬压力测点布置示意图

1—铺盖；2—底板；3—测压管进水管段

3.2.5　水闸工程运行管理考核

根据水利工程管理考核工作手册，水闸工程运行管理考核标准见表 3.2.1。

表 3.2.1 水闸工程运行管理考核标准

项　目	考核内容	标准分	赋分原则
管理细则	根据《水闸技术管理规程》，结合工程具体情况，制定技术管理实施细则	30	未制订技术管理实施细则扣30分；虽制定技术管理实施细则，但未经上级主管部门批准扣10分
技术图表	水闸平、立、剖面图，电气主结线图，启闭机控制图，主要技术指标表，主要设备规格、检修情况表等齐全，并在适宜位置明示	30	每缺一项图表扣5分；未明示扣10分
经常检查	经常对建筑物各部位、设施和管理范围内的河道、堤防、拦河坝等进行检查。检查周期，每月不得少于一次	20	检查内容每缺一项扣2分，未按规定周期检查扣5分
定期检查	每年汛前、汛后或用水期前后，对水闸各部位及各项设施进行全面检查	20	未按规定进行定期检查扣10分，检查内容不全面，每缺一项扣2分
特别检查	当水闸遭受特大洪水、风暴潮、台风、强烈地震等和发生重大工程事故时，必须及时对工程进行特别检查	10	遇特别情况未及时进行检查扣10分
工程观测	按规定对水工建筑物进行垂直位移观测、渗透观测及河床变形观测，固定时间、人员、仪器；对资料进行整编分析；根据观测提出分析成果报告；观测设施完好率达90%以上	50	必测项目每缺一项扣10分；观测不符合规定每项次扣5分；资料整编不合格扣10分；无分析成果报告扣5分；设施完好率低于90%，每低5%扣2分
土工建筑物的养护修理	堤（坝）无雨淋沟、渗漏、裂缝等缺陷；岸、翼墙后填土区无跌落、塌陷；河床无严重冲刷和淤积	20	堤（坝）有缺陷扣5分；翼墙后填土区有跌落、塌陷扣5分；河床严重冲刷和淤积扣10分
石工建筑物的养护修理	砌石护坡、护底无松动、塌陷等缺陷；浆砌块石墙身无渗漏、倾斜或错动，墙基无冒水冒沙现象；防冲设施（防冲槽、海漫等）无冲刷破坏；反滤设施、减压井、导渗沟、排水设施等保持畅通	20	护坡、护底有缺陷扣5分；浆砌块石墙身有异常扣5分；防冲设施冲刷破坏扣5分；反滤设施、减压井、导渗沟、排水设施等堵塞扣5分
混凝土建筑物的养护修理	混凝土结构表面整洁，无脱壳、剥落、露筋、裂缝等现象，因地制宜地采取适当的保护措施及时修补；伸缩缝填料无流失	30	混凝土结构表面不整洁扣5分；剥落、露筋等每处扣2分；严重裂缝每处扣4分；伸缩缝填料流失扣5分；未采取保护措施及时修补扣10分
闸门养护修理	钢闸门表面无明显锈蚀；闸门止水装置密封可靠；闸门行走支承零部件无缺陷；钢门体的承载构件无变形；吊耳板、吊座、裂纹或严重锈损；运转部位的加油设施完好、畅通；寒冷地区的水闸，冰冻期间应因地制宜地对闸门采取有效的防冰冻措施	80	闸门出现严重锈蚀每扇扣 $10/n$ 分；闸门漏水超规定每扇扣 $30/n$ 分；闸门行走支承有缺陷每扇扣 $10/n$ 分；承载构件变形每扇扣 $10/n$ 分；连接件损坏每扇扣 $10/n$ 分；加油设施损坏每扇扣 $10/n$ 分；冰冻期间未对闸门采取防冰冻措施扣5分（n 为闸门总数）

续表

项　目	考核内容	标准分	赋分原则
启闭机养护修理	卷扬启闭机：防护罩、机体表面保持清洁；启闭机的连接件保持紧固；传动件的传动部位保持润滑；限位装置灵活可靠；滑动轴承的轴瓦、轴颈无划痕或拉毛，轴与轴瓦配合间隙符合规定；滚动轴承的滚子及其配件无损伤、变形或严重磨损；制动装置动作灵活、制动可靠；钢丝绳经常涂抹防水油脂，定期清洗保养	80	每台启闭机存在一项次缺陷扣10/n分（n为启闭机总台数）
	液压启闭机：油泵、油管系统无渗油现象，供油管和排油管保持色标清晰，敷设牢固；活塞杆无锈蚀、划痕、毛刺；活塞环、油封无断裂、失去弹性、变形或严重磨损；阀组动作灵活可靠；指示仪表指示正确并定期检验；储油箱无漏油现象；工作油液定期化验、过滤，油质和油箱内油量符合规定		油泵、油管系统渗油扣5分；供油管和排油管色标不清晰扣2分；敷设不牢固扣5分；油缸漏油每个扣2分；阀组动作失灵每个扣10分；仪表指示失灵每表扣1分；储油箱漏油扣5分；油质不合格扣10分
机电设备及防雷设施的维护	电动机的外壳保持无尘、无污、无锈，接线盒应防潮，压线螺栓无松动，轴承润滑良好，无松动、磨损，绕组的绝缘电阻值应定期检测；开关箱应经常保持箱内整洁；设置在露天的开关箱应防雨、防潮；各种开关、继电保护装置保持干净，触点良好，接头牢固；主令控制器及限位装置保持定位准确可靠；各种电力线路、电缆线路、照明线路均应防止漏电、短路、断路、虚连等现象，经常清除架空线路上的树障，保持线路畅通，定期测量导线绝缘电阻值；指示仪表及避雷器等均应按供电部门有关规定定期检验；自备电源的柴（汽）油发电机按有关规定定期维护、检修；变压器运行符合有关规定	40	每台电动机出现每项次缺陷扣5/n分；开关箱、开关、继电保护装置每台套每项次缺陷扣10/n分；主令开关及限位开关失灵每个扣10分；线路存在隐患扣5分；仪表及避雷器等未按有关规定检验扣5分；自备电源未按有关规定定期维护、检修扣5分；变压器运行不符合规定扣5分（n为相应设备的总台数）
管理现代化	建立管理现代化发展规划和实施计划；积极采取新技术、新材料、新工艺，积极探索管理创新，增加管理工作科技含量；加强自动监测系统建设，积极推进管理现代化、信息化建设	40	无发展规划和实施计划扣10分；未应用或推广新技术扣10分；无自动监测系统扣10分；未实现计算机自动化控制扣10分
控制运用	制定控制运用计划或调度方案；按水闸控制运用计划或上级主管部门的指令组织实施；按照水闸操作规程运行	30	无控制运用计划或调度方案扣20分；未按计划或指令实施水闸控制运用每次扣10分；违反操作规程每次扣10分

学习情境3.3　水闸的损坏及处理

3.3.1　水闸的裂缝与处理

1. 闸底板、闸墩和胸墙的裂缝与处理

闸底板和胸墙的刚度比较小，适应地基变形的能力较差。因此，很容易由于地基不均匀沉陷引起裂缝。由于地基不均匀沉陷产生的裂缝，在裂缝修补前，首先应采取稳定地基的措施。稳定地基的一种方法是卸载，如将墙后填土的边墩改为空箱结构，或拆除增设的交通桥等，此法适用于有条件进行卸载的水闸；另一种是加固地基，常用的方法是对地基进行补强灌浆，提高地基的承载能力。

另外，由于混凝土强度不足、温差过大或施工质量差等也容易引起闸底板和胸墙裂缝。对于因混凝土强度不足或因施工质量而产生的裂缝，主要应对结构进行补强处理。

闸墩裂缝最常见的是发生在弧形闸门闸墩的牛腿与闸门之间的范围内，多呈铅直向且贯穿闸墩。处理时，多采用预应力拉杆锚固法，一般是沿闸墩主拉应力方向增设高强度预应力钢筋（拉杆），主拉杆的布置应与主拉应力大小、方向相适应，呈扁形分布。主拉杆上游端通过钢板与锚筋连接，下游端穿过牛腿，杆端配置螺帽并施加预应力。为保护拉杆并使表面平整，应将墩石凿成宽、深均为5cm的槽，使拉杆放入其内，张拉后用水泥砂浆抹平。

2. 翼墙和浆砌块石护坡的裂缝与处理

地基不均匀沉陷和墙后排水设备失效是造成翼墙裂缝的两个主要原因。由于不均匀沉陷而产生的裂缝，首先应通过减荷稳定地基，然后再对裂缝进行修补处理。因墙后排水设备失效，应先修复排水设施，再修补裂缝。

浆砌石护坡裂缝常常是由于填土不实造成的，严重时应进行翻修。

3. 护坦的裂缝与处理

护坦的裂缝产生的原因有地基不均匀沉陷、温度应力过大和底部排水失效等。因地基不均匀沉陷产生的裂缝，可待地基稳定后，在缝上设止水，将裂缝改为沉陷缝；温度裂缝可采取补强措施进行修补；底部排水失效，应先修复排水设备。

4. 钢筋混凝土的顺筋裂缝与处理

钢筋混凝土的顺筋裂缝是沿海地区挡潮闸普遍存在的一种病害现象。产生的原因是海水渗入混凝土后，降低了混凝土碱度，使钢筋表面的氧化膜遭到破坏，结果导致海水直接接触钢筋而产生电化学反应，使钢筋锈蚀。锈蚀引起的体积膨胀致使混凝土顺筋开裂。

顺筋裂缝的修补材料应具有抗硫酸盐、抗碳化、抗渗、抗冲、强度高、凝结力大等特性。目前常用的有铁铝酸盐早强水泥砂浆及混凝土、抗硫酸盐水泥砂浆及细石混凝土、聚合物水泥砂浆及混凝土和树脂砂浆及混凝土等。

顺筋裂缝的修补：沿缝凿除保护层，再将钢筋周围的混凝土凿除2cm；对钢筋彻底除锈并清洗干净；在钢筋表面涂上一层环氧基液，在混凝土修补面上涂一层环氧胶，再填筑修补材料。

5. 闸墩及工作桥裂缝与处理

我国早期建成的许多闸墩及工作桥，发现许多细小裂缝，严重老化剥离，其主要原因是混凝土的碳化。混凝土的碳化是指空气中的二氧化碳与水泥中氢氧化钙作用生成碳酸钙和水，使混凝土的碱度降低，钢筋表面的氢氧化钙保护膜破坏而开始生锈，混凝土膨胀形成裂缝。

应对锈蚀钢筋除锈，锈蚀面积大的加设新筋，采用预缩砂浆并掺入阻锈剂进行加固。

3.3.2 消能防冲设施的破坏及处理

1. 护坦和海漫的冲刷破坏及处理

护坦因抗冲能力差而引起的冲刷破坏，可进行局部补强处理，必要时可增设一层钢筋混凝土防护层，以提高护坦的抗冲能力。为防止因海漫破坏引起护坦基础被淘空，可在护坦末端增设一道钢筋混凝土防冲齿墙，如图3.3.1所示。

对于岩基水闸，可在护坦末端设置鼻坎，将水流挑至远处河床，以保证护坦的安全。对软基水闸，在护坦的末端可设置尾槛以减小出池水流的底部流速。也可采取降低海漫出口高程、增大过水断面来保护海漫基础不被淘空及减小水流对海漫的冲刷。

近年来，土工织物作为防冲保护和排水反滤的一种新型材料，已在闸坝等水利工程中得到了越来越广泛的应用。土工织物是高分子材料经聚合加工而成的，目前应用较多的有涤纶、锦纶、丙纶等。

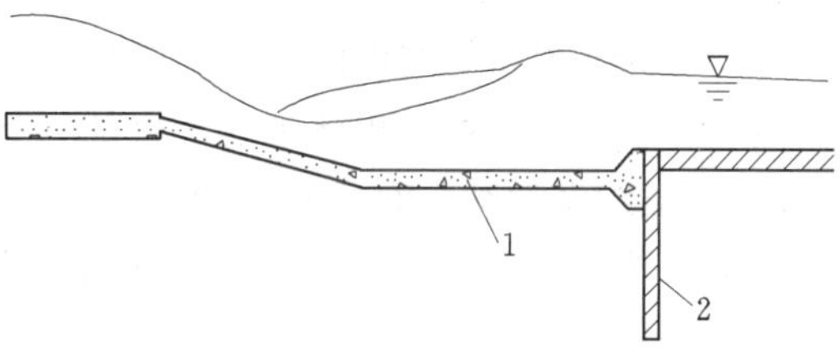

图3.3.1 钢筋混凝土防冲齿墙

1—护坦；2—混凝土齿墙

选择土工织物时，需要了解下列特性：

(1) 物理特性。主要包括聚合物的种类，材料类型及结构，单位面积的重量，不同压力下的厚度、密度、压缩性等。

(2) 力学特性。包括抗拉强度、撕裂强度、不同材料间摩擦系数等。

(3) 水力学特性。包括渗透系数、织物的孔径、平面渗透能力等。

(4) 耐久性。如抗老化、磨损、生物分解、化学侵蚀、温度变化的能力等。

2. 下游河道及岸坡的破坏及修理

水闸下游河道及岸坡的冲刷原因较多，当下游水深不够，水跃不能发生在消力池内时，会引起河床的冲刷；上游河道的流态不良使过闸水流的主流偏向一边。引起岸坡冲刷；水闸下游翼墙扩散角设计不当产生折冲水流也容易引起河道及岸坡的冲刷。

河床的冲刷破坏的处理可采用与海漫冲刷破坏大致相同的处理方法。河岸冲刷的处理方法应根据冲刷产生的原因来确定，可在过闸水流的主流偏向的一边修导水墙或丁坝，亦可通过改善翼墙扩散角以及加强运用管理等来处理。

3.3.3 渗漏处理

水闸的渗漏主要是指闸基渗漏和侧向绕渗等。处理原则仍为上截下排，即防渗和排渗相结合。

闸基渗漏不仅会引起渗透变形，甚至将直接影响水闸的稳定性，因此，要认真分析，查清渗水来源，工程中通常采用以下措施进行防渗。

延长或加厚原铺盖。加大铺盖尺寸，可以提高防渗能力。如原铺盖损坏严重，引起渗径长度不足，应将这些部位铺盖挖除，重新回填翻新，应及时修补止水。当铺盖与闸底板、翼墙间，岸墙与边墩等连接部位的止水损坏后，要及时进行修补，以确保整个防渗体系的完整性。底板、铺盖与地基间的空隙是常见的渗漏通道，不仅使渗透变形迅速扩大，还会影响底板的安全使用，一般可采用水泥灌浆予以堵闭，增设或加厚防渗帷幕。建在岩基上的水闸，如基础裂隙发育或较破碎，可考虑在闸底板首端增设防渗帷幕，若原有帷幕的，应设法加厚。

严重的侧向绕渗将引起下游边坡的渗透变形，甚至造成翼墙歪斜、倒塌等事故。工程中防渗措施较多，如经常维护岸墙、翼墙及接缝止水，确保其防渗作用；对于防渗结构破坏的部位，应用开挖回填，彻底翻修的方法；若原来没有刺墙的，可考虑增设刺墙；但要严格控制施工质量；对于接缝止水损坏的，应补做止水结构，如橡皮止水、金属片止水、沥青止水等。

3.3.4 空蚀及磨损的处理

水闸产生空蚀的部位一般在闸门周围、消力槛、翼墙突变等部位，这些部位往往由于水流脱离边界产生过低负压区而产生空蚀。空蚀的处理可采取改善边界轮廓、对低压区通气、修补破坏部位等措施。

对因设计不周而引起的闸底板、护坦的磨损，可通过改善结构布置来减免。对难以改变磨损条件的部位，可采用抗蚀性能好的材料进行护面修补。

3.3.5 砂土地基管涌、流土的处理

砂土地基上的水闸，地基发生的管涌、流土会造成消能工的沉陷破坏。这种破坏产生的主要原因是渗径长度不足或下游反滤失效。因此，应先采取措施防止地基发生管涌与流土，然后再对破坏部位进行修复。防止地基发生管涌与流土的措施有：加长或加厚上游黏土铺盖、加深或增设截水墙、下游设置透水滤层等。

3.3.6 闸门的防腐处理

3.3.6.1 钢闸门的防腐处理

钢闸门常在水中或干湿交替的环境中工作，极易发生腐蚀，加速其破坏，引起事故。钢闸门防腐蚀措施主要有两种：一种是在钢闸门表面涂上覆盖层，借以把钢材母体与氧或电解质隔离，以免产生化学腐蚀或电化学腐蚀；另一种是设法供给适当的保护电能，使钢结构表面积聚足够的电子，成为一个整体阴极而得到保护，即电化学保护。

1. 钢闸门的表面的处理

不管采用哪种钢闸门防腐措施，在具体实施过程中，首先都必须进行表面的处理；表面处理就是清除钢闸门表面的氧化皮、铁锈、焊渣、油污、旧漆及其他污物；要求表面无油脂、无污物、无灰尘、无锈蚀、表面干燥、无失效的旧漆等。

目前钢闸门表面处理方法有人工处理、火焰处理、化学处理和喷砂处理等。

人工处理就是靠人工铲除锈和旧漆，此法工艺简单，无需大型设备，但劳动强度大、工效低、质量较差。火焰处理就是对旧漆和油脂有机物，借燃烧使之碳化而清除。对氧化皮是利用加热后金属母体与氧化皮及铁锈间的热膨胀系数不同而使氧化皮崩裂、铁锈脱落。处理用的燃料一般为氧—乙炔焰。此种方法，设备简单，清理费用较低，质量比人工处理好。

化学处理是利用碱液或有机溶剂与旧漆层发生反应来除漆，利用无机酸与钢铁的锈蚀产物进行化学反应清理铁锈。除旧漆可利用纯碱石灰溶液（纯碱：生石灰：水＝1：1.5：1.0）或其他有机脱漆剂。除锈可用无机酸与填加料配制的除锈药膏。化学处理，劳动强度低，工效较高，质量较好。

喷砂处理方法用于喷砂除锈除漆法。它用压缩空气驱动砂粒通过专用的喷嘴以较高的速度冲到金属表面，依靠砂粒的冲击和摩擦以除锈、除漆。此种方法工效高、质量好，但工艺较复杂，需专用设备。

2. 涂料保护

过去的涂料均以植物油和天然漆为基本原料制成，故称为“油漆”。目前已大部或全部为人工合成树脂和有机溶剂所代替。涂料可分为底漆和面漆两种，底漆主要起防锈作用，应有良好的附着力，漆膜封闭性强，使水和氧气不易渗入；面漆主要是保护底漆，并有一定的装饰作用，应具有良好的耐蚀、耐水、耐油、耐污等性能。同时还应考虑涂料与被覆材料的适应性，注意产品的配套性，包括涂料与被覆材料表面配套、涂料层间配套、涂料与施工方法配套、涂料与辅助材料（稀释剂、固化剂、催干剂等）配套。几种常用的防腐涂料见表 3.3.1。

表 3.3.1　　常用防腐涂料特性表

序号	涂料名称	主要组成	类别	表面处理要求	特　　性	适　　用		
						海水	淡水	大气
1	环氧富锌漆	环氧树脂、聚氨酯、锌粉	底漆	较高	防锈、耐久、耐油、耐化学药品性能好，物理机械性能好，能起电化学保护作用	√	√	√
2	聚氨酯铁红底漆		底漆	高	附着力强、耐水、耐蚀，与各种面漆配套效果好	√	√	√
3	红丹环氧清漆	环氧树脂、丁醇、甲苯	底漆	一般	附着力强、耐水、耐化学腐蚀、耐溶	√	√	
4	氯黄化聚乙烯橡胶液	合成橡胶及其衍生物	底漆、面漆	高	附着力强、耐水、耐油、耐磨、耐化学药品性能好，机械性能好，对光不够稳定	√	√	√
5	聚氨酯焦油沥青漆	4一甲苯二异氰酸酯、三甲基丙烷	面漆		附着力强、耐油、封闭性好、耐蚀、耐老化性好	√	√	√
6	氯化橡胶漆	天然橡胶及其衍生物	底漆、面漆	较高	耐水、耐油、耐化学药品、耐溶性差，对光不够稳定	√	√	√
7	环氧焦油沥青漆		面漆		附着力强、耐水、耐潮，对日光不够稳定	√	√	
8	环氧沥青清漆	环氧树脂、煤油沥青	面漆		附着力强、耐水、封闭性好、耐化学腐蚀强、机械性能好、对光不够稳定、易粉化、龟裂	√	√	

涂料保护一般施工方法有刷涂和喷涂两种。刷涂是用漆刷将油漆涂刷到钢闸门表面，此种方法工具设备简单，适宜于构造复杂、位置狭小的工作面；喷涂是利用压缩空气将漆料通过喷嘴喷成雾状而覆盖于金属表面上，形成保护层。喷涂工艺优点是工效高、喷漆均匀、施工方便。特别适合于大面积施工。喷涂施工需具备喷枪、储漆罐、空压机、滤清器、皮管等设备。

3. 喷镀保护

喷镀保护是在钢闸门上喷镀一层锌、铝等活泼金属，使钢铁与外界隔离从而得到保护。同时，还起到牺牲阳极（锌、铝）保护阴极（钢闸门）的作用。喷镀有电喷镀和气喷镀两种，水工上常采用气喷镀。

气喷镀所需设备主要有压缩空气系统、乙炔系统、喷射系统等。常用的金属材料有锌丝和铝丝，一般采用锌丝。气喷镀的工作原理是：金属丝经过喷枪传动装置以适宜的速度通过喷嘴，由乙炔系统热熔后，借压缩空气的作用，把雾化成半熔融状态的微粒喷射到部件表面，形成一层金属保护层。

4. 外加电流阴极保护与涂料保护相结合

将钢闸门与另一辅助电极（如废旧钢铁等）作为电解池的两个极，以辅助电极为阳极、钢闸门为阴极，在两者之间接上一个直流电源，通过水形成回路，在电流作用下，阳极的辅助材料发生氧化反应而被消耗，阴极发生还原反应得到保护，如图 3.3.2 所示。当系统通电后，阴极表面就开始得到电源送来的电子，其中除一部分被水中还原物质吸收外，大部分将积聚在阴极表面上，使阴极表面电位越来越负。电位越负，保护效率就越高。当钢闸门在水中的表面电位达到－850mV 时，钢闸门基本能不锈，这个电位值被称为最小保护电位。在钢闸门上采用外加电流阴极保护时，需消耗大量保护电流。为了节约用电，可采用与涂料一并使用的联合保护措施。

3.3.6.2　钢丝网水泥闸门的防腐处理

钢丝网水泥它由若干层重叠的钢丝网、浇筑高强度等级水泥砂浆而成。完好无损的钢丝网水泥结构，其钢丝网与钢筋被氢氧化钙等碱性物质包围着，钢丝与钢筋在氢氧化钙碱性作用下生成氢氧化铁保护膜，防止了钢丝网筋的锈蚀。因此，对钢丝网水泥闸门必须使砂浆保护层完整无损。要达到这个要求，一般采用涂料保护。

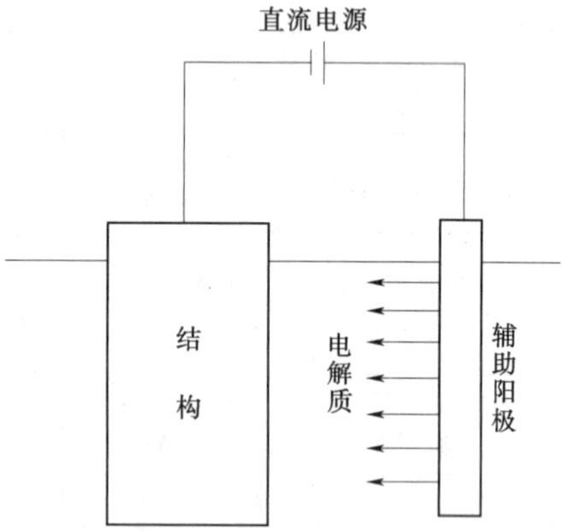

图 3.3.2　外加电流阴极保护示意图

钢丝网水泥闸门在涂防腐涂料前也必须进行表面处理，一般可采用酸洗处理，使砂浆表面达到洁净、干燥、轻度毛糙。常用的防腐涂料有环氧材料、聚苯乙烯、氯丁橡胶沥青漆及生漆等。为保证涂抹质量，一般需涂 2～3 层。

3.3.6.3　木闸门的防腐处理

一些中小型闸门常用木闸门，它在阴暗潮湿或干湿交替的环境中工作，易于霉烂和虫蛀，因此也需进行防腐处理。

木闸门常用的防腐剂有氟化钠、硼铬合剂、硼酚合剂、铜铬合剂等。作用在于毒杀微生物与菌类，达到防止木材腐蚀的目的。施工方法有涂刷法、浸泡法、热浸法等。

处理前应将木材烤干，使防腐剂容易吸附和渗入木材体内。木闸门通过防腐剂处理以后，为了彻底封闭木材空隙，隔绝木材与外界的接触，常在木闸门表面涂上油性调合漆、生桐油、沥青等，以杜绝发生腐蚀的各种条件。

3.3.7　水闸病害处理工程实例

3.3.7.1　背景

事件 1：江苏某 9 孔闸，净宽 90m，设计和校核流量分别为 $504m^3/s$、$940m^3/s$。闸区河床由容易被冲刷的极细砂组成。由于超载运行，过闸流量逐年加大到 $800\sim1000m^3/s$，因而引起河床严重冲刷。水闸上下游分别冲深 6～7m、2～3m，近闸两岸坍塌，严重威胁水闸安全。

事件 2：松花江哈尔滨老头湾河段，因修建江桥，江堤迎流顶冲，低水位以下护底柴排屡遭破坏，年年需要维修加固。

事件 3：挡潮闸下游河道及出海口岸的岸坡、护坡的施工受到潮汛一天两次涨落的影响，潮汛来时流速往往较大，给护坡加固施工带来很大困难。

3.3.7.2　问题

对上述事件应用土工布方法进行处理。

事件 1 处理：在水下沉放了 6 块软体排护底护岸。排体采用丙纶丝布，以聚氯乙烯绳网加筋，总面积 2.4 万多 m^2，用混凝土预制块及聚丙烯袋装卵石压重。此法使用 10 多年来，排体稳定、覆盖良好，上游已落淤 30～40cm，岸坡及闸下游不再冲刷，工程效益显著。7 年后曾抽样检查，性能指标基本无变化。

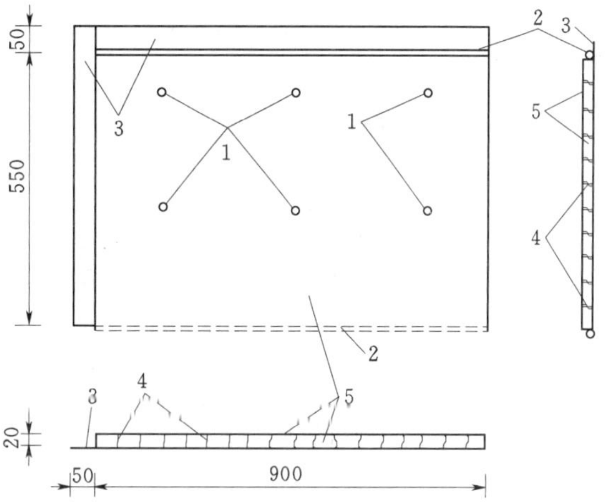

图 3.3.3　土工织物模袋示意图（尺寸单位：cm）

1—浇注孔；2—穿管处；3—接缝反滤布；4—锦纶线拉索；5—土工织物模袋

事件 2 处理：采用 DS—450 型土工织物作排体，沉放了 1600m 长的软体排。排体下面用 $\phi 8$ 的钢筋网作支托，将排体用尼龙绳固定在钢筋网上，排体上面用块石压重。由于排体具有一定柔软性，能适应水下地形变化而使护岸排体紧贴堤坡岸脚，因而形成了一层良好的保护层。工程完工后，经受了多次洪水考验，堤岸完好无损。

事件 3 处理：采用土工织物模袋（图 3.3.3）混凝土作为一种新的护坡技术。它具有可以直接在水下施工，无需修筑围堰及施工排水；模袋混凝土灌注结束，就能经受较大流速的冲刷。

机织模袋是用透水不透浆的高强度绵纶纤维织成，织物厚度大，强度高。流动混凝土或水泥砂浆依靠压力在模袋内充胀成形，固化后形成高强度抗侵蚀的护坡。土壤和模袋之间不需另设反滤层。

学生工作任务书

<table>
<tr><td>课程名称</td><td colspan="3">水工建筑物监测与维护</td><td>项目三</td><td colspan="3">水闸的养护与修理</td></tr>
<tr><td>班级</td><td></td><td>姓名</td><td></td><td>日期</td><td></td><td>学时</td><td>4</td></tr>
<tr><td>工作内容与目标</td><td colspan="7">①水闸类型、水闸的组成和工作特点；
②闸门和启闭机的操作运用；
③水闸的检查和观测内容；
④水闸裂缝、渗漏、冲刷的原因及处理；
⑤闸门的防腐处理</td></tr>
<tr><td>工作步骤</td><td colspan="7">①老师布置任务；
②学生收集资料、学习资料；
③学生到水工管理仿真实训场进行各项实操训练；
④老师评价、总结；
⑤学生总结、自评、互评</td></tr>
<tr><td>提交成果</td><td colspan="7">①强化训练；
②实操成果；
③总结报告</td></tr>
<tr><td>考核要点（知识、技能、态度）</td><td colspan="7">①水闸的定期检查、经常检查、特别检查和安全鉴定；
②闸门及启闭机的养护；
③水闸裂缝、渗漏及冲刷的处理措施；
④自主学习能力和分析能力，善于总结经验和创新；
⑤具有工作责任感和团结协作精神</td></tr>
<tr><td>考核方式</td><td colspan="7">①知识考核采用笔试、现场提问；
②技能考核依据实际操作情况和分析报告</td></tr>
<tr><td rowspan="3">工作评价</td><td colspan="5">教师评价：</td><td colspan="2">签名：</td></tr>
<tr><td colspan="5">自评：</td><td colspan="2">签名：</td></tr>
<tr><td colspan="5">小组内同学互评：</td><td colspan="2">签名：</td></tr>
</table>

强 化 训 练

一、填空题

1. 水闸由__________、__________、__________3 部分组成。

2. 水闸的检查包括__________、__________、__________和__________。

3. 水闸常见的病害有__________、__________、__________、__________。

二、简答题

1. 水闸按作用可分为哪几类？它们各自的任务是什么？

2. 简述水闸的工作特点。

3. 闸门操作运用的原则是什么？操作时应注意哪些问题？

4. 如何对水闸进行日常养护？

5. 水闸裂缝的原因是什么？如何处理？

6. 钢闸门防腐蚀有哪几种措施？试述各种措施的防腐原理和施工方法。

7. 水闸消能防冲设施破坏如何处理？

项目4　溢洪道的养护与修理

学习情境4.1　认 识 溢 洪 道

为了宣泄水库多余的水量，防止洪水漫坝失事，确保工程安全，以及满足放空水库和防洪调节等要求，在水利枢纽中一般都设有泄水建筑物。常用的泄水建筑物有深式泄水建筑物和溢洪道。河岸溢洪道一般适用于土石坝、堆石坝等水利枢纽。河床溢洪道即溢流坝，通常用于重力坝枢纽。

4.1.1　河岸溢洪道的类型

河岸溢洪道可以分为正常溢洪道和非常溢洪道两大类。正常溢洪道常用的型式主要有正槽式、侧槽式、井式、虹吸式四种。开敞式溢洪道包括正槽式、侧槽式，封闭式溢洪道包括井式、虹吸式。非常溢洪道有漫流式、自溃式、爆破引溃式等型式。

1. 正槽式溢洪道

正槽式溢洪道的泄槽轴线与溢流堰轴线正交，过堰水流方向与泄槽轴线方向一致，水流方向不变，进入泄水槽。它的特点是水流平顺，泄水能力强，结构简单，适用于岸边有合适的马鞍形山口时，此时开挖量最小，如图4.1.1所示。

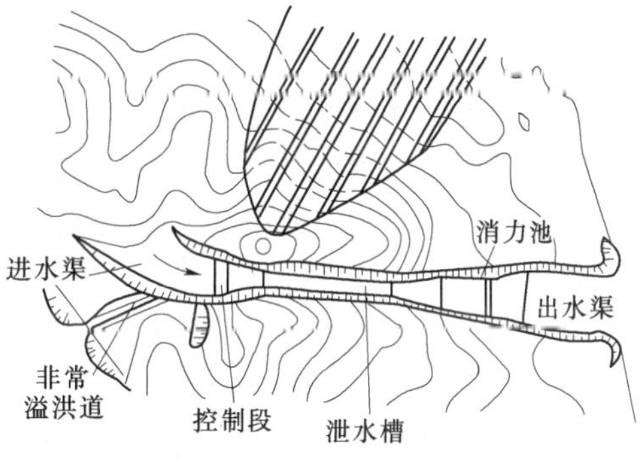

图4.1.1　正槽式溢洪道图

2. 侧槽式溢洪道

侧槽式溢洪道的泄槽轴线与溢流堰轴线接近平行，水流过堰后，在侧槽内转弯约90°，再经泄水槽泄入下游，如图4.1.2所示。它的特点是水流条件复杂，水面极不平稳，结构复杂，对大坝有影响，适用于两岸山体陡峭，无法布置正槽式溢洪道，可在坝头一端布置侧槽式溢洪道，此时溢流堰的走向与等高线大体一致，可减少开挖量，但水流就有转向问题，适用于中、小型工程。

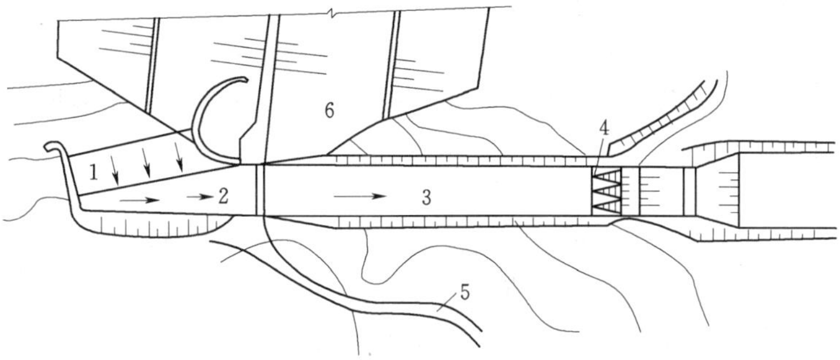

图4.1.2　侧槽式溢洪道图

1—溢洪堰；2—侧墙；3—泄水槽；4—出口消能段；5—上坝公路；6—土石坝

3. 井式溢洪道

井式溢洪道主要有溢流喇叭口段、渐变段、竖井段、弯道段和水平泄洪洞段组成，如图 4.1.3 所示。它的特点是管流，泄水能力低，水流条件复杂，易出现空蚀，应用较少。它主要适用于岸坡陡峭、地质条件良好，又有适宜地形的情况。

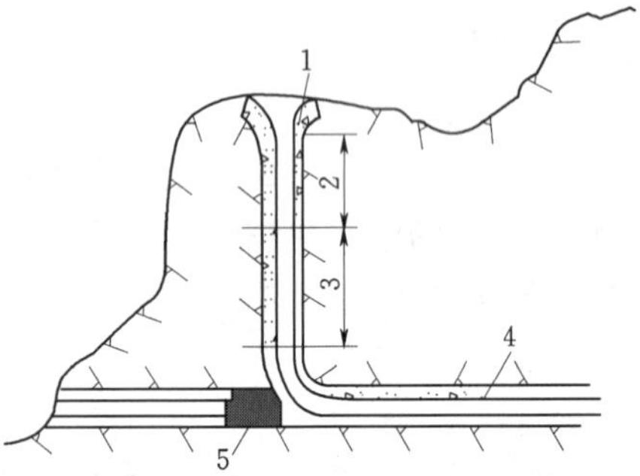

图 4.1.3　井式溢洪道图

1—环形喇叭口；2—渐变段；3—竖井段；4—隧洞；5—混凝土塞

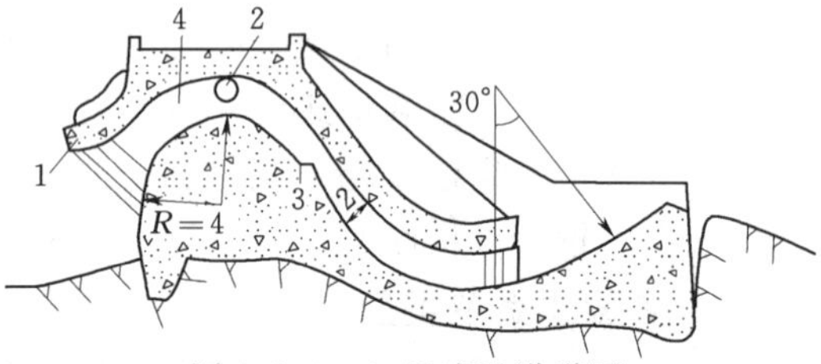

图 4.1.4　虹吸式溢洪道图

1—遮檐；2—通气孔；3—挑流坎；4—曲管

4. 虹吸式溢洪道

虹吸式溢洪道进口（遮檐）由曲形虹吸管、具有自动加速发生虹吸作用和停止虹吸作用的辅助设备、泄槽及下游消能设备组成，曲管最顶部设通气孔，通气孔的出口在水库的正常高水位处，当水库的水位超过正常高水位，淹没了通气孔，曲管内没有空气，泄水时有虹吸作用，可增加泄水能力，如图 4.1.4 所示。它的特点是结构复杂，不便检修，易空蚀，超泄水能力小。适用于水位变化不大和需随时进行调节的中小型水库，以及发电和灌溉的渠道上。

4.1.2　正槽式溢洪道的工作特点

正槽式溢洪道由进水渠、控制段、泄水槽、消能防冲设施、出水渠 5 部分组成。

1. 进水渠

溢流堰不能紧靠水库，需修建进水渠将水库中的水平顺引至堰前。它的工作特点如下：

（1）应将水平顺引至堰前，在引水过程中，应尽量减小水头损失。

（2）长度应尽量短，轴线尽量平直，最好为直轴线。如需转弯，转弯半径 $R>5B$（渠底宽），且堰前有足够长的直线段，以保证正向进水。

（3）横断面应足够大，以减小流速和减小水头损失，一般流速为 1～2m/s。断面形状应为梯形，应注意边坡稳定。要做好衬砌和减小糙率等，底坡应采用逆坡或平坡，渠底高程要低于堰顶高程。

2. 控制段

控制段包括溢流堰及两侧连接建筑物，是控制溢洪道泄流能力的关键部位。溢流堰通常选用宽顶堰或实用堰，有时也用驼峰堰、折线形堰等。溢流堰的体形应尽量满足增大流量系数要求，以便在泄流时不产生空穴水流或诱发振动的负压等。

中、小型水库溢洪道，特别是小型水库溢洪道常不设闸门，堰顶高程就是水库的正常蓄水位；溢洪道设闸门时，堰顶高程低于水库的正常蓄水位。堰顶是否设置闸门，应从工程安全、洪水调度、水库运行、工程投资等方面论证确定。侧槽式溢洪道的溢流堰一般不设闸门。

3. 泄水槽

正槽式溢洪道在溢流堰后多用泄槽与消能防冲设施相连，以便将过堰洪水安全地泄向下游河道。河岸溢洪道的落差主要集中在该段。泄槽衬砌应满足如下条件：

（1）表面光滑平整，不至引起不利的负压和空蚀。

（2）分缝止水可靠，避免高速水流浸入底板以下，因脉动压力引起破坏。

（3）排水系统通畅，以减小作用于底板上的扬压力。

（4）材料能抵抗水流冲刷。

（5）在各种荷载作用下能保持稳定。

（6）适应温度变化和一定的抗冻融循环能力。

4. 消能防冲设施

溢洪道宣泄的洪水，单宽流量大，流速高，能量集中。因此，消能防冲设施应根据地形、地质条件、泄流条件、运行方式、下游水深及河床抗冲能力、消能防冲要求、下游水流衔接及对其他建筑物的影响等因素，通过技术经济比较选定。河岸式溢洪道一般采用挑流消能或底流消能。挑流消能一般适用于较好岩石地基的高、中水头枢纽。挑坎下游常做一段短护坦以防止泄流时产生贴流而冲刷齿墙底脚。为避免在挑流水舌的下面形成真空，影响挑距，应采取通气措施。底流消能一般适用于土基或破碎软弱的岩基上。

5. 出水渠

溢洪道下泄水流经消能后，不能直接泄入河道而造成危害时，应设置出水渠。出水渠的作用是将消能后的水流平顺地引入下游河道。选择出水渠线路应经济合理，其轴线方向应尽量顺应河势，或利用天然冲沟或河沟。

4.1.3 溢洪道在运用中存在的主要问题

溢洪道在运用中存在的主要问题是泄洪能力不足、闸墩开裂、闸底板开裂、陡坡底板被掀起、边墙冲毁、消能工破坏等。

1. 泄洪能力不足

在我国241座大型水库的1000次事故中，因泄洪能力不足而漫坝失事的占42%，因超设计标准洪水而漫坝失事的占9.5%。造成溢洪道泄洪能力不足的原因主要包括：

（1）设计资料不全，如降雨资料不准、系列较短、水库积水面积计算差别大等。

（2）计算方法与实际差别较大，如设计洪水标准确定和溢洪道泄洪能力计算。

（3）进口增设拦鱼栅及闸前堆渣等障洪物。

（4）引水渠水头损失考虑不足或根本未计入。

（5）大坝沉降使溢洪道的堰顶水头达不到设计要求等。

2. 闸墩和闸底板开裂

建在岩基上的河岸溢洪道，闸墩开裂部位比较规则，多在牛腿前1～2m范围内，主要原因是温度应力，由于岩石和混凝土的线膨胀系数、弹模及泊松比不同，在温度作用下，两者的伸缩率亦不同。温度升高时，闸墩的两端可自由伸长，其伸长率大，岩基的伸长率小，故岩基对闸墩有约束作用，所以墩处于受压状态。温度降低时，混凝土收缩率大，而岩石收缩率小，故在闸墩内底部处于受拉状态，其拉应力超过闸墩底部抗拉强度时，将在闸墩底部中间部位开裂。

3. 陡坡底板被掀起及边墙被冲毁

陡坡底板被掀起及边墙被冲毁原因主要包括：

（1）泄水槽高速水流掺气，而导致水深的增加，若边墙保护高度不足时，将直接冲毁边墙。

（2）受地形限制，进口收缩不对称、槽身转弯、出口扩散布置时，槽内水流易发生侧向水跃、菱形冲击波及掺气现象，槽内流态紊乱、破坏力强，同时菱形冲击波的作用，也严重恶化了下游的消能条件。

（3）槽内流速大、流态差，易产生空蚀破坏而使接缝破坏等现象。

（4）施工质量差、平整度不满足要求，接缝不合理，强度不够，维护不及时造成局部空蚀。

（5）陡槽底板下部扬压力过大、排水失效。

（6）基础为土基或风化带未清理干净，泡水后强度降低及不均匀沉陷，底板掏空等造成破坏。

4. 消能设施的破坏

大中型水库枢纽中的溢洪道多采用底流和挑流两种消能形式，在工程选用中，消能设施破坏的主要原因如下：

（1）底流消能时，消力池尺寸过小，不满足水跃消能的要求；护坦的厚度过于单薄，底部反滤层不符合要求；平面形状布置不合理，扩散角偏大造成两侧回流，压迫主流而形成水流折冲现象；消力池上游泄水槽采用弯道，进入消力池单宽流量沿进口宽分布不均，水流紊乱、空蚀等；施工质量差、强度不足，结构不合理，维护不及时等均能引起消力池的破坏。

（2）挑流消能时，挑距达不到设计要求，冲坑危及挑坎和防冲墙；反弧及挑坎磨损、空蚀，使其表面高低不平而不能正常运用；采用差动式挑流鼻坎时，在高坎的侧壁易产生空蚀破坏；挑坎上过流量较小，易产生贴壁流，直接陶刷防冲墙的基础，并且挑出的水流向两侧扩散，冲刷两岸岸坡；设计不合理、地质条件差、施工质量低、强度不足及维护不及时等都会造成挑流设施的破坏。

学习情境4.2　溢洪道的检测与养护

4.2.1　溢洪道的观测

溢洪道的变形观测包括水平位移观测和沉陷观测，方法与混凝土坝相同。水力学方面的观测主要有水流形态观测和高速水流观测。

1. 水流形态观测

水流形态观测包括水流平面形态（漩涡、回流、折冲水流、急流冲击波等）、水跃、水面曲线和挑射水流等观测项目，观测时应同时记录上下游水位、流量、闸门开度、风向等，以便验证在各种组合情况下泄流量和水流情况是否满足设计要求。

平面流态的观测范围，应分别向上、下游延伸至水流正常处为止。观测方法有目测法、摄影法，有时还可设置浮标，用经纬仪或平板仪交会测定浮标位置。

水跃观测方法有方格坐标法、水尺组法和活动测锤法。

方格坐标法适用于水面较窄，用目测或望远镜能清楚地看见侧墙的情况。在侧墙上，从消能设备起点开始，向下游按桩号每1m绘一条纵线，另从消能设备底板开始，向上按高程每1m绘一条横线，并注明高程。在水面经常变动的范围内纵线、横线分别加密至0.1m和0.5m。观测前，先将泄水建筑物及绘制的方格缩晒成图，比例可取为1/100；观测时，待水流稳定后，持图站在能清楚观察水跃侧面形状的位置上，按水面在方格坐标上的位置描绘在图上。为便于比较，可把两侧墙上观测的成果，用不同颜色绘于同一图上。

水尺组法是在两岸侧墙上沿水流方向设置一系列的水尺来代替方格坐标进行观测。如在侧墙上无法绘制方格坐标或设立水尺组，可采用活动测锤法，即在垂直于水流的方向上架设若干条固定断面索，其上设活动测锤来观测水面线。

挑射水流应观测水面线形态、尾水位、射流最高点和落水点位置、冲刷坑位置和水流掺气情况，常用方法是拍照或用经纬仪交会法。

2. 高速水流观测

高速水流将引起建筑物和闸阀门产生振动，为了研究减免振动的措施（尤其要避免产生共振），需进行振动观测。高速水流的观测项目有振动、水流脉动压力、负压、进气量、空蚀和过水面压力分布等。

振动观测的内容有振幅和频率，测点常设在闸阀门、工作桥大梁等受动能冲击最大且有代表性的部位，采用的观测仪器有电测振动仪、接触式振动仪和振动表等。

脉动压力的观测内容是脉动的振幅和频率，测点常布设在闸门底缘、门槽、门后、闸墩后、挑流鼻坎后、泄水孔洞出口处、溢流坝面、护坦和水流受扰动最大的区域，采用电阻式脉动压强观测仪器进行观测，同时还应观测平均压力，以对比校验。

负压观测的测点布设常与通气管结合，测点一般布设在高压闸门的门槽、门后顶部、进水喇叭口曲线段、溢流面、反弧段末端和消力齿槛表面等水流边界条件突变易产生空蚀的部位。施工时，在测点埋设直径18mm或25mm的金属负压观测管，管口应与建筑面表面垂直并齐平，另一端引至翼墙、观测廊道或观测井内，安装真空压力表或水银压差计。

进气量观测的目的是了解通气管的工作效能，并为研究振动、负压、空蚀等提供资料。进气量观测可采用孔口板、毕托管、风速仪及热丝风速等方法进行，其中孔口板法和毕托管法适用于小型通气管，热丝风速法适用于进气风速较小的情况。

空蚀观测包括空蚀量与空蚀平面分布观测。空蚀量观测可用沥青、石膏、橡皮泥等塑性材料充填空蚀所形成的空洞，以测出空蚀体积。大型的空蚀，也可测量其面积、深度，计算空蚀量。空蚀平面分布观测用摄影、拓印、网格等方法进行。

过水面压力分布观测，是在过水面上布设一系列测压管，得出压力分布图。测点的布置以能测出过水面上压力分布为度。

4.2.2　溢洪道的检查

溢洪道的巡视检查主要有以下内容：

(1) 检查溢洪道的闸墩、底板、边墙、胸墙、消力池、溢流堰等结构有无裂缝和损坏。

(2) 检查两岸岩体是否稳定，坡顶排水系统是否完整，以防岩体崩坍而堵塞溢洪道，如发现有坍落的土石方，应立即清除。

(3) 有闸门的溢洪道，在挡水期间要检查闸墩、边墙、底板等部位有无渗水现象；大风期间，要注意观察风浪对闸门的影响；冰冻地区，要注意冰盖对闸门的影响。

(4) 泄洪期间应注意观察漂浮物的影响，防止漂浮物卡堵门槽；同时还要观察堰下和消力池的水流形态及陡槽水面曲线有无异常变化。

(5) 溢洪后要及时检查进水渠段有无塌坑、崩岸，陡槽段有无磨损，底板是否被掀动，消能设施有无冲刷和空蚀以及下游冲刷坑的情况等。

4.2.3　溢洪道的日常养护

溢洪道的安全泄洪是确保水库安全的关键。对大多数水库的溢洪道，泄水机会并不多，宣泄大流量的机会则更少，有的几年或十几年才遇上一次。但由于大洪水出现的随机性，溢洪道得做好每年过大洪水的准备，这就要求我们把工作的重点放在日常养护上，保证溢洪道能正常工作。

(1) 检查水库的集水面积、库容、地形地质条件和水、沙量等规划设计基本资料，按设计要求的防洪标准，验算溢洪道的过流尺寸。当过流尺寸不满足要求时，应采取各种措施予以解决。

(2) 检查开挖断面尺寸，检查溢洪道的宽度和深度是否已经达到设计标准；观测汛期过水时是否达到设计的过水能力，每年汛后检查观测各组成部分有无淤积或坍塌堵塞现象；还应注意检查拦鱼栅和交通桥等建筑物对溢洪道过水能力的影响等。通过检查，发现问题应及时采取措施。

(3) 应经常检查溢洪道建筑物结构完好情况。应经常检查溢洪道建筑物各部结构是否存在影响泄洪的不利因素。如溢洪道陡坡段底板被冲刷或淘空时，要及时用原来的材料或用混凝土进行填补；如发现底板下防渗或排水系统失效，发展下去底板就会浮起破坏时，则应当立即予以翻修；如边墙内填土不良（包括未按设计规定选用填土材料、填土未加夯实、未做墙身排水设备或虽做了但已失效等），会使坝头或岸坡发生管涌，或因墙内填土侧压力过大使边墙开裂甚至倾倒，此时就应采取改善措施；如溢洪道两岸边坡开挖过陡或未做截流导渗设施，可能引起边坡塌方时，则应削坡放缓并补做截流导渗设施等。以上工作都需在汛前完成，确保汛期安全泄洪。

(4) 应注意检查溢洪道消能效果。溢洪道消能效果好坏，关系到工程的安全。中小型水库采用鼻坎挑流时，要注意观察水流是否冲刷坝脚，冲坑深度是否在继续发展。有些溢洪道出口过分靠近土坝，又无可靠消能设备时，管理人员应及时提出改建方案。例如安徽省龙河口水库，原溢洪道布置在右岸弯道上，未做消能设施，过堰后水流冲刷右岸，严重威胁右岸副坝安全，且使底板（风化岩）冲成深达6m的两个大坑，直接危及溢洪道闸室安全。1976年提出改造方案，除将两个大坑用浆砌块石填平补齐外，并在溢洪堰轴线下游330m处增建一座高出地底面6m的混凝土二道坝，使泄洪时能在堰后形成水深3m的消力池，改善了消能效果。

(5) 检查闸门及启闭机情况。应对有闸门控制的溢洪道经常检查闸门及启闭机的运行情况，保证在使用时正常灵活。特别应注意检查闸门有无扭曲，门槽有无阻碍，铆钉或螺栓是否脱落松动，止水是否完好，启闭是否灵活，闸前闸后有无淤积或残留物等。对金属结构部分要经常进行擦洗、除锈和涂油漆保护；电气设备要有备用电源，做到绝缘和防潮；启闭设备要保证润滑，启闭灵活和制动可靠。

(6) 严禁在溢洪道周围爆破、取土、修建无关建筑。注意清除溢洪道周围的漂浮物，禁止在溢洪道上堆放重物。

学习情境4.3　溢洪道的病害处理

4.3.1　溢洪道尺寸不足的处理

溢洪道泄洪能力不足，是导致许多水库垮坝的一个重要原因。造成其泄洪能力不足的主要原因有：

(1) 原始资料不可靠。有的水库集雨面积的计算值远小于实际来水面积；有的水库降雨资料不准，与实际不符；有的水库容积关系曲线不对，实际的库容比设计的小等。

(2) 水库的设计防洪标准偏低，设计洪水偏小。

(3) 溢洪道开挖断面不足，未达到设计要求的宽度和高程等。

(4) 溢洪道控制段前淤积及设置拦鱼设施等碍洪设施。

(5) 在计算中未考虑溢洪道控制段前较长引水渠的水头损失。

溢洪道的泄洪能力主要取决于控制段。因溢洪道控制段的大多水流是堰流，因此可用堰流公式分析溢洪道的泄洪能力。其计算公式为

$$Q=\varepsilon mB\sqrt{2g}H^{3/2} \tag{4-3-1}$$

式中：H 为堰顶水头，m；B 为堰顶宽度，m；m 为流量系数；ε 为侧收缩系数；g 为重力加速度，$g=9.8\text{m/s}^2$；Q 为泄洪流量，m^3/s。

由式 (4-3-1) 可知，溢洪道过水能力与堰上水深、堰型和过水净宽等有关，因此，要经常检查控制段的断面、高程是否符合设计要求。如陕西省清河水库，坝高15m，库容20万 m^3，1973年建成后，溢洪道只开了一部分，又急于蓄水，将涵闸关闭，水库水位随即迅速上涨，由于溢洪道少开了5m，过水能力小，结果造成洪水漫顶。又如四川狮子滩水库，建成后最初几年，来水较少，溢洪道负担较轻，于是未经深入分析便封堵一孔，将闸门拆下移往他地使用，后来出现较大洪水时，显得过水断面不够，水库出现了险情，出口消能设备也受到冲刷，后来不得不又恢复原有的闸孔数目。也有的水库看到溢洪道多年不泄洪，加上农田建设的发展，需要多蓄水多灌田，便任意在溢洪道上筑挡水埝，有的甚至做浆砌石或混凝土的永久性挡水埝，而坝顶高程却未加高；有的则在进口处随意堆放弃渣，形成阻水。当检查到有这些不安全因素后，务必及时认真处理，不能抱姑息侥幸心理。

要加大溢洪道泄洪能力，可采取以下措施。

1. 加高大坝

通过加高大坝，抬高上游库水位，增大堰顶水头。这种措施应以满足大坝本身安全和经济合理为前提。

2. 改建和增设溢洪道

通过改建溢洪道可增大溢洪道的泄洪能力，具体措施如下。

(1) 降低溢洪道底板高程。这种方法会降低水库效益。但若降低溢洪道底板高程不多就能满足泄洪能力时，在降低的高度上设置闸，在洪水来临前将闸门移走，保证泄洪，洪

水后期，关闭闸门，使库水回升，可避免或减小水库效益的降低。

（2）加宽溢洪道。当溢洪道岸坡不高，加宽溢洪道所需开挖量不很大时，可以采用。

（3）增大流量系数。不同堰型的流量系数不同，同种堰型的形状不同，流量系数也不一样。宽顶堰的流量系数一般为 0.32～0.385，实用堰的流量系数一般为 0.42～0.44。因此，当所需增加的泄洪能力的幅度不大，扩宽或增建溢洪道有困难时，可将宽顶堰改为流量系数较大的曲线形实用堰，以增大泄洪能力。

（4）提高侧收缩系数。改善闸墩和边墩的头部平面形状可提高侧收缩系数，从而增加泄洪能力。

在有条件的情况下，也可增设新的溢洪道。

3. 加强溢洪道日常管理

减小闸前泥沙淤积，及时清除拦鱼等妨碍泄洪的设施，可增加溢洪道的泄洪能力。

4.3.2　动水压力引起的底板掀起及修理

溢洪道的泄槽段的高速水流，不仅冲击泄槽段的边墙，造成边墙冲毁，威胁溢洪道本身的安全，而且由于泄槽段内流速大，流态混乱，再加上底板表面不平整，有缝隙，缝中进入动水，使底板下浮托力过大而掀起破坏。

在高速水流下保证底板结构安全的措施归结为 4 个方面，即“封、排、压（拉）、光”。“封”就是要求截断渗流，上游库水用于堰前的齿墙或防渗帷幕隔离；下游尾水用位于底板末端的齿墙隔离；底板间的分缝也最好用止水材料或其他措施与底板下的动水隔离，目的是尽量减少浮托水和动水压力对底板的破坏。“排”就是做好排水系统，布置要合理，将未被截住而已经渗来的水迅速妥善地予以排出。“压（或拉）”就是利用底板自重压住浮托力和脉动压力，使其不致漂起掀动，在地基条件许可时，可用锚筋或锚桩拉住底板以减少底板的厚度。“光”就是要求底板表面光滑平整，彻底清除施工时残留的钢筋头和脚手用混凝土柱头等，局部的错台必须磨成斜坡，因为底板不平往往是底板在高速水流作用下被掀翻或产生空蚀的重要原因。

4.3.3　弯道水流的影响及处理

有些溢洪道因地形条件的限制，泄槽段陡坡建在弯道上，高速水流进入弯道，水流因受到惯性力和离心力的作用，互相折冲撞击，形成冲击波，使弯道外侧水位明显高于内侧，形成横向高差，弯道半径 R 愈小、流速愈大，则横向水面坡降也愈大。有的工程由此产生水流漫过外侧翼墙顶，使墙背填料冲刷、翼墙向外倾倒，甚至出现更为严重的事故。安徽省屯仓水库，溢洪道净宽 20m，设计流量 $302m^3/s$，陡坡建于弯道上。1975 年 8 月遇到特大暴雨，溢洪道泄量达 $670m^3/s$，结果由于弯道水流的影响，在闸后 90～120m 陡坡处冲成一个深约 15m 的大坑，内弯翼墙被冲走约 30m，外弯翼墙被冲走约 140m。

减小弯道水流影响的措施一般有两种：一是将弯道外侧的渠底抬高，造成一个横向坡度，使水体产生横向的重力分力，与弯道水流的离心力相平衡，从而减小边墙对水流的影响；二是在进弯道时设置分流隔墩，使集中的水面横比降由隔墩分散，如图 4.3.1 所示。

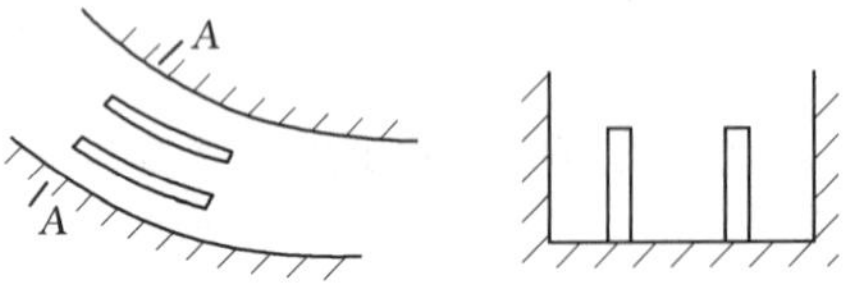

(*a*)　　(*b*)

图 4.3.1　弯道隔水墙布置示意图

（*a*）隔墩平面图；（*b*）隔墩横剖面图

4.3.4 地基土掏空破坏及处理

当泄槽底板下为软基时，由于底板接缝处地基土被高速水流引起的负压吸空，或者板下排水管周围的反滤层失效，土壤颗粒随水流经排水管排出，均容易造成地基被掏空，造成底板开裂等破坏。前者处理是做好接缝处反滤，并增设止水；后者处理是对排水管周围的反滤层重新翻修。

为适应伸缩变形需要设置伸缩缝，通常缝的间距为10m左右。土基上薄的钢筋混凝土底板对温度变形敏感，缝间距应略小些；岩基上的底板因受地基约束，不能自由变形，往往自发地产生发丝缝来调整内部的应力状态，所以只需预留施工缝即可。

缝内可不加任何填料，只要在相邻的先浇混凝土接触面上刷一层肥皂水或废机油即可。也有一些工程采用沥青油纸、沥青麻布作为填料的。底板接缝间还需埋设橡胶、塑料止水或铝片止水。承受高速水流的底板，要注意表面平整度，切忌上块低于下块，因为这样会产生极大的动水压力，使水流潜入底板下边，掀起底板。有些资料建议上块高于下块0～1cm。

在底板与地基之间，除了直接做在基岩上的以外，一般需设置砂垫层以减少地下水渗透压力。但要注意闸室底板下不可设置垫层，以免缩短对防渗有利的渗径长度。砂垫层厚度一般取10～20cm。

4.3.5 排水系统失效的处理

泄槽段底板下设置排水系统是消除浮托力、渗透压力的有效措施。排水系统能否正常工作，在很大程度上决定底板是否安全可靠。排水系统失效一般需翻修重做。

排水系统一般有板面排水和板下排水两种形式。板下排水由纵向排水支管、横向排水支管和排水干管组成；板面排水则由横向排水支管直接经竖向排水竹管排至板面，适用于岩基上的底板或有较好反滤措施的土基上的底板。

黄河刘家峡水库溢洪道，全长870m，进口堰宽42m，最大泄量3900m^3/s，泄槽段宽30m，流速25～35m/s。溢洪道位于基岩上，底板混凝土厚度0.4～1.5m。溢洪道建成后，当渠内流量只有设计泄量的50%时，厚1m多的混凝土底板即被冲坏，有的整个冲翻，有的底板被掀起后，翻滚到下游数十米处。分析损坏原因认为是施工时混凝土块体间不平整，横向接缝中未设止水，高速水流的巨大动水压力通过接缝窜入底板以下，加上排水系统不良，引起极大的浮托力，使底板掀起。后采取的处理措施是重新浇筑底板，设止水，底板下设排水，底板与基岩间加设锚筋，并严格控制底板的平整度。

4.3.6 泄槽底板下滑的处理

泄槽底板可能因摩擦系数小、底板下扬压力大、底板自重轻等原因，在高速水流作用下向下滑动。为防止土基上的底板下滑、截断沿底板底面的渗水和被掀起，可在每块底板端部做一段横向齿墙，如图4.3.2所示，齿墙深度约0.4～0.5m。

岩基上的薄底板，因自重较轻，有时需用锚筋加固以增加抗浮性。锚筋可用直径20mm以上的粗钢筋，埋入深度1～2m，间距1～3m，上端应很好地嵌固在底板内。土基上的底板如嫌自重不够，可采用锚拉桩的办法，桩头采用爆扩桩效果更好。

4.3.7 溢洪道的裂缝及其处理

溢洪道的闸墩、边墙、堰体、底板、消能工等，一般均由混凝土或浆砌块石建成，裂缝也是这些结构物上经常出现的现象。裂缝产生的原因，主要还是温差过大、地基沉陷不

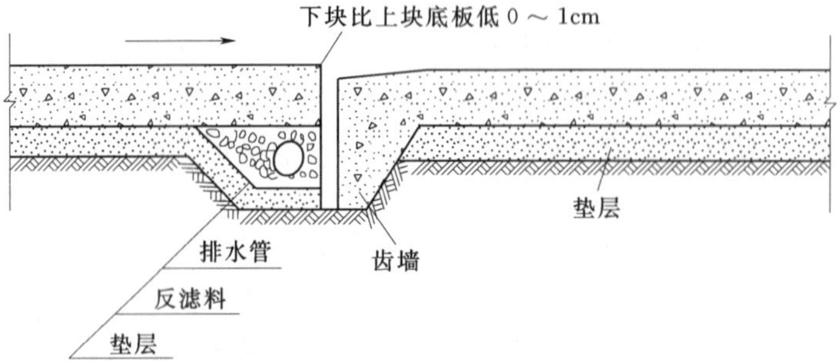

图 4.3.2　土基底板接缝布置图

均以及材料强度不够等。位于岩基上的结构物，裂缝多由温度应力引起；位于土基上的结构物，裂缝多因沉陷不均所致。

裂缝从方向上可分为垂直于溢洪道堰轴线的横缝；平行于堰轴线的水平缝或纵缝；与堰轴线斜交的斜缝和无一定方向的纵横交错的龟裂缝等。

裂缝产生后，可能造成两种后果：一种是建筑物的整体性和密实性受到一定程度的破坏，但还不渗水；另一种是整体性破坏，而且渗水。前者修理时主要在于恢复其整体性，而后者则除要求恢复其整体性以外，还应同时解决渗漏问题。因此，在修理裂缝的方法基本上可分为恢复整体性、结构补强和防渗、堵漏几个方面。

(1) 缝宽在 0.1mm 以下表面无渗水的龟裂缝，不影响混凝土结构强度的，可不加修理。但对处于高流速下比较密集的龟裂缝，宜用环氧砂浆进行表面涂抹，以增强其抗冲耐蚀能力。

(2) 缝宽在 0.1mm 以上的无渗水裂缝，当不影响结构强度时，为防止钢筋锈蚀，可采用表面胶泥粘补的方法。

(3) 有小量渗水，但不影响结构强度的少数裂缝，可采用凿槽嵌补和喷浆等方法。

(4) 数量较多，分布面积较广的细微裂缝，当不影响结构强度时，可采用水泥砂浆抹面，浇筑混凝土隔水层、沥青混凝土防水层或表面喷浆等方法。

(5) 渗漏较大，但对结构强度无影响的裂缝，可在渗水出口面凿槽，把漏水集中导流后，再嵌补水泥砂浆或其他材料；如渗漏量较大，最好在渗水进口面粘补胶泥或粘补其他材料。也可凿槽嵌补环氧焦油砂浆或酮亚环氧砂浆等材料，或采用钻孔灌浆堵漏的方法。

(6) 开裂的伸缩缝，要区分有无渗漏两种情况。不渗水的可采用凿槽嵌补的方法；有渗水的则要加止水片，然后封补。

(7) 沉陷缝应首先加固基础（例如采用灌浆的方法），然后堵塞裂缝，必要时可辅以其他措施以增强结构的整体性。恢复或增强结构整体性的方法有：浇筑新混凝土或新钢筋混凝土、灌水泥浆或水泥砂浆、喷水泥浆或水泥砂浆、钢板衬护、钢筋锚固或预应力锚索加固等。

4.3.8　空蚀的处理

泄槽段空蚀的产生主要是边界条件不良所致，如底板、翼墙表面不平整，弯道不符合流线形状，底板纵坡由缓变陡处处理不合理等均容易产生空蚀。对空蚀的处理，一方面可通过改善边界条件，尽量防止空蚀产生；另一方面需对产生空蚀的部位进行修补。

学生工作任务书

<table>
<tr><td>课程名称</td><td colspan="3">水工建筑物监测与维护</td><td>项目四</td><td colspan="3">溢洪道的养护与修理</td></tr>
<tr><td>班级</td><td></td><td>姓名</td><td></td><td>日期</td><td></td><td>学时</td><td>4</td></tr>
<tr><td>工作内容与目标</td><td colspan="7">①溢洪道病害产生的原因；
②溢洪道检查的内容和方法；
③溢洪道的日常养护；
④如何扩大溢洪道的泄洪能力；
⑤处理溢洪道冲刷破坏的方法</td></tr>
<tr><td>工作步骤</td><td colspan="7">①老师布置任务；
②学生收集资料、学习资料；
③学生到水工管理仿真实训场进行各项实操训练；
④老师评价、总结；
⑤学生总结、自评、互评</td></tr>
<tr><td>提交成果</td><td colspan="7">①强化训练；
②实操成果；
③总结报告</td></tr>
<tr><td>考核要点（知识、技能、态度）</td><td colspan="7">①溢洪道的组成，溢洪道病害产生的原因；
②溢洪道日常检查和非常时期的检查；
③正常溢洪道和非常溢洪道的管理养护；
④如何扩大溢洪道的泄洪能力，明白溢洪道的破坏原因，知道处理溢洪道的冲刷破坏；
⑤自主学习能力和分析能力，善于总结经验和创新；
⑥具有工作责任感和团结协作精神</td></tr>
<tr><td>考核方式</td><td colspan="7">①知识考核采用笔试、现场提问；
②技能考核依据实际操作情况和分析报告</td></tr>
<tr><td rowspan="3">工作评价</td><td colspan="5">教师评价：</td><td colspan="2">签名：</td></tr>
<tr><td colspan="5">自评：</td><td colspan="2">签名：</td></tr>
<tr><td colspan="5">小组内同学互评：</td><td colspan="2">签名：</td></tr>
</table>

强　化　训　练

一、填空题

1. 河岸式溢洪道包括________和________两大类。

2. 溢洪道的观测项目有________、________、________、________等。

3. 溢洪道的病害主要有________、________、________、________、________、________和________。

二、简答题

1. 简述正槽式溢洪道的工作特点。

2. 溢洪道的日常检查主要有哪些内容?

3. 溢洪道日常养护的内容包括哪些?

4. 在高速水流下如何保证溢洪道底板结构安全?

5. 溢洪道泄洪能力不足的原因是什么? 可以采取哪些措施加大泄洪能力?

项目5　渠道及渠系建筑物养护与修理

学习情境5.1　渠道及渠系建筑物的日常养护

渠道及渠系建筑物统称为渠道系统，渠系建筑物是为渠道正常工作和发挥其各种功能而在渠道上兴建的以土工、圬工、混凝土等材料构成的输水建筑物。按功能可分为：

(1) 控制、调节和配水建筑物。用于调节水位，分配流量，如节制闸、分水闸、斗门等。

(2) 交叉建筑物。用以穿越河渠、洼谷、道路及障碍物，如渡槽、倒虹吸管、涵洞、隧洞等。

(3) 泄水建筑物。如泄水闸、退水闸、溢流堰等。

(4) 落差建筑物。即落差集中处的连接建筑物，如跌水、陡坡和跌井等。

(5) 冲沙和沉沙建筑物。如冲沙闸、沉沙池等。

(6) 量水建筑物。如量水堰、量水槽等，也可利用其他水工建筑物量水。

(7) 专门建筑物和安全设备。如利用渠道落差发电的水电站，通航渠道上的码头、船闸和为人、畜免于落水而设的安全护栏。

渠系建筑物数量多、总体工程量大、造价高，故应向定型化、标准化、装配化和机械化施工等方面发展。它与其他水工建筑物一样，由于自然界物理、化学作用的影响和设计、施工方面存在的缺陷，管理不当等原因而需要经常维修。为保证渠道系统的正常输水和工程效益的充分发挥，必须搞好渠道及渠系建筑物的维修工作。

渠道及渠系建筑物的日常养护工作包括：

(1) 禁止在渠道上拦坝壅水、任意挖堤取水和任意排水入渠，以及铲草取土、种植庄稼和放牧等损害渠道的活动，以保证渠道的正常运用。在填方渠道附近，不准取土、挖坑、打井、植树和开荒种地，以免渠堤滑坡和溃决。有山溪水入渠的地方，要采取措施防止砂石及污物入渠，并保护渠道不受冲刷。

(2) 渠道与渠系建筑物的连接部位常因夯填不实而容易发生漏水，导致塌坡溃决事故的发生，要经常检查，必要时应停水修理。

(3) 要经常清理渡槽的进出口和槽身内的淤积及漂浮物，以保证渡槽的输水能力。当发现槽身有过大变形或伸缩止水破坏时，应停水修理。对原设计未考虑交通的渡槽，应禁止人、畜通行，防止意外事故的发生。

(4) 倒虹吸管的进口应设拦污栅，输水期间应经常打捞栅前污物，出口亦应设置保护栅，防止块石滚入，特别要防止倒虹吸管口的淤积和堵塞。严寒地区在冰冻前，应将倒虹吸管内积水抽干，若抽干有困难，也可将进出口封闭，使管内温度保持0℃以上，以免冻裂管道。

(5) 无压涵洞要防止下游壅水过高而造成流态不稳和带压运用的不正常现象。

(6) 跌水要防止跌坎倒塌，陡坡要防止底板冲刷和滑塌。侧墙和底板的漏水要及时修理。消力池内的砂石等淤积物应经常清除。

（7）渠道上的闸门及启闭设备要经常保养，以能延长使用寿命。对有缺损和腐烂的设备，应及时修复或更换。

（8）对渠道及渠系建筑物出现的一些缺陷，如裂缝、沉陷、兽洞蚁穴、灰浆脱落等应采取措施及时修复。对可能产生滑坡的堤段应及时处理，防止滑坡的产生。

学习情境5.2　渠道及渠系建筑物的维修

5.2.1　渡槽的加固处理

渡槽在运用中，可能因种种原因，如设计不合理、施工质量差、地基承载力不足等，导致渡槽拱圈断裂或失稳以及墩座下沉的险情，此时，应立即采取措施进行处理。

1. 支墩加固处理

（1）连拱式渡槽任一跨拱圈的失稳，都会导致其他拱跨的连锁破坏。为使一跨拱圈失稳不致引起其他拱跨的全部毁坏，可对每隔若干跨中的一个支墩进行加固，其方法有槽墩两侧加斜支撑和加大支墩断面两种，如图5.2.1所示。

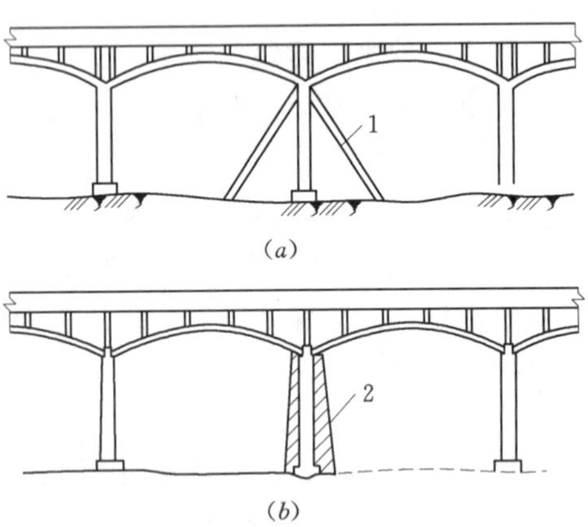

图5.2.1　连拱渡槽预防连锁破坏示意图

（*a*）加斜支撑；（*b*）加大支墩断面

1—斜支撑；2—加大部分

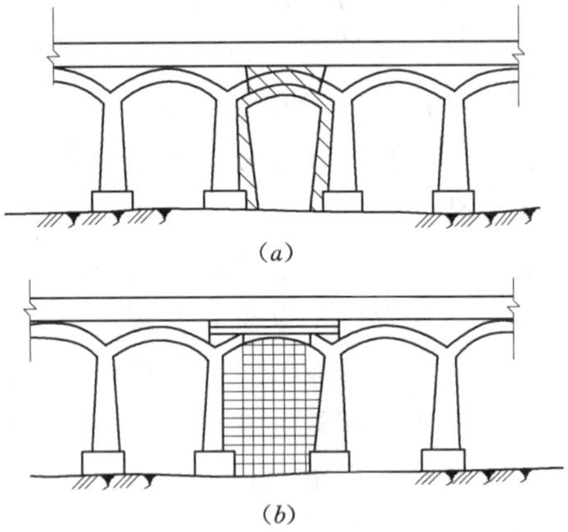

图5.2.2　连拱渡槽支墩加固示意图

（*a*）圬工支顶；（*b*）排架支顶

（2）连拱式渡槽的某一跨发现拱圈较大开裂时，应立即用浆砌石（或砖）在该跨设支顶，也可采用木排架或钢质排架支顶，以防垮拱倒塌，如图5.2.2所示。

2. 基础下沉处理

（1）在渡槽运用中发现支墩下沉，但还不致影响渡槽的正常使用时，可采用扩大基础，减小地基承受的单位荷载的方法来加固，如图5.2.3（*a*）所示。

（2）当基础沉陷过大，影响渡槽正常运用时，应将基础恢复原位。此时，可采用扩大基础，顶回原位的措施处理，如图5.2.3（*b*）所示，即是将基础周围的填土

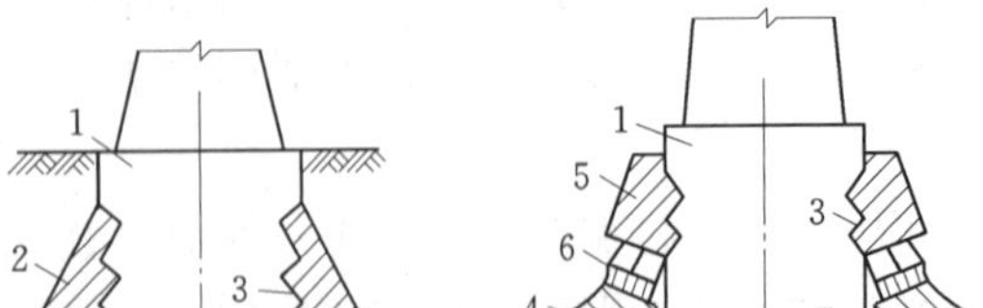

图5.2.3　渡槽支墩基础加固示意图

1—原基础；2—基础加宽部分；3—斜形凹槽；4—混凝土底盘；5—混凝土支撑体；6—千斤顶；7—空隙

挖除，用混凝土浇筑底盘和支持体，待混凝土达到设计强度后，在底盘与支持体之间安置若干个千斤顶，将槽墩顶起至原来位置，再用混凝土填实千斤顶两侧空间，待达到设计强度后，取出千斤顶，并用混凝土回填密实，最后用回填灌浆填实原基底空隙。

5.2.2　渠道病害防治

5.2.2.1　渠道滑坡的治理

渠道的滑坡多在深挖方地段发生，其主要原因有设计边坡过陡；地质条件较差；雨水入渗等。这种滑坡一旦发生，清理工作量很大，严重影响渠道的正常输水，因此，需做好滑坡地段的处理工作。

当过陡的边坡改为缓坡有困难时，可根据具体情况，分别采用暗涵、钢筋混凝土板加对撑或反拱底板加预制箱格挡土墙等办法处理，如图 5.2.4 所示。

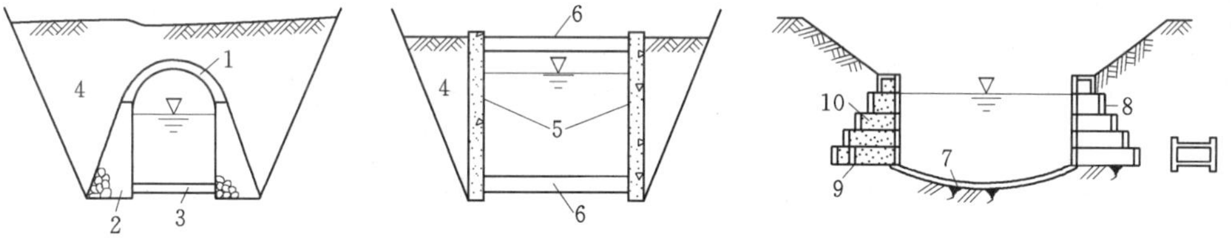

图 5.2.4　渠道滑坡处理示意图

(a) 暗涵；(b) 钢筋混凝土板加对撑；(c) 反拱底板加预制箱格挡土墙

1—顶拱；2—侧墙；3—底板；4—坡土回填；5—钢筋混凝土板；6—钢筋混凝土对撑杆；7—混凝土反拱底板；8—预制箱格；9—混凝土；10—砂卵石或贫混凝土埋块石

5.2.2.2　渠道防渗技术

土质渠道的渗漏一般都较大，据有的灌区实测，其渗漏量约占渠首引入水量的 40%～50%。当渠道土质较差或填筑质量不良时，其渗漏量将更大，因此，渠道的渗漏严重影响灌溉效益的发挥。另外，严重渗漏可能使渠岸遭到渗透破坏，引起塌滑和溃决。所以，加强渠道防渗工作，对提高灌溉效益和保证渠道正常运用有着非常重要的意义。

渠道防渗工程技术措施很多，常用的措施有如下几种。

1. 土料夯实防渗

土料夯实法是将渠床除草清淤后，翻松表层土，在最优含水量情况下再将松土分层夯实。为利于层间结合，前一层夯实土的表面应刨毛。夯实层的总厚度，温暖地区一般为 30～50cm，冰冻地区为 50cm 以上，并根据冻土深度另加保护层。这是降低渠床土壤透水性的一种方法，不需添加任何材料，具有施工简便，经济实用的优点，但防渗效果较差，适用于黏性土渠道。

2. 黏土护面防渗

此法是将渠床修整后，铺上一定厚度的黏土或掺合料，在最优含水量时进行夯实，即成黏土防渗护面。为保证防渗效果，黏土防渗层的厚度一般为 15～30cm，对于大型渠道，其厚度可随水深的增加而增厚，常采用 25～40cm。纯黏土易干缩开裂，当黏粒含量高于 50%时，可掺入适量的砂，土砂重量比一般为 1∶07～1∶1。产卵石地区也可掺入适量卵石，黏土、砂、卵石的重量比一般为 1∶（0.43～0.5）∶（0.3～0.57）。黏土护面防渗具有施工简便，能就地取材，造价低的优点，但因易干裂和冻融而影响防渗效果，抗冲刷能力也较差，只适刚于黏土料丰富，流速不大的渠道。

3. *三合土护面防渗*

三合土由石灰粉、砂、黏土以重量比为1∶（1～1.5）∶（4～6）拌制而成，是一种很好的防渗材料。施工时，先将三者按比例配合拌匀，再加水（灰土含水量控制在35%左右）拌匀后堆置一段时间，使石灰充分沤熟即可铺筑。防渗层的厚度一般为25～30cm，铺筑时渠坡应分层铺设夯实，每层厚30～35cm，逐层上升至渠顶，然后削坡拍打至出浆。为提高防渗性能和表面强度，可在阴干后的三合土表面涂刷一层青矾（硫酸亚铁）水，再拍打一次，效果较好。采用三合土防渗护面可就地取材，且防渗效果好，但施工工艺要求高，若施工质量控制不好，容易剥落和裂缝，一般适用于盛产石灰地区流量不大的中小型渠道，在严重冰冻地区不宜采用。

4. *砌石护面防渗*

砌石防渗常用的有浆砌块石防渗和干砌石板勾缝防渗两种。浆砌块石的厚度一般为20～30cm，砌筑砂浆可用30～50号水泥黏土（或石灰）砂浆，再用80～100号水泥砂浆勾缝［图5.2.5（*a*）］。干砌石板防渗即是在石板干砌时预留1～2cm缝隙，缝间用砂浆填实止水。砌石防渗护面的常见断面为梯形［图5.2.5（*b*）］，在陡峻山坡的渠道，才采用挡土墙式的近似矩形断面［图5.2.5（*c*）］。

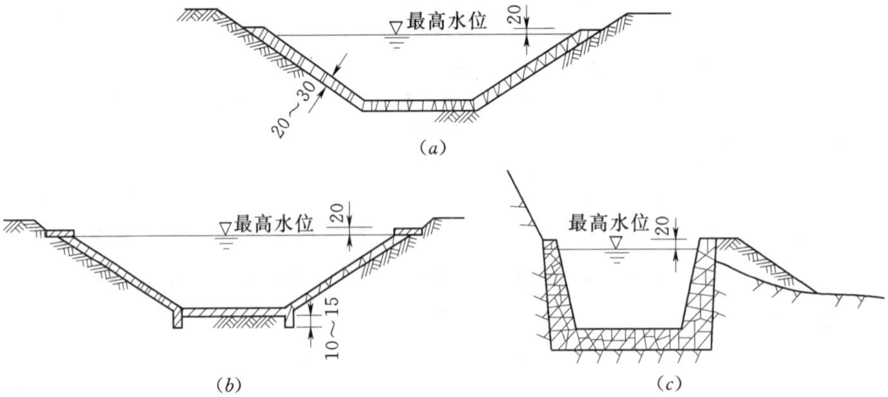

图5.2.5 砌石防渗示意图（单位：cm）
（*a*）浆砌块石防渗；（*b*）干砌石板防渗；（*c*）浆砌石挡墙防渗

砌石防渗护面具有就地取材、施工方便、防渗效果好和坚固耐用的优点，适用于采石方便地区的渠道防渗。

5. *砌砖护面防渗*

对于缺乏其他防渗材料的地区，可用砌砖防渗。防渗用砖多采用普通黏土砖，砌筑厚度应视边坡缓陡和设计要求而定，一般为单砖平砌和单砖立砌，砌筑砂浆可用50号水泥砂浆。

近年来，福建省用煤渣砖做渠道防渗护面材料的试验已取得较好的成果。煤渣砖由消化沤透的煤渣掺入重量6%的水泥，在控制含水量条件下，根据颗粒要求磨细冲压而成，其渗透系数达1.7×10^{-8}cm/d。用煤渣砖作为渠道防渗材料具有就地取材、变废为利、制造简便，施工容易和造价较低等优点，适用于温暖和较寒冷地区中小型渠道的防渗。

6. 混凝土护面防渗

用混凝土衬砌渠道具有防渗效果好、糙率小、经久耐用和适应性强等优点，是一种被广泛采用的防渗措施，但一次投资较大，需要大量水泥。按其施工方式不同可分就地浇筑、预制装配和压力喷射 3 种。就地浇筑法与渠床的结合较好，分块尺寸较大，一般为 $5m^2$ 左右，所以衬砌接缝少。预制装配的施工受气候条件影响少，能缩短衬砌期，混凝土的质量易保证，但为便于人力搬运砌筑，其每块尺寸较小，一般为 $1\sim1.5m^2$，因此接缝较多。压力喷浆与渠床结合好，施工工序少，进度快，能节省劳力，单位衬砌的造价低，但需一套喷浆机具。渠道衬砌多采用素混凝土，只有在地质条件特别差时，才使用钢筋混凝土。混凝土的标号一般为 100～150 号，其衬砌的厚度，南方一般为 5～10cm，北方为 10～15cm。为防止衬砌因地基不均匀沉陷和温度影响而发生裂缝，衬砌应设置温度沉陷缝。纵缝一般设在渠底与边坡的连接处和渠坡的折线处；当底宽超过 8m 时，在渠底中部可另设纵缝；当边坡衬砌长度超过 8m 且为填挖方组成时，亦应设置纵缝。横缝的间距一般不超过 5m。缝的宽变一般为 1～3cm，其间设止水，常用的止水措施有沥青水泥（水泥∶沥青∶砂为 1∶1∶4）、聚氯乙烯胶泥和塑料油膏等。

7. 塑料薄膜防渗

塑料薄膜用于渠道防渗具有投资少、效果好的优点，已为很多灌区所采用。根据我国目前生产的塑料薄膜情况，以选用聚氯乙烯薄膜为好，因其生产量大、品种多、价格低。薄膜的厚度采用 0.12～0.2mm 为宜，且以黑、棕等深颜色的为好。

施工时，先将渠床表层 30～40cm 厚的土挖出，清除杂草、树根、石块等坚硬杂物，避免回填时刺破薄膜，并将渠床夯实整平；将塑料薄膜裁剪成长 50～100m 的段，利用热合机拼宽成渠道横断面边长所需要的尺寸，然后将其折卷以利搬运。铺设前将渠床洒水湿润，展开薄膜并紧贴在基土上，但薄膜切忌拉得过紧，最好能均匀地留有小褶纹，铺好后用松软湿土压住边缘。铺好薄膜后应当天回填土层保护，土层的厚度约为 20～40cm。

塑料薄膜铺设渠道的基槽形式，如图 5.2.6 所示，其中以复式矩杉基槽和锯齿形基槽的稳定性较好。

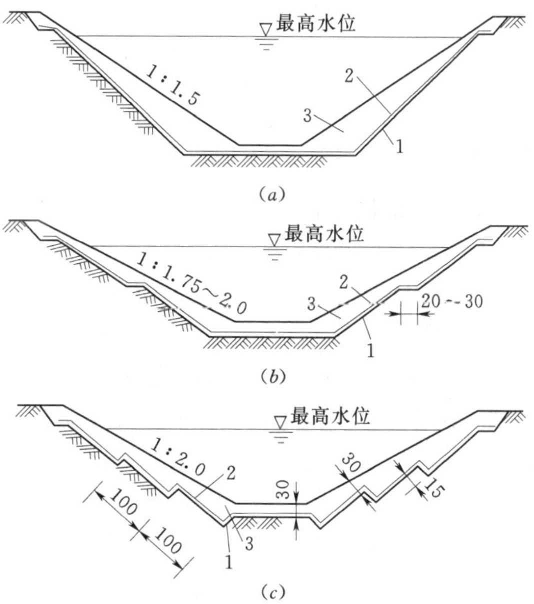

图 5.2.6　塑料薄膜铺设渠道的基槽形式（单位：cm）
（a）梯形基槽；（b）复式梯形基槽；（c）锯齿形基槽
1—基槽形状；2—塑料薄膜；3—回填保护层

5.2.2.3　渠道冲刷及处理

1. 冲刷产生的原因

渠道冲刷主要发生在狭窄处、转弯段以及陡坡段，这些渠段水流不平顺且流速较大，往往造成渠道的冲刷。具体原因主要是设计不合理、施工质量差和管理运用不善等。

2. 冲刷的处理

渠道冲刷问题应根据冲刷产生的原因，采取相应措施进行处理。

(1) 因渠道设计问题，造成渠道流速超过渠道不冲流速，导致渠道冲刷时，可采取建跌水、陡坡、砌石护坡护底等办法，调整渠道纵坡，减缓流速，达到不冲的目的。

(2) 渠道土质不好，施工质量差，引起大范围的冲刷时，可采取夯实渠床或渠道衬砌措施，以防止冲刷。

(3) 渠道弯曲过急、水流不顺，造成凹岸冲刷时，根治办法是：如地形条件许可，可裁弯取直，加大弯曲半径，使水流平缓顺直，或在冲刷段用浆砌石或混凝土衬砌。

(4) 渠道管理运用不善，流量猛增猛减，水流淘刷或其他漂浮物撞击渠坡时，可从加强管理入手，避免流量猛增猛减，消除漂浮物。

5.2.2.4　渠道淤积及处理

1. 淤积产生的原因

渠道淤积主要是由于坡水入渠挟带大量泥沙所致，此外，有些灌区水源含沙量大，取水口防沙效果不好也会带来泥沙淤积。

2. 淤积的处理

(1) 防淤。

1) 在渠道设置防沙、排沙设施，减少进入渠中的泥沙。

2) 改变引水时间，即在河水含沙量小时，加大引水量，在河水含沙量大时，把引水量减到最低限度，甚至停止引水。

3) 防止客水挟沙入渠。如遇大雨、发生山洪，应严防洪水进入渠道，淤积渠床。

4) 用石料或混凝土衬砌渠道。通过衬砌渠道，减小渠床糙率，加大渠道流速，从而增大挟沙能力，减少淤积。

(2) 清淤。渠道产生淤积后，渠道过水断面减小，输水能力降低。因此，为了保证渠道能按计划进行输水，必须进行清淤。渠道清淤的方法，有水力清淤、人工清淤、机械清淤等。

1) 水力清淤。在水源比较充足的地区，可在每年秋冬非用水季节，利用河流、水库或泉源含沙量很低的清水，按设计流量引入渠道，有计划有步骤地分段用现有排沙闸、泄水闸等工程泄水拉沙，先上游后下游，逐段进行，最后一段泥沙从渠尾排入河道中。在淤积严重的渠段，可辅以人工用铁锨、铁把等工具搅动，加强水流挟沙能力。有的渠道也常利用防洪、岁修断流时机，泄水拉沙，效果也较好。

2) 人工清淤。人工清淤是我国目前运用最普遍的清淤方法。在渠道停水后组织人力用铁锨等工具挖除渠道淤沙。一般一年进行1～2次，北方地区在秋收后至土地冻结前进行一次，春季解冻后再进行一次；南方地区多与岁修结合起来进行清淤。人工清淤时应注意不要损坏渠道边坡。

3) 机械清淤。使用机械清淤能节省大量的劳力，提高清淤效率。主要应具备以下条件：①沿渠要有通行机械的道路；②渠道植树应考虑机械清淤的要求；③泥沙堆积段比较集中，要具备处理措施。机械清淤，主要是用吸泥船、挖土机、开挖机、推土机、塔式铲运装置等机械来清除渠道中的淤沙。

5.2.2.5 渠道防洪

1. 洪毁产生的原因

山丘区、洼地灌区，由于渠系规划，渠道所通过的地段，打乱了原有的天然水系，截断了许多沟谷，沿渠线路将形成许多的小块积雨面积，遇有汛期，这些小块的集雨范围内会形成暴雨洪水，如果不及时处理，将造成山洪灾害，影响渠道的正常运用，甚至造成渠系工程的破坏。

2. 防洪措施

要做好渠道防洪，应着重解决以下问题。

(1) 复核渠道的防洪标准，对超标准洪水应严格控制入渠。

(2) 在渠道与河沟相交时，应设置排洪建筑物。傍山渠道应设拦洪、排洪沟槽，将坡面的雨水、洪水就近引入天然河沟。

(3) 加强渠道上的排洪、泄洪工程管理，保持排泄畅通。当渠道被洪水冲毁后，应及时进行修复。

5.2.2.6 渠道防风沙

在气候干旱、风沙很大的地区，渠道常会遭到风沙埋没，影响渠道正常工作。风沙的移动强度决定于风力、风向和植被对固沙的作用等，一般 3～4m/s 的风速，就可使 0.25mm 的沙粒移动。防止风沙埋渠的根本措施是营造防风固沙林带进行固沙。陕西榆林地区一般在渠旁 50m 宽范围内，垂直主风向，营造林带，交叉种植乔木与灌木，起到了较好的防风固沙作用。此外，如当地有充足的水源条件，可引水冲沙拉沙，用水拉平渠道两旁的沙丘，也可减少风沙危害。

5.2.3 输水涵洞断裂漏水的处理

5.2.3.1 输水洞的断裂破坏原因

1. 输水隧洞洞身衬砌断裂破坏的常见原因

隧洞与坝下涵洞比较，工作安全可靠，养护修理任务小。但是，由于设计、施工及运用管理方面存在的缺点也会引起断裂漏水事故，常见的原因有下列几个方面：

(1) 洞周岩石变形或不均匀沉陷。如隧洞经过地区岩石质量较差，开挖隧洞后，由于岩石变形，衬砌将遭受过大的应力而破坏。例如奥地利格尔乐斯压力隧洞，有一排水检查廊道，位于隧洞下部而与隧洞平行，隧洞与廊道之间只有一层较薄的混凝土隔开，基岩为石英千叶岩和页岩，部分裂成片状，间或有黏土夹层。运用后发生 4 起破坏，都在排水廊道右边。事后进行详细分析，认为破坏是由于洞周岩石变形引起的，并和衬砌钢板质量较差有关。又如日本殿渊第三电站隧洞因通过石膏矿坑道，引起隧洞不均匀沉陷，因而混凝土衬砌发生多次裂缝破坏。

(2) 衬砌质量差。隧洞衬砌质量不好也会引起隧洞破坏。例如澳大利亚的悉尼压力隧洞，基岩为透水性较大的砂岩，节理发育，设计要求用高标号混凝土衬砌。但施工质量很坏，混凝土抗压强度最高为 1580N/cm^2，最低仅 292N/cm^2，从隧洞的拱腹和拱顶所取试件的强度最低衬砌和周围岩石间的空隙系用灌浆方法堵塞，施工后发现洞顶衬砌与岩石间仍有成排的空穴存在。由于施工质量令人怀疑，因此采用了分段压水试验，试验结果在埋藏较浅的一段中，当压力还没有达到设计最大水头时，大量的水即被压出地面，停止试验进行检查，发现有 300m 长一段混凝土衬砌已严重损毁。在按理论计算覆盖足够深的地段，虽然衬砌只发生一些小裂缝，但上部岩石都已有明显的变形迹象，位移方向与隧洞轴线方向一致，位移量约为1.3～1.9cm。

(3) 由于水锤作用产生谐振波而引起衬砌裂缝。一些隧洞的破坏事故证明，即使在设有调压井的压力隧洞内，由于产生高次谐振波可以越过调压井而使隧洞内发生压力波破坏衬砌。例如坎德斯提电站的压力隧洞，末端有一容量为1.5万m^3的调压井。经过长期运用后，隧洞衬砌曾3次在同一地点发生裂缝。最后一次破坏，使渗水积聚在一层倾斜的不透水岩层上，使山脚下出现一股泉水，随之整个山坡发生了滑动，导致附近地区的生命财产遭受很大的损失。

(4) 其他原因引起的隧洞衬砌断裂。当隧洞衬砌所受山岩压力大大超过设计计算数值，或由于隧洞原有截渗设备失效，致使隧洞周围地下水位大幅度升高，地下水压力远大于设计预料数值时，均将造成原有衬砌厚度显得不够，从而引起断裂。也有的隧洞由于衬砌层外残留的施工临时木支撑腐朽，使衬砌与洞壁间出现空隙，在内水压力等作用下，造成隧洞衬砌纵向或横向裂缝。也有的隧洞，由于运用管理不当而造成断裂漏水。例如用闸门控制进水的无压隧洞，由于操作疏忽，使工作闸门开度过大，造成洞门充满水流，形成有压，致使隧洞衬砌在内水压力作用下发生断裂。

2. 坝下涵洞断裂破坏的常见原因

(1) 地基不均匀沉陷。坝下输水涵洞理想的要求是修建在完整同一性质的岩石地基上。但实际上涵洞地基的情况往往是比较复杂的，有的需要穿越岩石和风化岩，岩石和土基，土和砂卵石等交替地带。即使是比较均匀的软土地基，也往往由于洞上坝体填土高度不同而产生不均匀沉陷。因此，如果对不均质地基不采取有效处理措施，涵洞建成后产生不均匀沉陷，就可能使洞身产生断裂破坏，甚至影响坝体安全。

河北省柏山水库坝高28.5m，坝下有1m×0.8m的砌石方涵，洞顶是混凝土盖板，修建在均质黄土地基上，其中有约20m长的一段是回填土，回填前该处原先是一道冲沟。由于该段填土质量不好，又没有妥善采取加固基础的处理措施，所以涵洞建成后地基产生不均匀沉陷，洞身出现了十几处环向断裂，回填土部分的洞身整段下沉，最大错距达30cm。

山东省卧虎山水库坝高40.5m，坝下钢筋混凝土涵管，直径2m，涵管基础为20多m深的土与砾卵石互层。由于荷载分布不均，坝顶部位的荷载最大，因而产生了不均匀沉陷，造成管壁断裂。涵管于1971年建成，1972年断裂3处，1973年又断裂5处，最大裂缝宽度7～8mm，1974年又发生2处断裂，从1972年到1975年共先后4次灌浆处理，处理过的断裂部位，没有重新断裂。

(2) 荷载集中。有的水库，坝下涵洞局部有集中荷载，如闸门竖井等，如果竖井和洞身间不设伸缩缝，就会造成洞身断裂。如安徽省三湾水库的浆砌块石涵洞，由于洞身与闸门井附近未设沉陷缝，在闸门下游洞身出现了环向裂缝。裂缝的位置，顶部距闸门1.3～1.5m；底部距闸门2～2.2m，两边墙的裂缝稍倾斜，形成连续环形折裂。

(3) 结构强度不够。由于设计采用的材料尺寸偏小，钢筋不够或荷载超过原设计等原因，使涵洞本身材料强度不够，以致断裂。

河北省东沟水库的方形涵洞，填土高度20m，钢筋混凝土顶板厚度30cm，洞身的断面为1.8m×1.5m，根据估算当洞身的断面为1m×1m时，混凝土顶板至少需要32cm。

由于实际工程采用的顶板厚度比设计要求偏小，因此该水库涵洞在运用中，顶板出现了纵向裂缝，这与顶板强度不够有直接关系。

广西壮族自治区的那板水库导流洞，原设计洞顶最大填土高度为10m，后因改为永久性涵洞，洞顶填土高度达48.8m，涵洞的结构强度显然不够，但事先未做补强工作，当土坝加高后，洞内顶板出现了长达170m的纵向裂缝，遭受严重破坏。

(4) 洞内水流流态发生变化。坝下无压输水涵洞在结构设计上不考虑承受内水压力，但由于思想上疏忽、制度不严、操作错误或对结构要求不清楚等原因，使洞内水流流态由无压变为明满流交替，或有压流，以致在内水压力作用下，造成洞身的破坏。如山东省松山水库坝下涵洞为1.0m×1.5m浆砌块石无压矩形涵洞，因平板钢闸门一滚轮脱落，准备修理，没有采取减流措施即将闸门抬起，使洞内充满水变成压力流，造成条石盖板裂缝，机房沉陷开裂。

(5) 洞身接头不牢。一些水库坝下埋设混凝土管，但接头不牢固，发生断裂漏水。例如河北省燕窝庄水库，坝下埋有内径50cm的混凝土管，阀门设在涵洞出口。蓄水后发现涵管出口附近坝坡上冒浑水，在坝下游坡出现了塌坑。经开挖检查发现在阀门上游有一个管的接头强度不够，在内水压力作用下引起断裂。

(6) 洞身施工质量差洞壁漏水。一些水库洞身施工质量不好，形成洞壁漏水。如广西壮族自治区石祥河水库坝下埋设内径2m的钢筋混凝土圆管，因浇筑混凝土时未仔细振捣，以致管壁质量不好，出现蜂窝。水库蓄水后就漏水，初期漏水量0.44m^3/s，以后漏洞被水溶蚀，漏水量增达0.69m^3/s。又如安徽省横山嘴水库，由于卧管质量不好，漏水量达0.5m^3/s。10d不下雨就漏成空库，无法蓄水。

5.2.3.2　输水涵洞断裂漏水的处理方法

1. 用水泥砂浆或环氧砂浆封堵或抹面

对于隧洞衬砌和涵洞洞壁的一般裂缝漏水，可采用泥砂浆或环氧砂浆进行处理。通常是在裂缝部位凿深2～3cm，并将周围混凝土面用钢钎凿毛。然后用钢丝刷和毛刷清除混凝土碎渣，用清水冲洗干净，最后用水泥砂浆或环氧砂浆封堵。

环氧砂浆是一种强度较高的材料，它比一般混凝土的强度要高3～4倍，因此在水利工程的维修工作中得到广泛的应用。

2. 灌浆处理

坝下输水涵洞洞身断裂可采用灌浆进行处理。对于因不均匀沉陷而产生的洞身断裂，一般要等沉陷趋于稳定，或加固地基，断裂不再发展时进行处理。但为了保证工程安全，可以提前灌浆处理，灌浆以后，如继续断裂，再次进行灌浆。有的水库就是通过4次灌浆才处理成功的。

灌浆处理通常可采用水泥浆。断裂部位可用环氧砂浆封堵。如山东省日照水库就是用这样方法来处理钢筋混凝土涵洞断裂的。

洞身断裂还可采用灌环氧浆液处理。灌浆施工工艺共分6道工序。

(1) 表面处理。用喷灯沿裂缝进行烘干，烘干宽度范围50～60cm，在烘干的同时沿缝用钢丝刷清除碎屑污物，缝两边各见新茬8cm（清除厚度2mm左右），并沿缝剔成V形槽，深1.5～2cm，宽度2～3cm。将粉末渣清除干净，用棉纱蘸丙酮将处理部位全部擦洗一遍。

（2）封闭缝隙。裂缝表面处理好之后，均匀涂刷一层环氧基液，厚约0.5～1.0mm，然后在槽内回填环氧水泥砂浆封闭裂缝。

（3）粘贴灌浆管嘴。管嘴沿裂缝布置，间距25～30cm，缝两端各布置一孔，在需设管嘴的地方做好记号，把管嘴底盘用丙酮擦干净，然后用环氧水泥浆将管嘴粘贴在既定的位置上。浆液通过管嘴灌入缝隙。

（4）试气。一般在裂缝封闭一天后即可试气。试气的目的是通过压缩空气吹净残留于裂缝内的积尘，检查裂缝的贯通情况、管嘴通气情况、裂缝封闭质量。检查时依次把管嘴与输风管接通，在邻近管嘴、封闭带上和周围刷肥皂水。如发现冒泡漏气处，可用环氧水泥浆封堵。

（5）浆液配制。浆液配比及配制方法如下：将6101环氧树脂∶二丁酯：501∶二甲苯（比例：100∶5∶20∶20）拌和均匀，再将乙二胺（18）均匀拌和成环氧浆液。

（6）灌浆。灌浆是沿裂缝从一端向另一端循序渐进，灌浆压力采用40N/cm^2，待邻近的管嘴冒浆后，立即用备好的木塞堵塞，直至不进浆或很少进浆为止。然后将灌浆管移至第二个管嘴上，继续灌浆，循序渐进，直到整条裂缝充满浆液。待最后一个管嘴冒浆后，用木塞塞住，再保持压力5～10min，灌浆即待结束。灌浆后1～2d，即可将管嘴剔下，用环氧水泥浆填补压平，并沿整个封闭带均匀涂刷一层环氧基液。经过灌环氧浆液处理后12h，放水洞即可投入运用。西苇水库放水洞处理后，曾意外地经受过水锤压力的考验，已处理的裂缝完整无损，证明处理效果良好。

例如，河北省钓鱼台水库，由于运用期间产生明满流交替的半有压流态，因此运用初期，浆砌块石洞壁漏水，漏水点有29处。两年后，在92m长的洞壁上漏水点发展到59处，其中有筷子粗的漏水孔眼有13处，总漏水量为0.003m^3/s。根据这种情况，进行了灌水泥浆处理。全洞共钻孔120个，灌浆孔布设在洞壁两侧，每侧两排，上下错开呈梅花形，上排离洞底0.7～0.8m，孔深0.7～0.9m；下排离洞底0.1m，孔深1～1.2m。灌浆压力为10～20N/cm^2，后因库水位上升，因而升压灌注，最大灌浆压力达28N/cm^2。浆液为纯水泥浆，水灰比开始用4∶1，以后逐渐加稠至0.8∶1。为了加快水泥浆的凝固，在浆液中加入水量的2%速凝剂。全部耗浆量达15660kg。经灌浆处理，基本止住了漏水，效果很好。

3. 输水隧洞的喷锚支护

输水隧洞无衬砌段的加固或衬砌损坏的补强，可采用喷射混凝土和锚杆支护的方法，简称喷锚支护。喷锚支护与现场浇筑的混凝土衬砌相比，它具有与洞室围岩黏结力高，能提高围岩整体稳定性和承载能力，节约投资，加快施工进度等优点。如国内某输水隧洞采用喷锚支衬后，不仅大大节约劳力、钢材和林材，而且使工期较原方案提前了13个月。喷锚支护可分为纯喷混凝土、喷混凝土加锚杆联合支护、喷混凝土加锚杆和钢筋网联合支护等类型。

4. 涵洞内衬砌补强处理

对损坏严重的隧洞和坝下放水涵洞，因材料结构强度不够而产生纵向裂缝或横向断裂时，可采用内衬砌的方法进行补强处理。内衬砌的材料可用钢管、钢筋混凝土管、钢丝网水泥管等制成品，然后在成品管与原洞壁间填充水泥砂浆或预埋骨料灌浆。也可在洞内用现场浇筑混凝土、浆砌块石、浆砌混凝土预制块，或者支架钢丝网喷水泥砂浆等方法衬砌。无论是内套管或是内衬砌，处理前都必须将粘附在洞壁上的杂物如铁锈水沉淀物、氢氧化钙等清洗掉，并对洞壁进行凿毛、湿润，以使新老管壁结合良好。

广东省马踏石水库土坝下埋设高1.2m，宽0.6m的浆砌石涵洞，顶拱用青砖砌筑。在运用其间断裂漏水，先后有13处被漏水掏空，后来采用内套钢丝网水泥管，管壁厚3cm，在工地分段浇筑后进行安装，安装后在新老管壁间进行灌浆处理，效果很好。

福建省月洋水库土坝下有高1.2m，宽0.8m的浆砌石涵洞，洞顶为混凝土盖板。由于基础为风化岩和砂卵石、壤土等相交替，建成后产生不均匀沉陷，致使涵洞断裂，先后发现有73处漏水点。经研究采用内衬砌方法加固处理。洞底及侧墙分别浇筑厚10cm的混凝土和钢筋混凝土，顶板加了8cm厚混凝土板。新老管壁间用块石或混凝土块堵塞，并用压力灌浆灌实。处理后运用情况良好。

5. 用“顶管法”重建坝下涵洞

坝下涵洞洞径较小，无法进行加固，只好废弃旧洞，重建新洞。重建新洞以往都是挖开坝体重建，近年来，广东等地采用顶管法重建坝下涵洞，大大减少了开挖和回填土石方量，节约钢材、水泥和投资，节省劳力，缩短工期，并能保证较好的质量，为坝下涵洞的加固重建提供了一条新的途径。顶管法重建新洞，不需开挖坝体，而是在坝下游用千斤顶将预制混凝土管顶入坝体，直到预定位置，然后在上游坝坡开挖，在管道上游修建进口建筑物。顶管施工目前有以下两种方法：

(1) 导头前人工挖土法。此法系在预制管端前设一断面略大的钢质导头，用人工在导头前端先挖进一小段（每段长度按坝体土质而定，土质好的可达2m以上，土质差的可在0.5m左右），然后在管的外端用油压千斤顶将预制管逐步顶进。挖进一段，顶进一次，秩序推顶，直至顶到预定位置为止。

(2) 挤压法。在预制管端装设有刃口的钢导头，用油压千斤顶将预制管顶进，使钢导头切入坝体土壤，然后用割土绳或人工将挤入管内的土挖除运出，然后再次把管顶进，直至顶完为止。

5.2.4 倒虹吸管的病害处理

倒虹吸管是渠道穿越山谷、河流、洼地，以及通过道路或其他渠道时设置的压力输水管道，是一种交叉输水建筑物，是灌区配套工程的重要建筑物之一。倒虹吸管一般由进口、管身段和出口三部分组成。管身断面型式主要有圆形和箱形两种。

5.2.4.1 倒虹吸管的常见病害

(1) 接头漏水，管壁渗漏。

(2) 管身发生纵向和横向裂缝。

(3) 排气阀未及时打开，管内发生负压。

(4) 通过小流量时，未及时调节阀门，管道进口产生水跃，使管身震动或接头破坏。

(5) 未及时清污，杂物堵塞进口，压弯拦污栅，壅高渠水，造成漫堤决口。

(6) 洪水期，未及时打开上游泄洪闸造成洪水漫堤决口。

(7) 洪水期未及时关闸，沿山渠塌方，洪水挟带大量推移质沉积管中。

(8) 第一次放水或冬修后放水太急，管中掺气，水流回涌，顶坏进口盖板。

(9) 严寒地区，冬季未排干管内积水，冻害造成管壁裂缝。

(10) 多泥沙河流，沉沙池大量积沙，未及时放水冲沙。

(11) 裸露斜管，地面无排水系统，雨水淘刷管底，威胁管身安全。

(12) 闸门操作失灵。

除第(1)、第(2)、第(11)属于设计施工的原因外，其余都是由于管理不善造成的。因此应制订必要的规章制度及管理养护方法，并严格执行。

5.2.4.2 倒虹吸管的管理养护

倒虹吸管的管理养护制度，可分为平时巡回检查和年度冬修两种。每年冬天，要放干水，对照平时检查记录，全面检查，彻底处理。

巡回检查应着重掌握渗漏、裂缝、震动等情况。

(1) 渗漏。即管壁漏水，按其严重程度可分为三种情况，即潮湿(仅可看出水痕)、湿润(手摸有水)、渗出(如同冒汗)。对渗漏部位，发生时间，渗漏面积大小，渗漏量多少及变化情况要做详细记录，并用红漆在管壁上标明其位置。

(2) 裂缝。按发生部位及形状，可分为横向裂缝、纵向裂缝和龟纹裂缝三种。裂缝要用红漆在管上标明其位置、大小及其随温度升降变化的规律，并绘成裂缝位置图，供分析裂缝原因及采取处理措施时参考。一般裂缝都可留到冬修时处理。而现浇混凝土的干缩裂缝则要通过改进施工工艺，加强养护等措施，预以防止。

(3) 负压和震动。巡回检查中，要注意用耳倾听管内的过水声。有的倒虹吸管在越过小山包时，形成一个向上突起的弯管段。设计中在弯管顶部应有放气阀，第一次放水时要把阀门打开，排除空气，然后通水。如果忽略了这项工作，就会在这个地方造成负压，使管壁空蚀剥落。注意倾听就会听到阵发性的咚咚响声。应立即将放气阀缓缓打开，排除空气，当阀门开始喷水，即可关闭阀门。有的倒虹吸管第一次放水过急，也易在管道进口下游产生负压。所以倒虹吸管口下游应设通气孔。并应经常检查以免被杂物堵塞。

5.2.4.3 倒虹吸管的维修

1. 裂缝的处理

由于纵向裂缝的产生，使裂缝处钢筋处于高应力状态，同时裂缝的存在降低了抗渗性和抗冻性，加速混凝土表面的剥落，因而将缩短管道的寿命。

纵向裂缝的处理方案有：①对于既没有考虑运用期温度应力，又未采取隔温措施的管道要采取填土等隔温措施。②对安全因素太低的管道采用全面加固方法。③防渗方案。

(1) 隔温方案。该法是降低管道运用期的温度应力，并防止混凝土冻融。某倒虹吸管，采用两侧砌24cm厚的砖、管顶填土30cm的方案。该方案施工方便，节省材料，降温效果明显。

(2) 全面加固方案。当管道强度安全因素太低，可采用内衬钢板的全面加固方案。内衬钢板方案是在混凝土管内，衬砌一层厚4～6mm的钢板，钢板事先在工厂卷好，其外壁与钢筋混凝土内壁之间留1cm左右间隙，钢板从进出口运入管内就位、撑开，再电焊成型，然后在二者之间进行回填灌浆。该法优点是能有效地提高安全因素，加固后安全可靠，并能长期正常运行；缺点是造价高，用钢材多，施工比较困难。

(3) 防渗方案。防渗方案适用于管道强度安全系数较高，仅在管道裂缝两侧进行局部补强，以起到裂缝处防止渗水的作用。防渗方案分为刚性方案和柔性方案两种。

1) 刚性方案。包括钢丝水泥砂浆、钢丝网环氧砂浆及环氧砂浆粘钢板等三种方案。其特点是不但能防渗，而且还可分担裂缝处钢筋的一部分应力，提高建筑物的安全性。

2）柔性方案。包括环氧砂浆贴橡皮、环氧基液贴玻璃丝布、环氧基液贴麻布、聚氯乙烯油膏填缝及乳化沥青掺苯溶氯丁胶刷缝等五种。其特点是适应裂缝开合的微小变形，造价较低，施工较易。

以上方案，以环氧砂浆贴橡皮为优。对于宽度大于0.2mm的裂缝，以环氧砂浆贴橡皮处理较好；宽度小于0.2mm的裂缝，采用加大增塑性比例的环氧砂浆修补较好。以上两种方案处理的具体方法参考浆砌石与混凝土坝的有关内容。

2. 其他缺陷的处理

（1）管壁渗漏的处理。可在管内涂刷2～3层环氧基液或橡胶液。涂刷时应力求薄而匀，每日刷一次，可涂总厚约0.5mm。若为局部漏水洞或空蚀破坏，可用环氧砂浆封堵。

（2）接头漏水的处理。修补时，对于受温度影响大，仍需保持柔性接头的管道，可在接缝处充填沥青麻丝，然后在内壁表面用环氧砂浆贴橡皮。对于已填土，受温度的影响已显著减小的管道，可改用刚性接头，并在一定的距离内设柔性接头。刚性接头施工时可在接头内外口打入石棉水泥或水泥砂浆，并在内壁面涂环氧树脂处理，如图5.2.7所示。

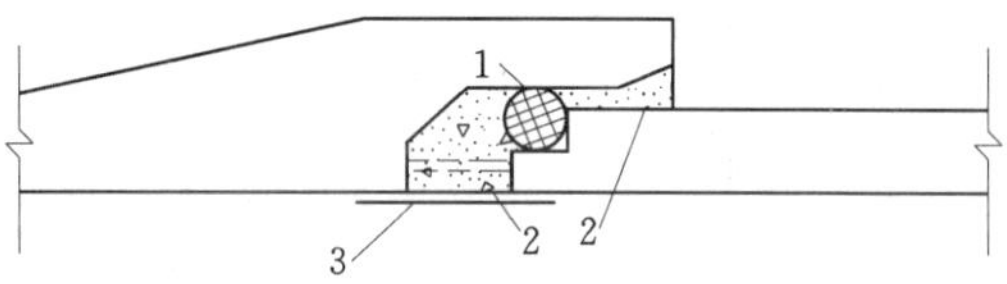

图5.2.7　接头缝漏水修补

1—止水环；2—水泥砂浆或石棉水泥；3—涂环氧树脂

钢制倒虹吸管的滑动伸缩接头漏水原因有两个：一是主管壁薄，刚度小，变形后与伸缩节的外套环钢板不吻合；二是伸缩节内填充的止水物不够密实，或压缩后回弹不足。防止钢管伸缩接头漏水，除了在设计上采取加强管壁刚度措施外，管理人员每年冬修都必须拆开伸缩节，更换新的止水材料。

（3）淤积处理。倒虹吸管的淤积包括三个方面：即漂浮物的堵塞、推移质的堆积和悬移质的沉积。漂浮物堵塞，可通过在进口设置拦污栅解决；推移质堆积，可通过设沉砂池和冲砂孔解决；悬移质沉积，只有在管道流速小于不淤流速的情况才会发生，亦可通过管道断面设计得到解决。

学生工作任务书

<table>
<tr><td>课程名称</td><td colspan="3">水工建筑物监测与维护</td><td>项目五</td><td colspan="3">渠道及渠系建筑物养护与维修</td></tr>
<tr><td>班级</td><td></td><td>姓名</td><td></td><td>日期</td><td></td><td>学时</td><td>3</td></tr>
<tr><td>工作内容与目标</td><td colspan="7">①渠道及渠系建筑物日常养护工作的内容；
②渠道及渠系建筑物各种病害的处理</td></tr>
<tr><td>工作步骤</td><td colspan="7">①老师布置任务；
②学生收集资料、学习资料；
③学生到水工管理仿真实训场进行各项实操训练；
④老师评价、总结；
⑤学生总结、自评、互评</td></tr>
<tr><td>提交成果</td><td colspan="7">①强化训练；
②实操成果；
③总结报告</td></tr>
<tr><td>考核要点（知识、技能、态度）</td><td colspan="7">①渡槽的加固措施；
②渠道滑坡、渗漏、冲刷等病害的处理方法；
③输水涵洞漏水的处理措施；
④倒虹吸裂缝、渗漏的处理措施</td></tr>
<tr><td>考核方式</td><td colspan="7">①知识考核采用笔试、现场提问；
②技能考核依据实际操作情况和分析报告</td></tr>
<tr><td rowspan="3">工作评价</td><td colspan="6">教师评价：</td><td>签名：</td></tr>
<tr><td colspan="6">自评：</td><td>签名：</td></tr>
<tr><td colspan="6">小组内同学互评：</td><td>签名：</td></tr>
</table>

强 化 训 练

一、填空题

1. 渠系建筑物有________、________、________、________、________等。

2. 渠道病害主要有________、________、________、________等。

3. 倒虹吸管裂缝中的纵向裂缝处理的方案有________、________、________。

二、简答题

1. 渠道及渠系建筑物日常养护的内容有哪些？

2. 渠道防渗有哪些措施？各有什么特点？分别适用于什么情况？

3. 渡槽支墩加固的方法是什么？

4. 渠道冲刷的原因和处理措施有哪些？

5. 如何进行倒虹吸管的巡回检查?

6. 输水隧洞洞身衬砌断裂的原因有哪些?

7. 坝下涵洞断裂破坏的原因是什么? 断裂漏水的处理方法有哪些?

项目6 堤坝防汛抢险

防汛是汛期掌握水情变化和工程状况，做好水量调度和加强建筑物及其下游安全并保证建筑物及其下游安全度汛的工作；抢险是在建筑物出现险情时，为避免失事而进行的紧急抢护工作。

学习情境6.1 防汛指挥系统

1998年实行的《中华人民共和国防洪法》规定，我国防汛抗洪工作实行各级人民政府行政首长负责制，统一指挥、分级分部门负责。防汛工作实行“安全第一，常备不懈，以防为主，全力抢险”的方针，遵循团结协作和局部利益服从全局利益的原则。

防汛指挥是防汛工作的核心，正确发挥其职能是防汛成功的关键，如果防汛工作不当或指挥调度失误，将造成不可挽回的损失，同时其他职能部门需要通力合作，才能取得防汛抗洪的胜利。

6.1.1 防汛指挥系统的组成

防汛指挥工作担负着发动群众，组织社会力量，从事指挥决策等重大任务，而且需要进行多方面的协调和联系。因此，需要建立强有力的组织机构，担负有机的配合和科学的决策，做到统一指挥，统一行动。建立和健全各级防汛指挥系统并明确其职责是取得防汛抗洪斗争胜利的关键。

1. 国务院设立国家防汛抗旱总指挥部

国家防汛抗旱总指挥部总指挥由国务院副总理担任，成员由中央军委总参谋部和国务院有关部门负责人组成。国家防汛抗旱总指挥部办公室为其办事机构，负责管理全国防汛抗旱的日常工作，设在水利部。

国家防汛抗旱总指挥部统一指挥全国的防汛抗旱工作，制定有关防汛抗旱工作的方针、政策、法令和法规，根据汛情进行防汛动员，对大江大河的洪水进行统一调度，监督各大江大河防御特大洪水方案的执行，对各地动用重大分滞洪区要求进行审批，组织对重大灾区的救灾，领导支持灾区恢复生产，重建家园。

2. 地方防汛抗旱指挥部

有防汛任务的县级以上各级政府，成立防汛指挥部（有抗旱任务的，成立防汛抗旱指挥部或防汛抗旱防风指挥部），由同级人民政府有关部门、当地驻军和人民武装部负责人组成，各级人民政府首长任指挥。其办事机构设在同级水行政主管部门，或由人民政府指定的其他部门，负责所辖范围内的日常防汛工作。

各级防汛指挥机构，汛前负责制定防汛计划，组织队伍，划分防汛堤段，进行防汛宣传教育和传授抢险技术，做好分蓄洪准备与河道清障；传达贯彻上级指示和命令，清理和补充防汛器材，整顿防汛队伍；汛后认真总结经验教训，检查防洪工程水毁情况并制定修复计划，做好器材及投工的清理、结算、保管等工作。

3. 各大江大河流域机构防汛指挥部

水利部所属的流域管理机构内部组成防汛办事机构。黄河、长江等跨省、自治区、直辖市的重要河流设防汛总指挥部，由有关省、自治区、直辖市人民政府负责人和流域机构负责人组成。负责协调指挥本流域的防汛抗洪事宜。河道管理机构、水利水电工程管理单位建立防汛抢险和调度运行专管组织，在上级防汛指挥部领导下，负责本工程的防汛调度工作。

另外，水利、水电、气象、海洋等有水文、雨量、潮位测报任务的部门，汛期组织测报报汛网，建立预报专业组织，向上级和同级防汛指挥部门提交水文、气象信息和预报。城建、石油、电力、铁道、交通、航运、邮电、煤矿以及所有有防汛任务的部门和单位，汛期建立相应的防汛机构，在当地政府防汛指挥部和上级主管部门的领导下，负责做好本行业的防汛工作。

防汛工作按照统一领导、分级分部门负责的原则，建立健全各级、各部门的防汛机构，发挥有机的协调配合，形成完整的防汛组织体系。防汛机构要做到正规化、专业化，并在实际工作中不断加强机构自身的建设，提高防汛人员的素质，采用先进设备和技术，提高信息系统、专家系统和决策系统的水平，充分发挥防汛机构的指挥战斗力。

6.1.2 地方各级防汛指挥机构的具体职责

各级防汛指挥部在同级人民政府和上级防汛指挥部的领导下，是所辖地区防汛的权力机构，具有行使政府防汛指挥权和监督防汛工作的实施权。根据统一指挥、分级分部门负责的原则，各级防汛机构要明确职责，保持工作的连续性，做到及时反映本地区的防汛情况，果断执行防汛抢险调度指令。

防汛机构的职责一般是：

(1) 贯彻执行国家有关防汛工作的方针、政策、法规和法令。为深入改革开放，实现国民经济持续、稳定、协调发展，做好防汛安全工作。

(2) 制定和组织实施防御洪水预案。

(3) 掌握汛期雨情、水情和气象形势，及时了解降雨区的暴雨强度，洪水流量，江河、闸坝、水库水位，长短期水情和气象分析预报结果。必要时发布洪水、台风、凌汛预报、警报和汛情公报。

(4) 组织检查防汛准备工作，即每年汛前对以下内容进行检查：

1) 检查树立常备不懈的防汛意识，克服麻痹思想。

2) 检查各类防汛工程是否完好，加固工程完成情况，有无防御洪水方案。

3) 检查河道有无阻水障碍及清障完成情况。

4) 检查水文测报、预报准备工作。

5) 检查防汛物料准备情况。

6) 检查蓄滞洪区安全建设和应急撤离准备工作。

7) 检查防汛通信准备工作。

8) 检查防汛队伍组织的落实情况。

9) 检查备用电源是否正常等。

(5) 负责有关防汛物资的储备、管理和防汛资金的计划管理。资金包括列入各级财政年度预算的防汛岁修费、特大洪水补助费以及受益单位缴纳的河道工程修建维护管理费、防洪基金等。对防汛物资要制定国家储备和群众筹集计划，建立保管和调拨使用制度。

(6) 负责统计掌握洪涝灾害情况。

(7) 负责组织防汛抢险队伍，调配抢险劳力和技术力量。

(8) 督促蓄滞洪区安全建设和应急撤离转移准备工作。

(9) 组织防汛通信和报警系统的建设管理。

(10) 组织汛后检查。主要检查：①汛期防汛经验教训；②本年度暴雨洪水特征；③防洪工程水毁情况；④防汛物资的使用情况；⑤防洪工程水毁修复计划；⑥抗洪先进事迹表彰情况等。

(11) 开展防汛宣传教育和组织培训，推广先进的防洪抢险科学技术。

6.1.3 其他部门在防洪中的职责

防汛是全民大事，任何单位和个人都有保护防洪工程设施和依法参加防汛抗洪的义务。防汛是一项社会性防灾抗灾工作，要积极动员、组织和依靠广大群众与自然灾害作斗争，要动员和调动各行业各部门的力量，在政府和防汛指挥部的统一领导下，齐心协力完成抗御洪水灾害的任务。

各有关部门的防汛职责是：

(1) 各级水行政主管部门负责所辖已建、在建江河堤防、民垸、闸坝、水库、水电站、蓄滞洪区等各类防洪工程的维护管理，防洪调度方案的实施，以及组织防汛抢险工作。

(2) 水文部门负责汛期各水文站网的测报报汛，当流域内降雨、冰凌和河道、水库水位、流量达到一定标准时，应及时向防汛部门提供雨情、水情和有关预报。

(3) 气象、海洋部门负责暴雨、台风、潮位和异常天气的监测和预报，按时向防汛部门提供长期、中期、短期气象预报和有关公报。

(4) 电力部门负责所辖水电工程的汛期防守和防洪调度计划的实施。

(5) 邮政、通信部门汛期为防汛提供优先通话和邮发水情电报的条件，保持通信畅通，并负责本系统邮政、通信工程的防洪安全。

(6) 建设部门根据江河防洪规划方案做好城区的防洪、排水规划，负责所辖防洪工程的防汛抢险，并负责检查城乡房屋建筑的抗洪、抗风安全等。

(7) 物资、商业、供销部门负责提供防汛抢险物资供应和必要的储备。

(8) 铁道、交通、民航部门汛期优先支援运送抢险物料，为紧急抢险及时提供所需车辆、船舶、飞机等运输工具，并负责本系统所辖工程设施的防汛安全。

(9) 民政部门负责灾民的安置和救济，发生洪灾后政府要立即进行抢救转移，使群众尽快脱离险区，并安排好脱险后的生活。各工农业生产部门组织灾区群众恢复生产和重建家园。

(10) 公安部门负责防汛治安管理和保卫工作，制止破坏防洪工程和水文、通信设施以及盗窃防汛物料的行为，维护水利工程和通信设施安全。在紧急防汛期间协调防汛部门组织撤离洪水淹没区的群众。

(11) 中国人民解放军及武装警察部队负有协助地方防汛抢险和营救群众的任务，汛情紧急时负有执行重大防洪措施的使命。

(12) 其他有关部门均应根据防汛抢险的需要积极提供有利条件，完成各自承担的抢险任务。

学习情境6.2 堤坝险情的抢护

堤坝险情的抢护措施应根据具体情况而定。这里主要介绍防止堤坝漫顶和堤防在度汛中的常见险情和抢护办法。

6.2.1 堤防险情巡查

巡堤查险是指进入汛期后，由于堤防及修建在堤防上的穿堤建筑物都有随时出现渗漏、裂缝、滑坡等险情的可能，必须日夜巡视，一旦发现险情及时抢护的工作。这是进入汛期后一项极为重要的工作，其任务、制度和方法的要点包括如下内容。

6.2.1.1 巡查任务

在达到设防水位以后，巡堤查险工作应连续进行，不得间断，可根据工情和水情间隔一定时间派出巡查小组连续巡查，以便保证及时发现险情、及时抢护，做到治早、治小。

巡堤查险时，对堤防的临水坡、背水坡和堤顶要一样重视。巡查临水坡时要不断用探水杆探查，借助波浪的间歇查看堤坡有无裂缝、塌陷、滑坡、洞穴等险情，也要注意水面有无漩涡等异常现象。在风大流急、顺堤行洪和水位骤降时，要特别注意岸坡有无崩塌现象。背水坡的巡查往往易被忽视，尤应注意。在背水坡巡查时要注意有无散浸、管涌、流土、裂缝、滑坡等险情。对背河堤脚外50～100m范围内地面的积水坑塘也要注意巡查，检查有无管涌、流土等现象，并注意观测渗漏的发展情况。堤顶巡查主要观察有无裂缝及穿堤建筑物的土石结合部有无异常情况。

6.2.1.2 巡堤查险制度

为了使巡堤查险顺利进行，保证防汛安全，须制定严格的制度。一般有以下几种工作制度：

(1) 巡查制度。巡查人员必须听从指挥，坚守阵地，严格按照巡堤查险的方法及注意事项进行巡查。

(2) 交接班制度。交接班应紧密衔接，上一班人员必须向下一班人员交待水情、工程情况、工具物料情况，以及需要注意和尚待查清的问题，必要时可共同巡查一次。

(3) 值班制度。各级防汛指挥人员必须轮流值班，坚守岗位，随时了解辖区有关情况，做好记录，及时向上汇报和向下传递情况。

(4) 汇报制度。交接班时，班（组）长要向负责防守的值班干部汇报巡查情况，值班干部如无特殊情况亦要逐日向上级主管部门汇报巡查情况，如有特殊情况要随时汇报。

(5) 请假制度。上堤防守人员要严格遵守防汛纪律，不得擅自离开防守现场，必须离开时需请假，并在获同意后安排好接班人员方可离开。

(6) 奖惩制度。防汛人员上堤后要经常进行检查评比。对工作认真、完成任务好的要表扬，做出显著贡献的要给予奖励；对不负责任的要批评教育；对玩忽职守造成损失的，要追究责任，严肃处理。

6.2.1.3 巡查方法

每组巡查人员一般为5～7人。出发巡查时，应按迎水坡水面线、堤顶、背水坡、堤腰、堤脚成横排分布前进，严禁出现空白点。根据各地经验，要注意“五时”，做好“五到”，掌握好“三清”、“三快”。

“五时”是：

（1）黎明时。此时查险人员困乏，精力不集中。

（2）吃饭换班时。交接制度不严格，巡查易间断。

（3）天黑时。巡查人员看不清，且注意力集中在行走道路上，险情难于发现。

（4）刮风下雨时。注意力难集中，险情往往为风雨所掩盖。

（5）河道水位降落时。此时紧张心情缓解，思想易麻痹。

“五到”是指巡查时要做到眼到、手到、耳到、脚到、工具物料随人到。脚到指借助于脚走的实际感觉来判断险情。

“三清”是指险情要查清，辨别真伪以及出险原因；要说清出险时间、地点、现象等；报警信号要记清，以便及时组织力量，针对险情特点进行抢险。

“三快”是：

（1）发现险情要快。巡堤查险时要及时发现险情，争取把险情消灭在萌芽状态。

（2）报告险情要快。发现险情，无论大小都要尽快向上级报告，以便上级掌握出险情况，迅速采取有力的抢护措施。

（3）抢护快。凡发现险情，均应立即组织力量及时抢护，以免小险发展成大险，增加抢险的难度和危险。

6.2.2　防止堤坝洪水漫顶措施

6.2.2.1　出现漫顶的原因和抢护原则

土质堤坝是散粒体结构，洪水漫顶极易引起溃坝事故。出现洪水漫顶的主要原因如下：

（1）上游发生特大洪水，或分洪未达到预期效果，来水超过堤坝设计标准，水位高于堤坝顶。

（2）在设计时，对波浪计算的成果与实际不符，致使在最高水位时漫顶。

（3）施工中堤坝均未达到设计高程，或由于地基软弱，填土夯压不实，以致产生过大的沉陷量，使堤坝顶低于设计值。

（4）水库溢洪道、泄洪洞尺寸偏小或有堵塞。

（5）河道内有阻水障碍物，洪水宣泄不畅，水位壅高，或因淤积严重过水断面减小，相应抬高水位。

（6）地震、潮汐或水库侧岸滑坡，产生巨大涌浪而导致漫顶。

洪水漫顶的抢护原则是增大泄洪能力控制水位、加高堤坝增加挡水高度及减小上游来水量削减洪峰。

6.2.2.2　加大泄洪能力，控制水位

加大泄洪能力是防止洪水漫顶，保证堤坝安全的措施之一。对于圩堤，要加强河道管理，事先清除河道阻水障碍物，增加河道泄洪能力。对于水库，则应加大泄洪建筑物的泄洪能力，限制库水位的升高。对于有副坝和天然垭口的水库枢纽，当主坝危在旦夕，采取其他抢险措施已不能保住主坝时，也有破副坝和天然垭口来降低库水位的，但会给下游人民生命财产带来一定损失。同时，库水的骤然下降可能使主坝上游坡产生滑坡，且修复的工程量可能较大，必须特别慎重。

6.2.2.3 减小来水流量

上游采用分洪截流措施，减小来水流量。要对大型水库或重要江河堤防的安全进行保护，因为这些部位的破坏将引起重要城镇、工矿企业和人民生命财产的重大损失。因此，需在上游选择合适位置建库或设置分洪区进行拦洪和分洪，以减小下泄洪峰流量，保证下游堤坝的安全。例如，为确保武汉三镇的防洪安全，在长江中游荆州市附近开辟了荆江分洪区，在汉江中游兴建了杜家台分洪工程。当武汉市的长江水位可能超过现有堤防承受能力时，打开荆江分洪工程，可削减下泄洪峰流量 $10800m^3/s$，保证武汉三镇的安全。黄河中游开辟的北金堤滞洪区和东平湖分洪区，其目的是保护济南市及下游沿黄城市和厂矿企业的防洪安全。淮河中游建立蒙洼、城西湖等蓄洪区，其目的是降低淮河中游水位，确保淮北大堤的安全。

6.2.2.4 抢筑子堤，增加挡水高度

如泄水设施全部开放而水位仍迅速上涨，根据上游水情和预报，有可能出现洪水漫顶危险时，应及时抢筑子堤，增加堤坝挡水高程。填筑子堤，要全段同时进行，分层夯实。为使子堤与原堤结合良好，填筑前应预先清除堤顶的杂草、杂物，刨松表土，并在子堤中线处开一条深宽各为0.3m的结合槽。子堤迎水坡脚一般距上游堤（坝）肩0.5～1.0m或更小，子堤的取土点一般应在堤（坝）脚20m以外，以不影响工程安全和防汛交通为宜。

子堤形式由物料条件、原堤（坝）顶的宽窄及风浪大小来选择，一般有以下几种。

1. 土料子堤

采用土料分层填筑夯实而成。子堤一般顶宽不小于0.6m，上下游坡不陡于1∶1，如图6.2.1（*a*）所示。土料子堤具有就地取材、方法简便、成本低以及汛后可以加高培厚成为正式堤（坝）身而不需拆除的优点。但它体积较大，抵御风浪冲刷能力弱，下雨天土壤含水量过大，难以修筑坚实。土料子堤适用于堤（坝）顶较宽、取土容易、洪峰持续时间不长和风浪较小的情况。

2. 土袋子堤

由草袋、塑料袋、麻袋等装土填筑，并在土袋背面填土分层夯实页成，如图6.2.1（*b*）所示。填筑时，袋口应向背水侧，最好用草绳、塑料绳或麻绳将袋口缝合，并互相紧靠错缝，袋内装土不宜过满，袋层间稍填土料，尤其是塑料编织袋，以便填筑紧密。土袋子堤体积较小而坚固，能抵御风浪冲刷，但成本较高，汛后必须拆除。土袋子堤适用于堤坝顶较窄和风浪较大的情况。

3. 单层木板（或埽捆）子堤

在缺乏土料、风浪较大、堤（坝）顶较窄、洪水即将漫顶的紧急情况下，可先打一排木桩，桩长1.5～2.0m，入土0.5～1.0m。

桩距1.0m，再在木桩后用钉子或铅丝将单层木板或预制埽捆（长2～3m、直径0.3m）固于木桩上，如图6.2.1（*c*）所示。在木板或埽捆后面填土分层夯实筑成子堤。

4. 双层木板（或埽捆）子堤

在当地土料缺乏、堤（坝）顶窄和风浪大的情况下，可在堤（坝）顶两侧打木桩，然后在木桩内壁各钉木板或埽捆，中间填土夯实而成，如图6.2.1（*d*）所示。这种子堤在坝顶占的面积小，比较坚固，但费木料、成本高、抢筑速度较慢。

5. 利用防浪墙抢筑子堤

当坝顶设有防浪墙时，可在防浪墙的背水面堆土夯实，或用土袋铺砌而成子堤。当洪水位有可能高于防浪墙顶时，可在防浪墙顶以上堆砌土袋，并使土袋相互挤紧密实，如图6.2.1（*e*）所示。

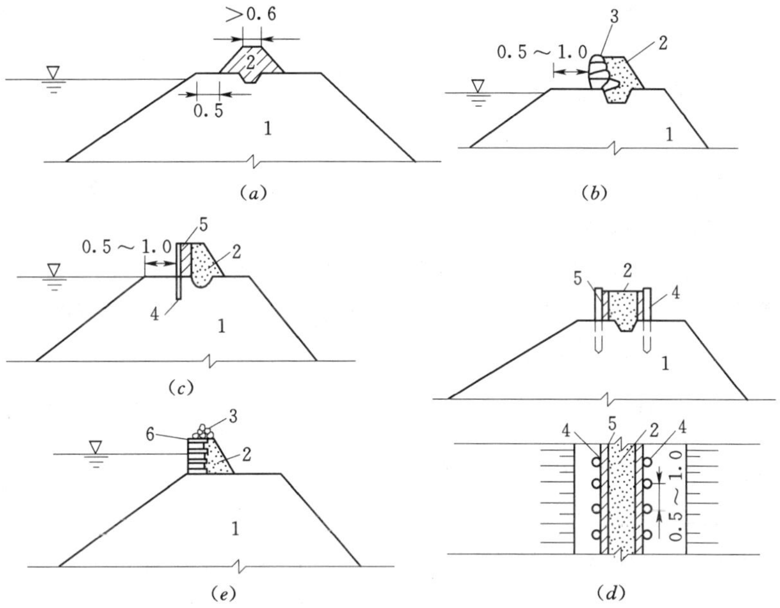

图6.2.1 抢修子堤示意图（单位：m）

（a）土料子堤；（b）土袋子堤；（c）木板（埽捆）子堤；

（d）双层木板（埽捆）子堤；（e）利用防浪墙筑子堤

1—坝身；2—土料；3—土袋；4—木桩；5—木板；6—防浪墙

6.2.3 散浸的抢护

6.2.3.1 险情及出险原因

在汛期高水位情况下，下游坡及附近地面，土壤潮湿或有水流渗出的现象，称为散浸。散浸如不及时处理，有可能发展为管涌、滑坡，甚至发生漏洞等险情。出现散浸的主要原因为：

（1）堤（坝）身修筑质量不好。

（2）堤（坝）身单薄，断面不足，浸润线可能在下游坡出逸。

（3）堤身土质多砂，透水性大，迎水坡面无透水性小的黏土截渗层。

（4）堤（坝）浸水时间长，堤（坝）身土壤饱和。

6.2.3.2 抢护原则及方法

散浸的抢护原则是“临河截渗，背河导渗”。切忌背河使用黏土压渗，因为渗水在堤身内不能逸出，势必导致浸润线抬高和浸润范围扩大，使险情恶化。下面讲述一般的抢护方法。

1. 临河帮戗

临河帮戗的作用在于增加防渗层，降低浸润线，防止背河出险。凡临河水深不大，附近有黏性土壤，且取土较易的散浸堤段可采用这种措施。前戗顶宽3～5m，长度超出散浸段两端5m，戗顶高出水面约1m。断面如图6.2.2所示。

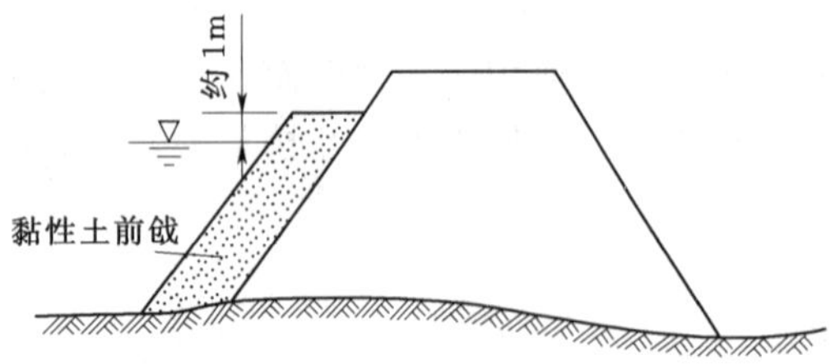

图 6.2.2 临河帮戗示意图

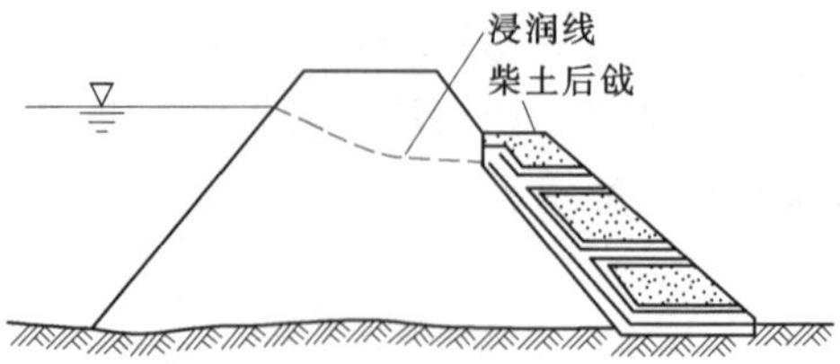

图 6.2.3 柴土后戗示意图

2. 修筑压渗台

堤（坝）身断面不足，背坡较陡，当渗水严重有滑坡可能时，可修筑柴土后戗，既能排出渗水，又能稳定坝坡，加大堤（坝）身断面，增强抗洪能力。具体方法是挖除散浸部位的烂泥草皮，清好底盘，将芦柴铺在底盘上，柴梢向外，柴头向内，厚约 0.2m，上铺稻草或其他草类，厚0.1m，再填土厚1.5m，做到层土层夯，然后再按如上做法，铺放芦柴、稻草并填土，直至阴湿面以上。断面如图 6.2.3 所示。柴土后戗在汛后必须拆除。

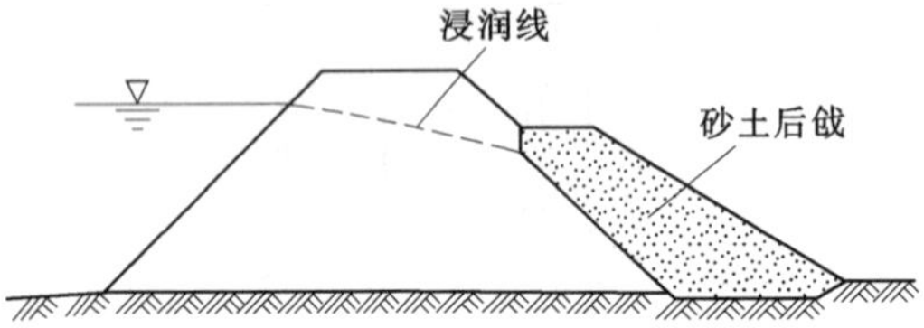

图 6.2.4 砂土后戗示意图

在砂土丰富的地区，也可用砂土代替柴土修做后戗，称为砂土后戗，也称为透水压渗台。其作用同柴土后戗，其断面如图 6.2.4 所示。

3. 抢挖导渗沟

当临河水位继续上涨，背河面大面积严重渗透，且继续发展可能滑坡，可开沟导渗。从背水坡自散浸的顶点或略高于顶点的部位到堤（坝）脚外止，沿堤（坝）坡每隔 6～10m 开挖横沟导渗，在沟内填砂石，将渗水集中在沟内并顺利排走。开挖导渗沟能有效地降低浸润线，使堤（坝）坡土壤恢复干燥，有利于堤（坝）身的稳定。砂石缺乏而芦柴较多的地方，可采用芦柴沟导渗来抢护散浸险情。即在直径 0.2m 的芦柴外面包一层厚约 0.1m 的稻草或麦秆等细梢料，捆成与沟等长，放入背水坡开挖成的宽 0.4m、深 0.5m 的沟内，使稻草紧贴坝土，其上用土袋压紧，下端柴梢露出坝脚外。

4. 修筑反滤层导渗

在局部渗水严重、坝身土壤稀软、开沟困难的地段，可直接用反滤材料砂石或梢料在渗水堤坡上修筑反滤层，其断面及构造如图 6.2.5（*a*）所示。

在缺少砂石料的地区，可采用芦柴反滤层，即在散浸部位的坡面上先铺一层厚 0.1m

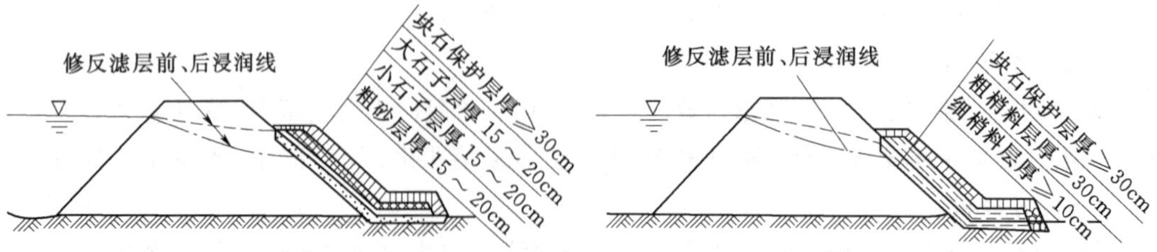

图 6.2.5 修筑反滤层导渗示意图

（*a*）砂石反滤层；（*b*）梢料反滤层

的稻草或其他草类，再铺一层厚约0.3m的芦柴，其上压一层土袋（或块石）使稻草紧贴土料，如图6.2.5（*b*）所示。

6.2.4 漏洞的抢护

6.2.4.1　险情及出险原因

背河堤坡或堤脚附近如果发生流水洞，流出浑水，也有时是先流清水，逐渐由清变浑，这就是严重的险情——漏洞。如果出现漏洞险情，不及时抢护往往很快就会导致堤坝溃决。出现漏洞险情的主要原因如下：

（1）堤（坝）身质量差，渗流集中，贯穿了堤（坝）身。

（2）堤坝内存在隐患（如裂缝、洞穴、树根等），一旦水位涨高，渗水就会在隐患处流出。

（3）散浸、管涌处理不及时，逐渐演变成漏洞。

6.2.4.2　抢护原则及方法

漏洞的抢堵原则是“临河堵截断流，背河反滤导渗，临背并举”。

1. 漏洞的探测

临河堵塞必须首先探寻漏洞的进水口，常用探寻进水口的方法如下：

（1）观察水流。漏洞较大时，其进口附近的水面常出现漩涡，若漩涡不明显，可在比较平静的水面上撒些碎麦秸、锯末、谷糠等，若发生旋转或集中一处，进水口可能就在其下面。有时也可在漏水洞迎水侧的适当位置，将有色液体倒入水中，并观察漏洞出口的渗水，如有相同颜色的水逸出，即可断定漏洞进口的大致位置。当风浪较大、水流较急时不宜采用此法。

（2）探漏杆探测。探漏杆是一种简单的探测漏洞的工具，杆身是长1～2m的麻秆，用白铁皮两块（各剪开一半）相互垂直交接，嵌于麻秆末端并扎牢，麻秆上端插两根羽毛，如图6.2.6所示。制成后先在水中试验，以能直立水中，上端露出水面10～15cm为宜。探漏时在探杆顶部系上绳子，绳的另一端持于手中，将探漏杆抛于水中，任其漂浮。若遇漏洞，就会在漩流影响下吸至洞口并不断旋转，此法受风浪影响较小，深水处能使用。

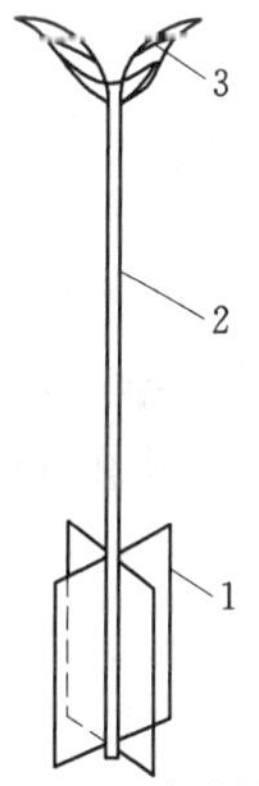

图6.2.6　探漏杆
1—薄铁皮；2—麻秆；3—羽毛

（3）潜水探漏。当漏洞进水口处水深较大，水面看不见漩涡，或为了进一步摸清险情，确定漏洞离水面的深度和进口的大小，可由水性好的人或专业潜水人员潜入水中探摸。此法应注意安全，事先必须系好绳索，避免潜水人员被水吸入洞内。

2. 堵塞漏洞进口

（1）软楔堵塞。在漏洞进口较小，且洞口周围土质较硬的情况下，可用网兜制成软楔，也可用其他软料如棉衣、棉被、麻袋、草捆等将洞口填塞严实，然后用土袋压实并浇土闭气。如图6.2.7所示。

当洞口较大时，可用数个软楔（如草捆等）塞入洞口，然后用土袋压实，再将透水性较小的散土顺坡推下，铺于封堵处，以提高防渗效果。

（2）铁锅、门板堵洞。在洞口不大、周围土质较硬时，可用大于洞口的铁锅（或门板）扎住洞口（锅底朝下，锅壁贴住洞缘），然后用软草、棉絮塞紧缝隙，上压土袋。

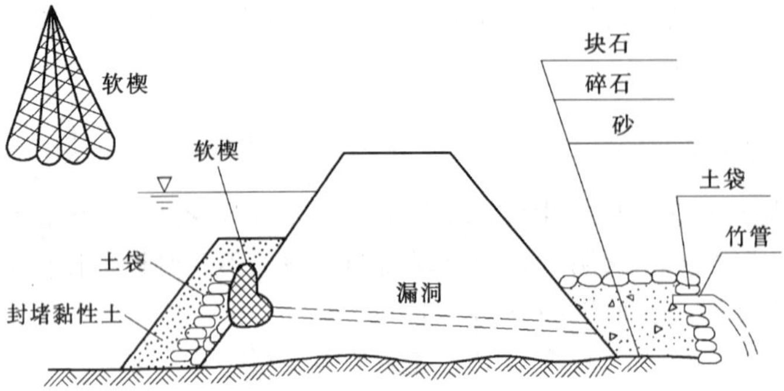

图 6.2.7 临河堵漏洞背河筑反滤围井示意图

(3) 软帘覆盖。如果洞口土质已软化，或进水口较多，可用篷布或芦席叠合，一端卷入圆形重物，一端固定在水面以上的堤坡上，顺堤坡滚下，随滚随压土袋，用土袋压实并浇土闭气。

(4) 临河月堤。当漏洞较多，范围较大且集中在一片时，如河水不太深，可在一定范围内用土袋修做月堤进行堵塞，然后在其中浇土闭气。

堵塞进水口是漏洞抢护的有效方法，有条件的应首先采用。应当指出，抢堵时切忌在洞口乱抛石土袋，以免架空，增加堵漏难度。不允许在进口附近打桩，也不允许在漏洞出口处用此法封堵，否则将使险情扩大，甚至造成堤坝溃决的后果。

3. 背河滤水围井减压

(1) 滤水围井。为了防止漏洞扩大，在探测漏洞进口位置的同时，应根据条件在漏洞出口处做滤水围井，以稳定险情。滤水围井是用土袋把出口围住，内径应比漏洞出口大些。围井自下而上分层铺设粗砂、碎石、块石，每层0.2～0.3m，组成反滤层。渗漏严重的漏洞，铺设反滤料的厚度还可以加厚，以使漏水不带走土粒。漏洞较小的可用无底水桶围井，内填反滤材料。砂石料缺乏的地区，可用草、炉渣、碎砖等作反滤层。最后在围井上部安设竹管将清水引出。此法适用于进口因水急洞低无法封堵、进口位置难以找到的浑水漏洞，或进口封堵不住仍漏浑水时的抢护措施。有的围井不铺反滤层，利用井内水柱来减少漏洞出口处的流速，这样围井需做得较高，但因井内水深过大易破坏围井周围土层，造成新的险情，故仅适用于进出口水位差不大的情况。

(2) 水戗减压。当漏洞过大，有发生溃决危险，或漏洞较多，不可能一一修作反滤围井时，可以在背河抢修月堤，并在其间充水为水戗，借助水压力减小或平衡临河水压力，减缓漏洞威胁。

6.2.5 管涌的抢护

6.2.5.1 险情及出险原因

在堤坝背水坡脚附近，或堤脚以外的洼坑、水沟、稻田中出现孔眼冒砂翻水的现象称之为管涌，又称泡泉。由于冒砂处往往形成“砂环”，故又称“土沸”或“砂沸”。管涌孔径小的如蚁穴，大的数十厘米，少则出现一两个，多时可出现管涌群。管涌的发展是导致堤坝溃决的常见原因。

出现管涌险情的主要原因如下：

(1) 堤坝为砂质地基，施工时清基不彻底，未能截断堤坝下的渗流，渗水经地基后在背河逸出。

(2) 堤坝基础表层为黏性土，深层为透水地基，由于天然或人为因素破坏了上游天然铺盖，而下游取土过近过深，引起渗透坡降过大，发生渗透破坏，形成管涌。

6.2.5.2 抢护原则及方法

由于管涌发生在深水的砂层，汛期很难在迎水面进行处理，一般只能在背水面采取制止漏水带砂而留有渗水出路的措施稳住险情。它的抢护原则是“反滤导渗，制止涌水带出泥沙”。其具体抢险方法如下。

1. 反滤围井

当堤坝背面发生数目不多、面积不大的严重管涌时，可用抢筑围井的方法。先在涌泉的出口处做一个不很高的围井，以减小渗水的压力及流速，然后在围井上部安设管子将水引出。如险处水势较猛，先填粗砂会被冲走，可先以碎石或小块石消杀水势，然后再按级配填筑反滤层。若发现井壁渗水，可在距井壁0.5～1.0m位置再围一圈土袋，中间填土夯实。

2. 减压围井

管涌的范围较大，出现多处泡泉，临背水位差较小时，可以在管涌的周围形成一个水池，利用池内水位升高，减少内外水头差，以改善险情。围井的修筑方法可视管涌的范围、当地的材料而定。用土袋筑成的围井称土袋围井；用铁筒直接做成围井称为铁筒围井。也可用土料或土袋筑成月堤的形式。减压围井的布置如图6.2.8所示。

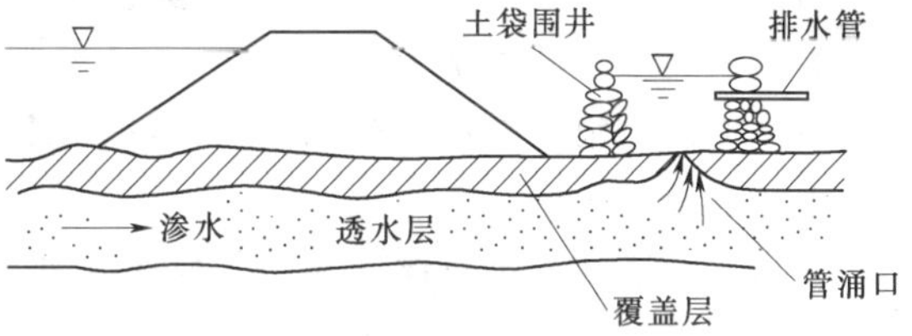

图6.2.8 减压围井示意图

3. 反滤铺盖

在出现管涌较多且连成一片的情况下可修筑反滤铺盖。采用此法可以降低渗压，制止泥沙流失。管涌发生在堤坝后面的坑塘时，可在管涌的范围内抛铺一层厚15～30cm的粗砂，然后再铺压碎石、小片石，形成反滤。在砂石缺乏地区可用柳枝扎柴排，厚15～30cm，上铺草垫厚5～10cm，再压以土袋或块石，使柴排沉入水内管涌位置。在抢筑反滤铺盖时，不能为了方便而随意降低坑塘内积水位。

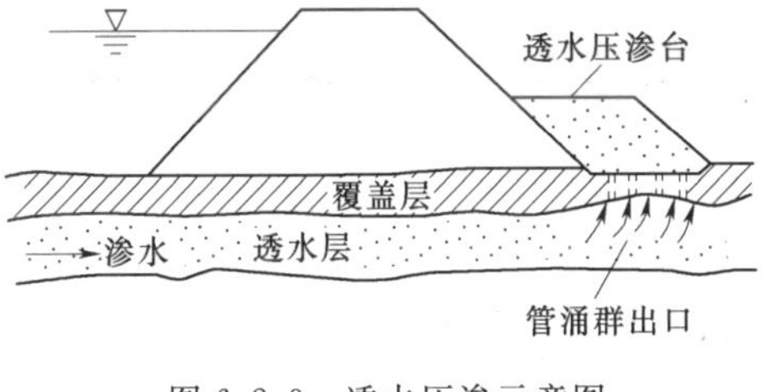

图6.2.9 透水压渗示意图

4. 压渗台

用透水性土料修筑的压渗台可以平衡渗压，并能导渗滤水，阻止土粒流失使管涌险情趋于稳定。此法适用管涌较多、范围较大、反滤料不足而砂土料源丰富的情况。其修筑形式如图6.2.9所示。

6.2.6 防止风浪淘刷

6.2.6.1 险情及出险原因

汛期涨水以后，堤前水深增大，堤坡受风浪进退的连续冲击和淘刷而出现浪坎、坍塌、滑坡等现象，称为风浪险情。风浪险情如不及时控制，将引起堤防的严重坍塌以致溃决。

出现风浪险情的主要原因如下：

（1）无块石护坡的堤段断面单薄，筑堤土质不好，施工碾压不密实及基础不良等，或者是块石护坡施工质量不好。

（2）堤前水深大，堤距宽、吹程大，风速强及风向指向堤防等。

6.2.6.2 抢护原则及方法

风浪的抢险原则是“破浪固堤”。一般是利用漂浮物来削减风浪冲力，用防浪护坡工程在堤坡受冲刷的范围内进行保护，其具体抢护方法有如下几种。

（1）柴排护坡防浪。在风浪较小时，可用柳、苇、梢料捆扎成直径为10cm的柴把，然后扎成宽2m、长3m的防浪排铺在堤坡上，并压上石块等重物，将其一端系在堤顶木桩上，随水的涨落拉下或放下，调整柴排上下的位置，如图6.2.10所示。

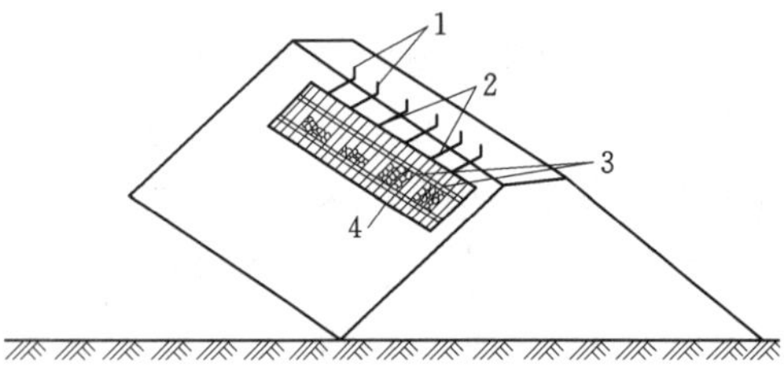

图6.2.10 活动防浪排

1—木桩；2—铅丝；3—大石块；4—柴把

（2）浮排防浪。将梢径为5～15cm的圆木（竹）用铅丝扎成排，圆木的间距0.5～1.0m，排的宽度应不小于波浪长度，木排方向与波浪传来的方向垂直。根据水面宽度和风浪的情况，同时可将一块或数块木排连接起来，放于堤坝防浪位置水面，并用绳子系牢，固定于堤坝顶的木桩上。

（3）桩柳防浪。在堤身受风浪冲击的范围内打桩铺柳，直至超出水面1m左右，也能起到固堤防浪的作用。

上述3种措施都可以缓和流势，减缓流速，促淤防塌，起到破浪固堤的作用。

（4）土袋护坡防浪。在堤防临水坡抗冲性差，当地又缺乏秸、柳、圆木等软料，且风浪袭击较严重的堤段，可用草袋或麻袋、塑料编织袋装土或砂石，放置在波浪上下波动的范围内，袋口用绳缝合，互相叠压成鱼鳞状。土袋能加固堤防以防止风浪冲击。

6.2.7 岸坡崩塌

崩塌是指堤坝临水坡在水流作用下发生的险情。崩塌是常见险情之一。如荆江河段崩岸险工段共11段、长56245m；安徽的同马大堤也易发生崩岸。这些河段堤外无滩地或滩地很窄，主流顶冲，深泓紧逼，汛期常发生此类险情。

6.2.7.1 险情和出险原因

1. 险情

崩岸是水流与河岸相互作用的结果，其形式随着崩岸部位、滩槽高差、主流离岸远近和河岸土质组成等变化有所不同，大致可分为“弧形矬崩”、“条形倒崩”、“浪崩”和“地下水滑崩”等4类。

（1）弧形矬崩。一般发生在沙层较低、黏土覆盖层较厚、水流冲刷严重的弯道“常年贴流区”。这一区域内，崩岸强度最大。当岸脚受水流淘刷，洗空沙层后，上面覆盖层土体失去平衡，平面和横向呈弧形的阶梯状滑矬。迹象是：先在堤坝顶部或边坡上出现弧形裂缝，然后整块土体分层向下滑矬，由小到大，最后形成巨大的窝崩，一次弧宽可达数十米，弧长可达100余m，年崩岸宽度可达数百米。从平面上看，弧形矬崩的崩窝是逐步发展的。第一次崩塌后，岸线呈锯齿状，突出处水流冲刷较剧；第二次崩塌，多出现在突嘴部位，从而使岸线均匀后退，其崩岸形状如图 6.2.11 (*a*)。

(2) 条形倒崩。多出现在沙层较高，黏土覆盖层较薄，土质松散，主流近岸的河段。当水流将沙层淘空后，上层失去支撑绕某一支点倒入水中或沿裂缝切面下坠入水。崩塌后，岸壁陡立，崩塌土体呈条形，如图 6.2.11 (*b*)。一次崩宽比矬崩小，但崩塌频率比矬崩大且呈不间断连续崩退。

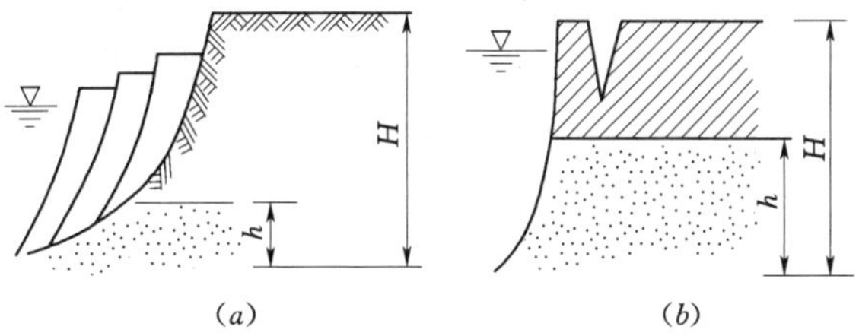

图 6.2.11 坍塌险情类型

(*a*) 弧形矬崩；(*b*) 条形倒崩

(3) 浪崩。堤坝受风浪的冲击淘刷或受波谷负压抽吸作用，轻则把堤坝冲成陡坎，使堤坝发生浪崩险情，重则使堤坝遭到严重破坏，甚至溃口成灾。如 1954 年洪湖堤段，因江面宽阔，受风浪袭击，致使堤身崩塌大半，以致失去应有的抗洪能力。

(4) 滑崩。汛期河水位高于地下水位，河水补给地下水，因而对崩岸起抑制作用。枯水季节地下水回渗入河，或汛期洪水位陡涨急落以及水库大量泄水时，堤坝外坡失去支撑，加之堤坝浸水饱和，抗剪强度降低而发生崩塌（俗称落水险）。

2. 原因分析

因水流冲刷堤坝，浸泡后土体内部的摩擦力和黏结力抵抗不住土体的自重和其他外力，使土体失去平衡而坍塌。

堤坝发生坍塌有以下几种情况。

(1) 主流或边溜的冲刷，如水流坐弯和转折处水流顶冲堤防，河流凹岸引起横向环流以及宽河道发生横河，水流直冲堤防等情况，均能造成堤防坍塌险情。

(2) 堤坝基础为细粉砂土，不耐冲刷，常受溜势顶冲而被淘空；因地震使沙土地基液化，均可能造成严重坍塌。

(3) 洪峰陡涨陡落，变幅大，水库大量泄水，水位急剧下降，堤坝坡失去稳定而崩塌。

6.2.7.2 抢护原则和方法

临水崩塌抢护原则是：缓流挑溜，护脚固坡，减载加帮。抢护的实质一是增强堤坝的稳定性，如护脚固基、外削内帮等；二是增强堤坝的抗冲能力，如护岸护坡等。其具体抢护方法有如下几种。

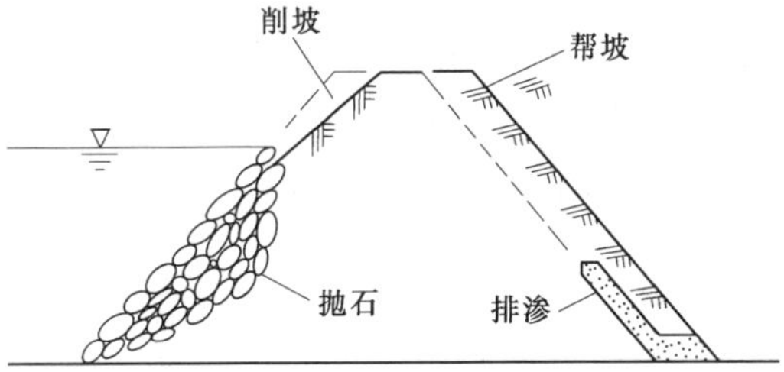

图 6.2.12 外削内帮示意图

1. 外削内帮

堤坝高大，无外滩或滩地狭窄，可先将临河水上陡坡削缓，以减轻下层压力，降低崩塌速度，同时在内坡坡脚铺砂、石、梢料或土工布作排渗体，再在其上利用削坡土内帮，临水坡脚抛石防冲（图 6.2.12）。

2. 护脚防冲

堤防受水流冲刷，堤脚或堤坡已成陡坎，必须立即采取护脚固脚固基措施。护脚工程按抗冲物体不同可分以下几种类型。

(1) 抛石块、土(石)袋(草包、竹、柳、编织布)、柳树。抛石使用最为广泛，其原因是它具有简单灵活，易备料，能适应河床变形，但要严格控制施工质量，其关键是控制移位和平面定位准确，水流紊乱的地方要另设定位船控制，力求分布均匀，达到设计要求。老点抛石加固应由远而近，在崩岸强度大、岸坡陡峻、施工进度慢的守护段应改为由近到远。这样施工，既可固脚稳坡，又可避免抛石成堆压垮坡脚，如图 6.2.13 (*a*) 所示。

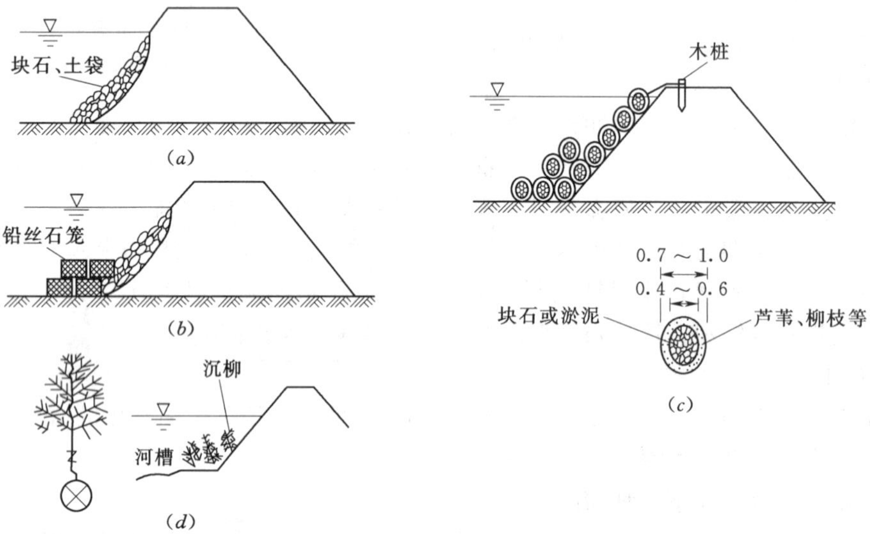

图 6.2.13 护脚防冲示意图(单位：m)

(*a*) 块石、土袋护脚；(*b*) 铅丝石笼护脚；(*c*) 柳石枕护脚；(*d*) 沉柳护脚

水深流急之处，可用铅丝笼、竹笼、柳藤笼、草包、土工布袋装石抛护，图 6.2.13 (*b*) 为铅丝石笼护脚示意图。

抛枕是一种行之有效的护脚措施。实践证明：沙质河床床沙粒径小，单纯抛石，床沙易被水流带走，不能有效地控制河岸崩塌。抛枕形状规则，大小一致，较能准确地抛护在设计断面上，并具有整体性、柔韧性，能适应岸坡变化，抗冲性强，能有效地起到保护河床的作用。为了更好地掌握工程质量，要求定位准确，凡抛枕断面，不得预先抛石。图 6.2.13 (*c*) 为常用的柳石枕，图 6.2.13 (*d*) 为沉柳护脚示意图。

(2) 编织布软体排抢护。江苏省长江嘶马段 1974 年开始用聚丙烯编织布、聚氯乙烯绳网构成软体排，用混凝土块或土工布石袋压沉于崩岸段。海河水利委员会试用 PP12×10 或 PP14×14 编织滤布做成排体，用于崩塌抢护。安徽省在 1999 年长江大堤加固中也曾做过此类崩岸抢护试验。

(3) 坝垛挑流。当堤外有一定宽度的河岸或滩涂且水不深时，可在崩岸段抢筑短丁坝，丁坝方向与水流直交或略倾向下游，其作用是挑托主流外移。1986 年 8 月辽宁省路夹段辽河大堤，主流在堤脚附近冲刷形成 6m 深的冲刷坑两个，当即抢修土丁坝、石丁坝各 1 条，长 10 余 m，挑开了主流，排除了险情。

(4) 退建。洪水顶冲大堤，堤防坍塌严重而抢护不及或抢护失效，就应该当机立断组织机械或劳力退建。在弯道顶部退建要有充分宽度。退建堤防也要严格按标准修筑。

6.2.8　抢堵堤防决口

堤防决口的抢堵是防汛工作的重要组成部分。当堤防已经溃决时，应首先在口门两端抢堵裹头，防止口门继续扩大。若发生多处决口，应按照“先堵下游，后堵上游，先堵小口，后堵大口”的原则进行堵口。对于较小的决口，可在汛期抢堵。但在汛期堵复有困难的决口，一般应在汛后水位较低或下次洪水到来之前的低水位时堵复。

6.2.8.1　堵口的工程布置

应就地取材，充分利用地形条件，根据具体情况进行堵口工程的布置。一般堵口工程归纳起来可分为主体工程（堵坝）、辅助工程（挑流坝）和引河等三大部分。有些河道，不具备这种条件，则只有在原地堵口。

1. 堵坝

堵坝的位置应经过调查研究慎重决定。堵坝一般布置在决口附近，迫使主流仍回原河道。若有适当滩地，也可将堵坝修筑在滩地上。但也有因受地基、地形、河势等条件限制，被迫退后修筑遥堤（远离河槽的大堤）的。

2. 挑流坝

挑流坝是把主流挑离决口的，如丁坝等。其布置方法如下：

（1）有引河的堵口，挑流坝应布置有堵口上游的同岸，如图6.2.14所示。可将主流挑向引河。

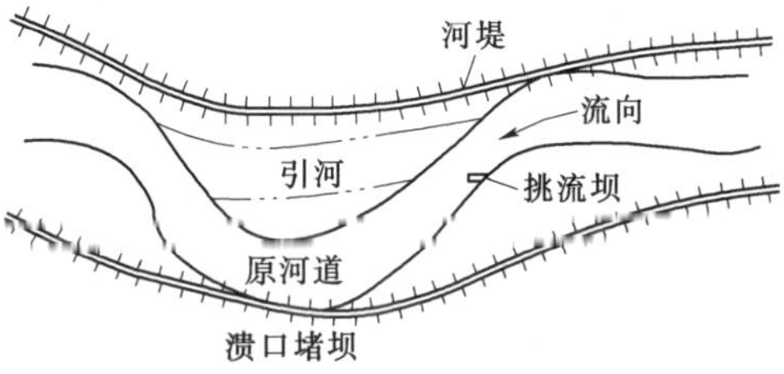

图6.2.14　引河分流示意图

（2）在无引河的情况下，挑流坝应布置在口门附近上游河湾处。一方面将主流挑离口门，减少口门流量；另一方面消杀水势，减小水流对堵口截流工程的顶冲作用，以利堵口。

（3）挑流坝的长度要适当。过长增加工程量，对稳定也不利；过短挑开水流作用不大。如水流过急，流势较猛，一道挑流坝难挡水势，可修两道或两道以上的挑流坝，坝间距离一般为上游挑流坝长度的2倍。

3. 引河

引河的选线要根据地形、地质、施工条件，工程量及经济条件等多种因素确定。引河进口应选在堵口上游附近，以减少堵口处的流量，降低堵口处的水位。出口位置应选在原河道受淤积影响小的深槽处。

6.2.8.2　堵口的方法

1. 按进占顺序分类

堵口的方法，按进占顺序可分为平堵法和立堵法两种。

（1）平堵。平堵是从口门底部逐层垫高，使口门的水深、流量相应减小，因而对口门的冲刷减弱，直至口门被封闭为止，如图6.2.15（*a*）所示。其施工步骤如下：

1）堵口轴线选定后，在选定轴线上先要架设施工便桥（可做成浮桥），然后从便桥上运送堵口材料，向口门处层层抛铺，直至高出上游水位为止。

2）临水面要求按反滤层铺筑，先碎石（或卵石）再砾石、粗砂，最后抛填土料，以截断渗流。也有用埽捆及抛土闭气填筑的。

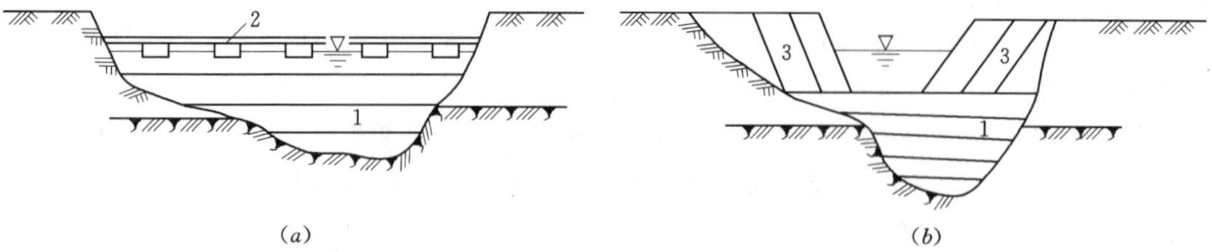

图 6.2.15 平堵、立堵方法示意图
(a) 平堵；(b) 平堵、立堵结合
1—平堵进占体；2—浮桥；3—立堵进占体

平堵时口门的水深、流量和流速逐渐减小，因此冲刷较轻，但事先需架设施工便桥，一次性用材多且投资较大。平堵法适用于水头差较小、河床易于冲刷的情况。

(2) 立堵。立堵是在溃口两端向中间进占，最后合龙闭气。立堵施工方便，可就地取材，投资较少。但立堵进占到一定程度时，口门流速增大，将加剧对地基的冲刷，合龙比较困难。因此，也有采用平堵与立堵相结合的方式，如图 6.2.15 (b) 所示。即先将溃口处深槽部位进行平堵，然后再从溃口两端向中间进行立堵。在开始堵口时，一般流量较小，可用立堵快递进占。在缩小口门后，流速较大，再采用平堵的方式，减小施工难度。

在 1998 年的长江抗洪斗争中，借助人民解放军在工具和桥梁专业方面的经验，采用了“钢木框架结构，复合式防护技术”进行堵口合龙。这种方法是用 ϕ40mm 左右的钢管间隔 2.5m 沿堤线固定成数个框架。钢管下端插入堤基 2m 以上，上端高出水面 1～1.5m 做护栏，将钢管以统一规格的连接器件组成框网结构，形成整体。在其顶部铺设跳板形成桥面，以便快速在框架内外由上而下、由里而外填塞料物袋，以形成石、钢、土多种材料构成的复合防护层。

2. 按抢堵材料及施工特点分类

堵口的方法，按抢堵材料及施工特点，可分为以下几种形式。

(1) 直接抛石。在溃口直接抛投石料，要求石块不宜太小，溃口水流速度越大，所用的石料也越大，同时，抛石的速度也要相应加快。

(2) 铅丝笼、竹笼装石或大块混凝土抛堵。当石料比较小时，可采用铅丝笼、竹笼装石的方法组成较大的整体。也可用事先准备好的大块混凝土抛投体进行合龙，对于龙口流速较大者，也可将几个抛投体连接在一起，同时抛投，以提高合龙效果。

(3) 埽工进占。埽工进占是我国传统的堵口方法，用柳枝、芦苇或其他树枝先扎成内包石料、直径 0.1～0.2m 的柴把子，再根据需要将柴把子捆成尺寸适宜的埽捆。埽工进占适用于水深小于 3m 的地区。由于水头大小不同，在工程布置上又可分为单坝进占和双坝进占。

1) 单坝进占。当水头差较小时，用埽捆做成宽约 2.0m 的单坝，由口门两端向中间进占，坝后填土料，其坡度可采用 1∶3～1∶5。

2) 双坝进占。当水头差较大时，可用埽捆做两道坝，从口门两端同时向中间进占。两坝中间填土，宽 8～10m，与坝后土料同时填筑。

无论是单坝进占还是双坝进占，坝后土料都应随坝同时填筑升高，防止埽捆被水流冲毁。最后合龙时可采用石枕、竹笼、铅丝笼，背水面以土袋或砂袋填压。

3. 打桩进占

当堵口处水深为1.5m左右时，可采用打桩进占合龙。具体做法是先在两端加裹头保护，然后沿坝轴线打一排桩，其桩距一般为1～2m，若水压力大，可加斜撑以抵抗上游水压力。计划合龙处可打三排桩，平均桩距0.5m，桩的入土深度为2～3m，用铅丝把打好的桩连接起来。接着在桩上游面用一层草一层土（或竖立柴排）向中间进占，层草层土或竖立埽捆，同时后面填土进占。进占到一定程度，可只留合龙口门，然后将石枕、土袋、竹笼等抗冲能力强的材料迅速放进口门合龙，最后按反滤要求闭气封堵。

4. 沉船堵口

当堵口处水深流急时，可采用沉船抢堵决口，在口门处将水泥船排成一字形，船的数量应根据决口大小而定。在船上装土，使土体重量超过船的承载力下沉，然后在船的背水面抛土袋和土料，用以断流。根据1998年九江市城防江堤决口抢险的经验，沉船截流在封堵决口的施工中起到了关键作用。沉船截流可以大大减小通过决口处的过流流量，从而为全面封堵决口创造了条件。

在沉船截流时，由于横向水流的作用，船只定位较为困难，必须防止沉船不到位的情况发生。同时，船底部难与河滩底部紧密结合，在决口处高水位差的作用下，沉船底部流速仍很大，淘刷严重，必须迅即抛投大量料物，堵塞空隙。

堤防决口抢堵是一项十分紧急的任务。事先要做好准备工作，如对口门附近河道地形、地质进行周密勘查分析，测量口门纵横断面及水力要素，组织施工、机械力量，备足材料等；堵口方法要因地制宜；抢堵速度要快，一气呵成；注意保证工程质量和工作人员的人身安全。

学习情境6.3　涵　闸　抢　险

涵闸及穿堤管道往往是防汛中的薄弱环节。由于设计考虑不周、施工质量差、管理运用不善等方面的原因，汛期常出现水闸滑动、闸顶漫溢、涵闸漏水、闸门操作失灵、消能工程冲刷破坏、穿堤管道出险等险情。通常采用的抢险方法包括如下几种。

6.3.1　水闸滑动抢险

水闸滑动失稳的主要原因有：上游挡水位偏高，水平水压力增大；扬压力增大，减少了闸室的有效重量，从而减小了抗滑力；防渗、止水设施破坏或排水失效，导致渗径变短，造成地基土壤渗透破坏，降低地基抗滑力；发生地震等附加荷载。水闸滑动抢险的原则是："减少滑动力、增大抗滑力，以稳固工程基础"。其抢护方法如下：

（1）闸上加载增加抗滑力。即在闸墩、桥面等部位堆放块石、土袋或钢铁块等重物，加载量由稳定核算确定。加载时注意加载量不得超过地基承载力，加载部位应考虑构件加载后的安全和必要的交通通道，险情解除后应及时卸载。

（2）下游堆重阻滑。在水闸可能出现的滑动面下端，堆放土袋、石块等重物。其堆放位置和数量可由抗滑稳定验算确定。堆重阻滑如图6.3.1所示。

（3）蓄水反压减少滑动力。在水闸下游一定范围内，用土袋或土筑成围堤，壅高水位，减小上下游水头差，以抵消部分水平推力，如图6.3.2所示。围堤高度根据壅水需要而定，断面尺寸应稳定、经济。若下游渠道上建有节制闸，且距离又较近时，关闸壅高水位，也能起到同样的作用。

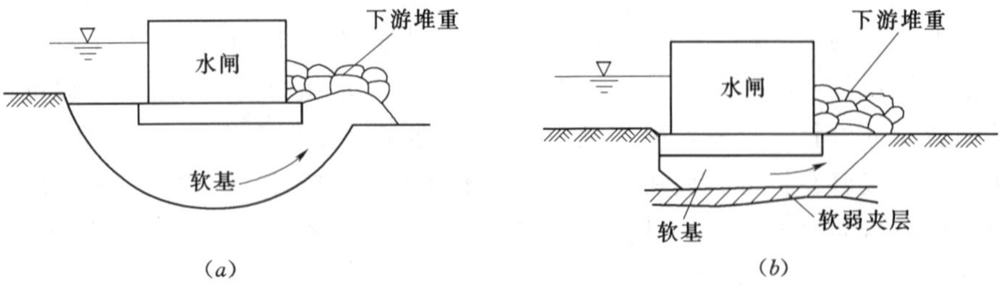

图 6.3.1 下游堆重阻滑示意图
(a) 圆弧滑动；(b) 混合滑动

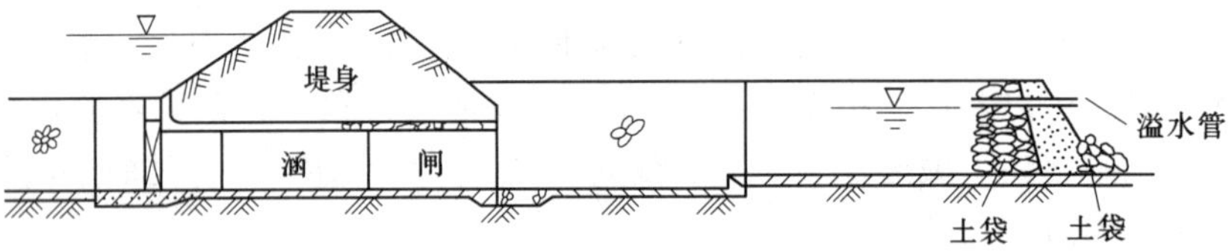

图 6.3.2 下游围堤蓄水反压示意图

6.3.2 闸顶漫溢抢护

涵洞式水闸埋设于堤内，防漫溢措施与堤坝的防漫溢措施基本相同，这里介绍的是开敞式水闸防漫溢抢护措施。

造成水闸漫溢的主要原因是设计挡洪标准偏低或河道淤积，致使洪水位超过闸门或胸墙顶部高程。抢护措施主要是在闸门顶部临时加高。

(1) 无胸墙开敞式水闸漫溢抢护。当闸孔跨度不大时，可焊一个平面钢架，其网格不大于 0.3m×0.3m，用临时吊具或门机将钢架吊入门槽内，放在关闭的闸门顶上，靠在门槽下游侧，然后在钢架前部的闸门顶分层叠放土袋，迎水面用篷布或土工膜挡水，亦可用 2～4cm 厚木板拼紧靠在钢架上，在木板前放一排土袋压紧，以防漂浮，如图 6.3.3 所示。

(2) 有胸墙开敞式水闸漫溢抢护。可以利用闸前的工作桥在胸墙顶部堆放土袋，迎水面要压篷布或土工膜布挡水，如图 6.3.4 所示。上述两种情况下堆放的土袋，应与两侧大堤相衔接，共同抵挡洪水。注意防闸顶漫溢的土袋高度不宜过大。若洪水位超出过多，可考虑抢筑闸前围堰，以确保水闸安全。

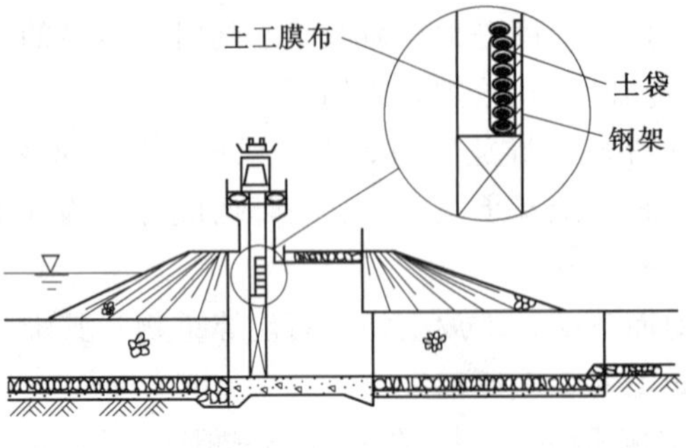

图 6.3.3 无胸墙开敞式水闸漫溢抢护示意图

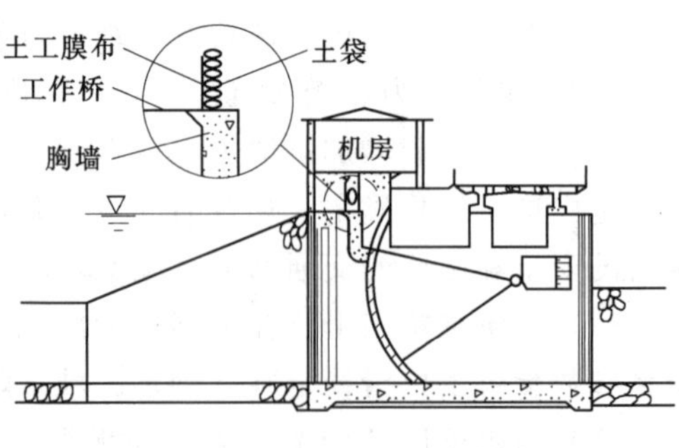

图 6.3.4 有胸墙开敞式水闸漫溢抢护示意图

6.3.3 闸门漏水抢护

如闸门止水橡皮损坏，可在损坏的部位用棉絮等堵塞。如闸门局部损坏漏水，可用木板外包棉絮进行堵塞。当闸门开启后不能关闭，或闸门损坏大量漏水时，应首先考虑利用检修闸门或放置叠梁挡水，若不具备这些条件，常采用以下办法封堵孔口。

(1) 篷布封堵。若孔口尺寸不大，水头较小时，可用篷布封堵。其施工方法是：将一块较新的篷布，用船拖至漏水进口以外，篷布底边下坠块石使其不致漂起，再在顶边系绳索，岸上徐徐收紧绳索，使篷布张开并逐渐移向漏水进口，直至封住孔口。然后把土袋、块石等沿篷布四周逐渐向中心堆放，直至整个孔口全部封堵完毕。切忌先堆放中心部分，而后向四周展开，这样会导致封堵失败。

(2) 临时闸门封堵。当孔口尺寸较大、水头较高时，可按照涵闸孔口尺寸，用长圆木、角钢、混凝土电线杆等杆件加工成框架结构，框架两边可支撑在预备门槽内或闸墩上。然后在框架内竖直插放外裹棉絮的圆木，使其一根紧挨一根，直至全部孔口封堵完毕。如需闭气止水，可在圆木外铺放止水土料。

(3) 封堵涵管进口。对于小型水库，常采用斜拉式放水孔或分级斜卧管放水孔，若闸门板破裂或无法关闭时，可采用网孔不大于20cm×20cm的钢筋网盖住进水孔口，再抛以土袋或其他堵水物料止水。对于竖直面圆形孔，可用钢筋空球封堵。钢筋空球是用钢筋焊一空心圆球，其直径相当于孔口直径的2倍。待空球下沉盖住孔口后，再将麻包、草袋(装土70%)抛下沉堵。如需要闭气止水，再在土袋堆体上抛撒黏土。对于竖直面圆形孔，也可用草袋装砂石料，外包厚20～30cm的棉絮，用铅丝扎成圆球，并用绳索控制下沉，进行封堵。

6.3.4 闸门不能开启的抢护

当闸门启闭螺杆折断，无法开启时，可派潜水人员下水探清闸门卡阻原因及螺杆断裂位置，用钢丝绳系住原闸门吊耳，临时抢开闸门。

采用多种方法仍不能开启闸门或开启不足，而又急需开闸泄洪时，可立即报请主管部门，采用炸门措施，强制泄洪。这种方法只能在万不得已时才采用，同时尽可能只炸开闸门，不损坏闸的主体部位，最大限度地减少损失。

6.3.5 消能工程破坏的抢护

涵闸和溢洪道下游的消能防冲工程，如消力池、消力坎、护坦、海漫等，在汛期过水时被冲刷破坏是常见的现象，可根据具体情况进行抢护。

(1) 断流抢护。条件允许时，应暂时关闭泄水闸孔，若无闸门控制，且水深不大时，可用土袋堵塞断流。然后在冲坏部位用速凝砂浆补砌块石，或用双层麻袋填补缺陷，也可用打短桩填充块石或埽捆防护。若流速较大，冲刷严重时，可先抛一层碎石垫层，再采用柳石枕或铅丝笼等进行临时防护。一般要求石笼（枕）的直径为0.5～1.0m，长度在2m以上，铺放整齐，纵向与水流方向一致，并连成整体。

(2) 筑潜坝缓冲。除对被冲部位进行抛石防护外，还可在护坦（海漫）末端或下游做柳枕潜坝或其他形式的潜坝，以增加水深，缓和冲刷，如图6.3.5所示。

6.3.6 穿堤管道险情抢护

穿堤的各种管道，如虹吸管、泵站出水管、输油管、输气管等，一般多为铸铁管、钢管或钢筋混凝土管。易出现的问题是管接头开裂、管身断裂或管锈蚀穿孔，造成漏水(油)，冲刷并淘空堤身，危及堤坝安全。引起的主要险情有接触面渗流、堤内洞穴、坍塌等，因此要及时抢护。

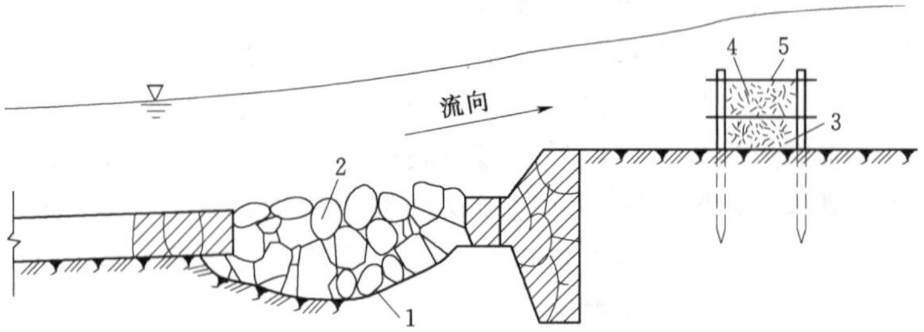

图 6.3.5　柳捆壅水防冲示意图

1—冲刷坑；2—抛石；3—木桩；4—柳捆；5—铁丝

（1）临河堵漏。当漏洞发生在管道进口周围时，可用棉絮等堵塞。在静水或流速很小时，可在漏洞前用土袋抛筑月堤，内用黏土封堵。

（2）压力灌浆截渗。在沿管壁周围集中渗流的范围内，可用压力灌浆方法堵塞管壁四周孔隙或空间，浆液可用水泥黏土浆（水泥掺土重的10%～15%），一般先稀后浓。为加速凝结，提高阻渗效果，浆内可加适量的水玻璃或氯化钙等速凝剂。

（3）洞内补漏。对于内径大于0.7m的管道，最好停水，派人进入管内，用沥青或桐油麻丝、快凝水泥砂浆或环氧砂浆，将管壁上的孔洞和接头裂缝紧密堵塞修补。

（4）反滤导渗。如渗水已在背水堤坡或出水池周围逸出，要迅速抢修砂石反滤层导渗，或筑反滤围井导渗、压渗。

涵闸下游基础渗水处理措施也是修砂石反滤层或围井导渗。

涵闸岸墙与堤坝连接处极易形成漏水通道，危及堤坝安全。它的处理方法也是上述的临河堵塞、灌浆和背河导渗。

学习情境6.4　防 汛 抢 险 案 例

案例一：淮河史灌河堤防崩塌抢险

1. 基本情况

史灌河位于河南省固始县，是淮河南岸的最大支流，也是淮河洪水主要来源之一。史灌河左、右堤防均筑在以细砂为主的地基上，沙土填筑，稳定性差，渗水严重。左岸17km以上，右岸34.5km以上已筑有堤防，按10年一遇防洪标准，顶宽5m，一般堤高5～6m，内外边坡1∶3。史灌河上游处于暴雨中心地带，山洪暴发势猛流急，常出现河岸崩塌及散浸、管涌、流土等重大险情。

1991年汛期，从6月29日至7月10日，流域内连降暴雨、大暴雨，蒋集水文站最大流量达3600m³/s，超过10年一遇流量（3580m³/s）；相应水位达到33.26m，超过10年一遇水位（33.24m）。在持续高水位下，防汛形势非常严峻。左岸里河梢、孟小桥、范台等出现重大崩塌岸（坡）险工4处，右岸柴营、北圩、任台、秦楼、李祠堂、陈台、瓦房营、新台、李小庄、高台、埂湾上下等出现重大崩岸坡险工18处，共8.251km。此外，陈台、李庄户、庙门口分别出现3处长200m、150m、400m的流土群；汪营、栎元、瓦坊、殷庙、学地、杨营、秦前楼、刘营、白台、腰台、孙小台、舟滩及左岸的马元、竹大庄、车台等19处出现散浸，共长8.95km。

2. 出险的原因

史灌河1991年汛期出现重大险情的主要原因如下：

(1) 史灌河为游荡型沙质河床，在强水流和河床的相互作用下，水流紊乱，沿程弯多、滩高、槽深，当岸坡陡到一定程度时，即出现岸坡崩塌。

(2) 史灌河堤防的堤基多以中细沙为主，稳定性差，在高水头的作用下，会出现堤基渗水、管涌、流土等严重险情。

(3) 1986年对史灌河堤防按10年一遇防洪标准进行培修加固，施工时未能按设计标准实施，大部分堤身单薄，部分堤段填土质量仍然很差。

(4) 史灌河左岸堤防17km，被群众占堤居住9km；右岸长34.5km，被居民挤占29.7km。由于居民在内外堤脚乱取沙土，乱栽树，乱设粪坑厕所，致使堤脚内外坑槽满布，严重破坏堤防内外覆盖层，缩短了渗径。

3. 可能造成的危害

史灌河流经固始县腹心地带，两岸耕地面积40余万亩（包括史、灌两河中游及泉河下游），占全县耕地面积的35%左右，一旦史灌河失事，将危及整个固始县的经济发展。

4. 抢险措施及效果

在固始县县委、县政府组织下，动员干部群众，针对不同险情采取不同措施，及时排除险情，保护了堤防安全。在抢护岸（坡）崩塌险情中采取将土袋用麻绳编联成软排体沉入河底的方法，以覆盖崩塌面，遏止岸坡继续崩塌，取得很好效果。如1991年7月4日，抢护柴营堤崩塌险工就是采取这种措施（柴营险段是由于水流顶冲导致崩塌）。抢险措施具体如下：

(1) 根据水深和崩塌面的大小，备足备好木桩、绳索和编织袋，木桩长1.5m，小头直径5cm左右，砍尖备用。捆袋主绳直径2.5～3cm，并保证有足够的抗拉强度，长度根据需要而定。捆袋子绳直径0.5～1cm，长1.8m，也要有足够的强度。

(2) 以乡组织基本抢险队伍骨干，根据需要分若干个抢险小组，每组装袋6人，运袋6人，捆扎拴编袋4人，牵拉松放主绳2人。

(3) 以堤顶作为操作平台，木桩打在操作面内侧，入土深1.2m梢向内倾，一块排体长1.4m，以两袋对口顺连为宜，宽自塌面底到塌面顶以上1m为度。

(4) 捆扎拴编一块排体，主绳上下各2根，下主绳先平摊于操作面上，两绳距0.7m左右，下端拴连土袋，上端用活扣拴在堤顶木桩上，便于松动，使排体下沉。上主绳由2人操作，同下主绳结合拴捆土袋，务求上下袋挤紧捆牢，不留空隙，避免流水淘刷塌面。捆编袋2人面对面操作，先将子绳同下主绳连接平摊，将绳两袋口相对挤紧，拿起捆袋子绳，同上主绳有机结合后，互递子绳相对用力，捆袋至紧，尔后踩扁。依此类推，边排边松动下主绳下放，露出水面1m左右，防止洪水上涨和风浪淘刷岸（坡）顶，一块排体制成护盖后，将上下主绳合并拴在桩上。各排接头处，沉放时也力求贴靠紧密以免散头。详见图6.4.1、图6.4.2。

柴营险工崩塌最严重的一段长56m。该险段滩面以下冲深6m，滩面以上水深4m，洪水位34.0m。组织劳力300人（包括捻绳等辅助劳力）编成15个组，捆编排体40块，用编织袋4200条，装土约130m³，麻绳600余kg，历时6h完成了该险段抢护任务，保证了大堤的安全。

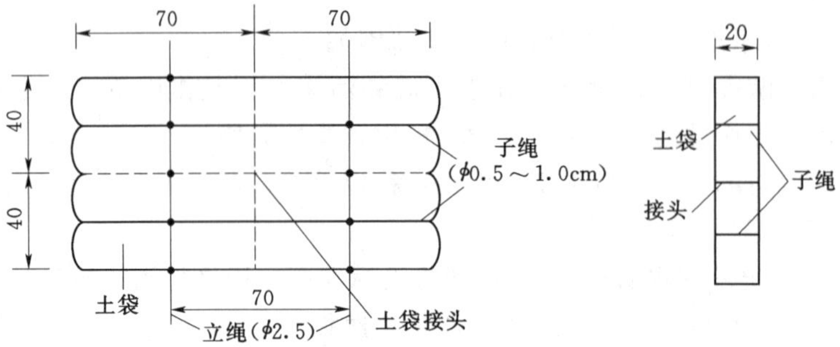

图 6.4.1 编织袋捆扎示意图

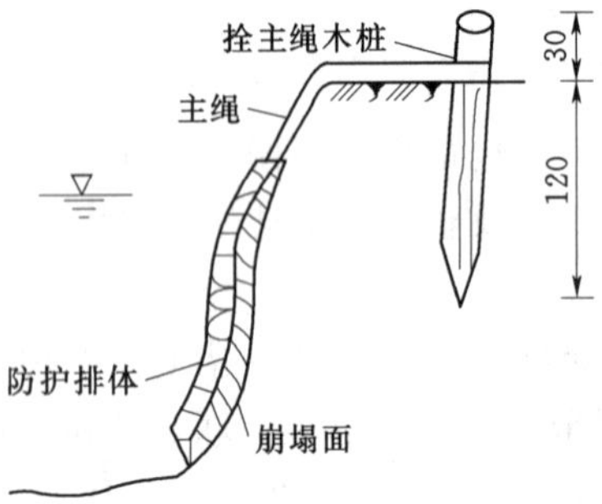

图 6.4.2 排体与木桩锚固

此种抢护的优点是所使用的抢险料物由群众筹集，勿需远运，省时省力；缺点是制作难度大，历时较长。如果当时备有土工布，用土工布制作排体抢护用时肯定要短些。

抢护管涌、流土险情采用以反滤导渗制止涌流带走土砂，遏止险情进一步发展，保证大堤安全。

如李庄户险段，堤顶宽 5m，堤高 6m，边坡 1∶3，临河堤脚下到河槽滩地宽 10～12m，滩面以下槽深 5～6m，滩面以上水深 4.5～5.0m，滩面高程 27～27.5m，堤质为砂性土。7 月 4～8 日，在 200m 险段内，出现了 4 处大的管涌险情，第一处在背水堤脚以外 15m 处，第二处为 18m，第三处为 17m，第四处为 22m。自上游至下游几乎是均匀排列，管涌孔径约 10cm，抢护方法是清除管涌口周围杂物后，在管涌出口处用土袋筑围井，以麦草作反滤料，井壁底厚 1.0m、顶 0.4m、高 1.0m，在距地面 0.6m 高处留排水孔一处，孔径 5cm、井径 1.2m，井内均匀铺麦草，后洪水过后扒开检查，效果尚佳，详见图 6.4.3。

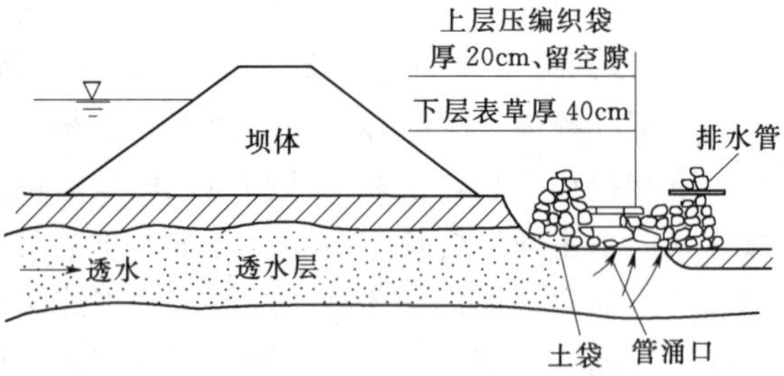

图 6.4.3 麦草反滤围井示意图

庙门口和陈台险段，堤顶宽包括群众庄台在内 8～12m，局部达 15～20m，外加 3～4m 沿堤交通道路，堤高 7m，边坡 1∶3，背河坡脚下地面高程 26.0m，外河主槽靠近堤脚，槽深 4～5m。当 6 月 14～16 日史灌河第一次洪峰出现时，该两段险工处洪水位庙门口为 31.0m，陈台为 30.5m。庙门口出现 3 处管涌，陈台段出现 4 处管涌，涌孔直径 3～5cm，涌水挟带有中细砂和少量的土颗粒。险情发生后，采取就地取材，用土袋筑围井、麦草作反滤料的措施阻止了险情的发展，围井直径 1.0m、高 1.0m，井壁底部厚 1.0m、顶部厚 0.5m，距地面 0.6m 处留排水池一处，孔径 5cm。6 月 29～7 月 12 日，庙门口洪水位高达 32.3m，陈台洪水位高达 31.5m，水情形势更加严峻。7 月 4～12

日，庙门口和陈台两险段管涌等险情一个接一个，有的管涌口直径在10cm以上，陈台一处最大达50cm，用$10m^3$碎石都未压住，情况十分危急，4日晚县防办派8辆大卡车运送了100余$m^3$5号碎石和4万条塑料编织袋，采取分割分围的办法，土袋筑格堤、月堤和导滤戗台、反滤围井等，经近一昼夜的奋战，基本上制止了险情的恶化，但因无粗砂作反滤料，碎石的级配也不合理，多数涌口还有细沙流出，于是又逐处用编织袋、草袋、麦草等覆盖涌口，用碎石压重进行补救，之后日夜监护，发现问题，及时处理，直至7月14日，水势逐渐消退。

此两处抢险包括第一次洪峰在内历时共12d，投入劳力上万人，用碎石100余m^3、编织袋6万余条、麦草1000余kg、土方近$5000m^3$，保住了大堤和圩内数万人民生命财产的安全。

5. 效益

1991年大洪水过后，固始县水利局河道管理段，对可能造成的粮食作物、房屋、家什、牲畜以及林木、道路、集镇等直接经济损失进行测算，避免了18.7万亩耕地、15.1万人受灾，防洪效益达2.325亿元。

6. 经验教训

固始县1991年史灌河抢险取得成功的经验主要如下：

（1）县防汛指挥部根据防汛方针，建立健全县、乡两级防汛指挥机构，制定了切实可行的防汛计划，县防指成员分赴各自责任段检查落实防汛工程和物质准备情况，为抗洪抢险的胜利奠定了组织保证。

（2）县境南部地区户均筹集2条编织袋，交水利仓库保管备用。临淮地区人均筹集1条编织袋，交重点防汛地段保管备用，全县年筹集编织袋70余万条，为抗洪抢险的胜利奠定了物质基础。

（3）临淮地区各乡镇每年组建80～120人的抗洪抢险基本队伍，进行抗洪抢险技术培训和强化水患意识的教育，为抗洪抢险的胜利奠定了人力和技术基础。

（4）党政军民同舟共济，奋力抢险，是抗洪抢险成功的基本保证。

1991年史灌河抗洪抢险虽然取得了胜利，但也存在以下不足：

（1）部分地方没有完全按国家有关法规办事，让沿河群众任意侵占居住，乱挖乱建，造成诸多险情隐患，应认真加以纠正。

（2）防汛投入不足，现代化的防汛用品得不到利用，造成抢险中费时费力，各级政府和防汛主管部门应进一步加强这方面工作。

案例二：长江和县江堤郑蒲管涌抢险

1. 基本情况

安徽省和县长江江堤郑蒲堤段，于1998年8月15日9时许，巡堤群众发现一处龙塘（新川泵站进水池）水面异常，经观察，初步断定是翻沙鼓水。经潜水队下水摸探，查明有5个涌水孔的管涌群，手感有水流。龙塘水深约5m，水位7.5m。其中1号管涌口离大堤脚70m，上口直径0.8，下口直径0.5m，孔深2.5m，且在洞口形成直径1m，厚40cm的沙环；2号管涌离堤脚80m，上口尺寸0.7m×0.3m，呈不规则椭圆形，孔深2.5m，管涌群已形成宽30cm、长2m的水槽。

2. 出险原因及可能造成的危害

经分析出险原因有两方面：①地质因素，该段滩地地表覆盖层薄，堤基下部为极细砂层，抗渗能力差；②汛情因素，由于高水位浸泡达50d，大堤内外水头差达4m左右，堤基细沙在高水头差的作用下不断被水流带走，形成管涌。若抢险不及时，造成长江大堤溃口，将直接淹没郑蒲圩6.2万亩耕地，同时危及和县江堤的保护范围。

3. 抢险措施

15日20时，专家组迅速拿出抢险方案，一是立即用砂石填压管涌口做反滤，并扩大导渗作业面；二是封堵龙塘四周的三闸一桥，加高加固2km长的堤埂至11.5m高，使之形成一个很大的养水盆；三是安装抽水机，从龙塘尾部排水沟向养水盆内充水，减少长江与龙塘水位差，并保持内外水头差在1m左右。

在加高加固内堤、埂的同时，16日凌晨1时，第一台水泵安装完毕并开始充水，由于圩内排水沟水量不足，已安装好的另外5台水泵无法工作。专家组又提出改在长江外侧架机，抽引江水，同时凿开穿堤涵闸，引江水入圩。16日15时，穿堤涵闸被凿开，17日凌晨4时，18台机组全部开机抽水。

同时，砂石导滤也在紧张进行。由于管涌流速太大，经潜水员摸探，先抛的砂石被水冲走。后改由先抛块石，再依次抛砂石、石子、块石，使管涌处水流得到明显控制。

到8月18日12时，龙塘水位达到10m（抬高2.5m），关闭了抽水机，封堵了穿堤涵闸，郑蒲管涌群险情基本得到控制。以后每天派潜水员摸探，随时掌握险情变化。数天后，砂石略有下陷，又补抛了块石和石子。

4. 经验教训及抢险消耗

郑蒲管涌群抢险成功的经验是：①领导得力；②充分尊重专家意见，论证后立即付诸实施；③抢险队伍调集及时；④防汛材料充足。但由于当地缺少粗砂，使导渗级配不合理，效果不太好。据初步统计，本次抢险出动民工5000多人，解放军指战员武警官兵1120人，加高加固龙塘堤埂土方6000多m^3，使用编织袋3.3万条，草包1.7万条，砂石料250t。

案例三：长江同马江堤永天圩桂营段散浸、滑坡抢险

1. 基本情况

永天圩全长13.5km，位于安徽省宿松县，对岸为鄱阳湖出口。堤内有3个村，圩内耕地面积1600亩，人口12000人，是宿松县高产棉区。桂营段位于永天圩上游，长2100m，堤顶高程在21.40～22.50m，堤顶宽10～15m，并都建有房屋。内外坡比1∶1.5～1∶1.2，堤高6.5m左右，背水坡无平台，堤内外距堤8～15m均是取土方塘，塘宽在40m左右，塘底高程13.00m。塘底砂层外露，抗洪能力极差。1998年6月24日，长江水位达21.24m后，该圩堤散浸、滑坡、翻沙、涌水、漫溢等险象环生，经过军民80多个日日夜夜的奋力抢险，严防死守，创造了永天圩解放以来在汇口水位21.60m以上未溃破的奇迹，确保了永天圩内人民群众的生命财产安全。

2. 出险原因及抢险措施

该圩堤属于民圩，堤身土质为黏土和砂壤土，为圩内群众分段逐年加高培厚形成，圩内群众居住房屋大都建在堤顶，所以，在圩堤加高培厚和群众住房拆建过程中，清基和夯实都存在一些问题，特别是群众在拆老房建新房过程中，老房基未完全清除，回填又没有

注意夯实，新建房屋太靠近迎水坡建造，给圩堤防洪留下隐患。

出险原因及抢险措施如下：

(1) 堤后散浸。由于水位高，持续时间长，堤身质量差，致使该段圩堤普遍散浸严重。采取的工程措施是：间隔8～15m，开挖断面为40cm×50cm的导滤沟导渗。

(2) 堤身湿软。筑堤土质为砂壤土，堤顶高差6.5m，有430m长堤身特别湿软，难以承受汛期高水头水压力。汛期采取的工程措施是：堤身加筑土撑，土撑面宽5m，沟距8m，边坡用草袋装土砌筑。

(3) 水位漫顶。该圩堤堤顶高程在21.40～22.50m之间，低于22.0m的堤段长1900m。6月29日，长江汇口水位达到21.38m时，全段开始加筑子堤，子堤最后标准达到：顶部高程23.00m，面宽1.0m，内外边坡1∶1，均用草袋和塑料袋装土砌筑。

(4) 堤内滑坡。

1) 出险过程及原因分析。7月27日，长江汇口水位22.09m时，部分子堤挡水深达0.5～1.5m，堤身塌方非常严重。截至7月29日，共计塌方长1732m，有19户居民房屋倒塌，特别是离同马大堤150m处有30m长塌方最为严重，堤顶宽只剩下6m，该处堤防标准最低，如果从此处溃堤、决口，将会直接延伸到同马大堤，直接威胁到同马大堤安全。险情先是在距背水堤肩线1m左右发生裂缝，随后裂缝宽度逐渐加大，且土条开始下蛰，最后发展到从堤顶到堤脚整体滑塌，内坡坡面渗透出水点明显抬高，开挖导渗沟根本不能控制险情发展。究其原因主要有四个方面：①堤身单薄，堤坡太陡，又无平台撑砌；②水塘离堤脚太近，堤脚不稳固；③水位上涨太快，子堤挡水后，由于堤顶屋基深达1.5～2m，均系干砌石砌筑，形成渗水通道；④由于堤防逐年加高加宽，清基不彻底（或根本没有清基），也没有开挖结合槽，施工质量差，特别是上堤土质砂性重，透水性强，抬高了浸润线，增加了内坡渗透压力。

2) 抢险措施。根据险情产生的原因，采取了上截下导的抢险措施，即在迎水面开挖截水槽，用黏土分层填筑夯实，截断水源；堤身土方下滑后，在滑坡体上开挖导渗沟，导渗沟内用砂石料回填。堤坡用草袋装石子做透水支撑，透水支撑面宽1.5m，间距3m，高度一直砌至浸润线上0.5m，浸润线上削坡减载，由于堤顶墙基底距外水面有2～2.5m高，因此必须有一定的人力和物资做保证。先备足土料，开挖槽基和填筑要做到速战速决。经过300余名解放军24小时连续作战，滑坡基本上得到了控制，如图6.4.4所示。

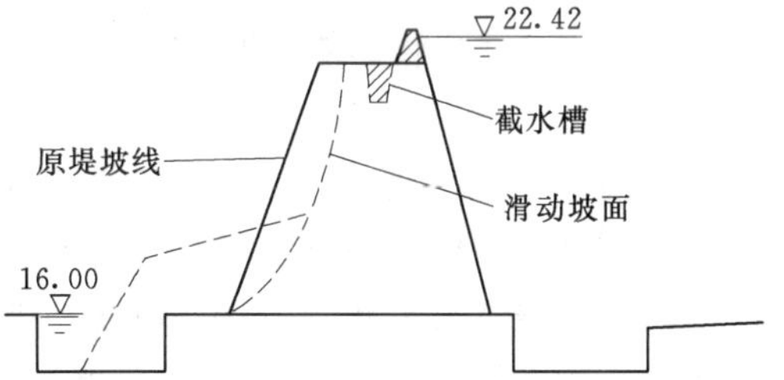

图6.4.4　截水槽剖面示意图（单位：m）

(5) 堤基翻沙冒水。

1) 出险经过及成因分析。7月1日，长江汇口水位21.53m，桂营小学附近离堤脚15m处水塘内发生重大管涌险情，水面连续翻水花，直径达2m。该处曾于1996年汛期汇口水位21.00m时就发生了管涌破坏，当时采用了砂石料压渗，由于水位低，持续时间短，险情没有继续发展。本次险情发生后，立即派识水性者探测，发现管涌口径有1.5m左右，原压砂石料已下沉1m多，有许多细黑砂堆积。该塘系群众取土筑堤所筑，挖穿了壤土覆盖层，砂层外露；塘内仅覆盖一层松散腐殖滤积物，根据水力计算和模拟实验可知：沙土容许水力梯度一般在3%～5%，而此时该塘底砂层承受的水力梯度在7%，若不及时控制，险情将继续发展，很快造成决堤危险。

2）抢险措施。由于塘内水深2～3m，又基本上无覆盖层，围井很难按要求形成，为防止管涌转移，采取抬高塘内水位和扩大滤渗范围的抢护措施，滤渗直径5m，管涌中心先用石子铺平洞口，共投放粗砂20t，瓜片30t，石子40t，险情基本上得到了控制。截至8月8日，照此方法，共处理了11处管涌破坏险情。

3. 减灾效益

永天圩抢险成功，减少淹没耕地1.6万余亩，减少房屋冲毁200余间，减少沙化耕地面积500余亩，减少人员转移安置1.2万多人，减轻了同马大堤的防汛负担，为国家和人民挽回经济损失3000多万元。

4. 经验和教训

（1）经验。①巡堤查险采取专职队伍与群众联防相结合，使险情能及时发现。②群众抢险队伍与中国人民解放军防汛部队相结合。人民解放军是防汛抢险的重要力量，他们纪律严明，作风过硬，能打硬仗，在永天圩最危急的时候，解放军起到了决定性的作用。③人员转移与全力抢险相结合，为防万一，当水位上涨到一定高程时，老弱病及低洼处的群众必须转移到安全地带，以解除投身于防洪抢险人员的后顾之忧。④工程人员熟悉堤身、堤基状况，根据实际情况提出抢险措施是夺取抗洪胜利的重要因素。⑤做好后勤保障，防汛抢险器材要能及时到位。

（2）教训。①加强堤防日常管理。要成立专职管理机构，统一管理，禁止在堤脚取土，对建房要实施统一规划、管理、施工，圩堤顶建房要向同马大堤内搬迁。堤顶建房不但增加了险情，而且给防汛抢险造成困难。②堤防建设要保证质量。③加强除险加固工程建设。堤脚水塘必须回填，堤内外坡不得大于1∶3，堤内坡要做平台，堤顶要加高，以提高整个堤防的抗洪能力。④被保护区内村庄要储备一定数量的防汛抢险器材，间隔500～800m要修筑一条上堤碎石路面。

案例四：安徽石台张田水库大坝跌窝抢险

1. 水库概况

张田水库位于安徽省石台县丁香镇，属长江流域升金湖水系，集水面积7.4km^2，总库容454万m^3，属小（1）型水库。设计洪水标准50年一遇，设计洪水位148.62m，校核洪水标准500年一遇，校核洪水位151.61m，兴利水位145.70m，死水位128.0m。溢洪道位于右坝头山体，为宽顶堰，顶高程145.70m，宽16.00m。

坝内有一灌溉放水涵，为砌石箱涵，进口底高程128.00m，断面0.6m×0.4m。保护人口1.0万人，灌溉面积0.45万亩，水库下游3.5km为丁香镇。

该库始建于1965年9月，原规划设计是小（2）型，总库容90万m^3。大坝为黏土心墙坝，最大坝高15m，心墙底宽6m，顶宽4m；因灌溉用水增加，原设计规模不能满足要求，1970年冬，石台县决定将水库扩建为小（1）型水库。现有水库最大坝高30.00m，坝顶宽度6m，底宽145.2m，心墙在原有心墙的基础上随坝加高，现有心墙底宽6m，顶宽2m。

2. 抢险过程与措施

1998年5月15日上午11时，库水位145.7m，水库管理人员发现坝脚涵洞左侧壁向左 10m 的老河槽段渗水量明显变大，水色浑浊。当地主管部门技术人员到现场后，在渗水地带采取砂石反滤方式处理，无效果。5 月 18 日 22 时左右，伴随一声巨响，水库大坝涵洞上方偏左的迎水坡面发生跌窝，直径约 1m，跌窝发展很快，并伴随泥土坍塌声。22 时 40 分，面积扩大到 5.5m×5.6m，最终面积为 7.0m×6.0m，跌窝下口高程 146.0m，上口高程 148.5m。18 日 23 时开始向跌窝内抛袋装土，19 日 3 时，将袋装土抛填至高出坡面 0.5m；20 日，一天跌窝填土袋下沉 6 次，21～24 日又下沉 9 次，共 15 次。每次下沉皆及时用袋装土抛填高出坡面 0.5m。据统计，跌窝内共抛土料 3069 袋，约 125m^3。5 月 21 日 16 时，坝脚渗流量明显变小，水色变清。

3. 跌窝形成原因分析

从突发性跌窝分析，在跌窝发生前，坝内已存在一个容积约 125m^3 的空腔。

（1）空腔位置的判断。腔体的平面位置应与跌窝的位置一致。据反映，跌窝发生后，当时现场曾用竹竿探测其深度，但未能探到底。现场记录反映，在跌窝土体坍塌时，从坝下涵洞内传出巨大轰鸣声；只有坍塌土体在涵洞附近，其震动声才能从涵洞内十分清晰地传出，由此推断，腔体的位置应在涵洞洞身附近。

（2）跌窝形成原因分析。

1）心墙填筑质量差，心墙与坝基特别是与砌石涵洞洞边结合有问题，是漏水通道形成的主要原因。据技术人员回忆，心墙填筑质量较差，无质量监督和检测，心墙下游砂壳实际上是坡积土和开挖溢洪道之石渣堆积而成，心墙与砂壳之间无反滤过渡层。汛后钻孔表明心墙底普遍存在一层强透水层，最大厚 1m，说明心墙底没有清基。心墙较薄，底宽仅 6m。由于心墙质量差，无反滤过渡层，且厚度较薄，渗透比过大，从而有发生渗透变形破坏的可能。

2）圬工涵洞的存在及其不合理的运用应是漏水通道形成的直接原因。跌窝的位置说明漏水通道就在涵洞附近，放水涵洞设置在坝内，设计为 0.6m×0.4m 浆砌石方涵，全长 170m，其中 53m 的质量和运用后的情况均无资料，据反映，在 1980 年以前，坝后曾建有水电站，利用此涵引水。

圬工涵洞，防渗能力本身就不强，另外当时对质量把关不严，很易有薄弱部位，加上较长时期内，涵洞又为发电而有压运用过，这些薄弱部位在高压水头作用下会遭到破坏，造成有压水直接流向洞外，大幅度增加涵洞周围土体的渗压水头和漏水量。与涵洞接触的心墙，因填筑不够密实，与坝壳间无反滤过渡层，在高水头的直接作用下，极易发生渗透变形，从而形成漏水通道；与涵洞接触的下游砂壳，在有压水头的作用下，细颗粒被冲走，在涵洞周边形成一个无细颗粒土的空架结构。

3）长期渗漏，使得心墙前的砂壳土不断经漏水通道流失，从而形成空腔，长期以来，心墙前的砂壳土不断从通道中流失，一部分流失到水库下游，很大一部分则因流速减缓而淤积在心墙下游侧的土石混合体内。由于土拱作用，使得通道近处砂壳土逐渐淘空而不坍塌，由此逐步形成空腔，随着腔体越来越大，土拱作用失效，因而造成了大坝突发性的跌窝险情。

4. 采取的临时度汛措施

（1）度汛水位的确定。大坝已出现重大险情，如按原规定条件运用，则无安全保证，即如果水库遭遇 50 年一遇洪水，库水位达 148.62m 的设计水位，水库安全很难保证。由于水库无放空设施，无法空库运行，因此，必须确定一个相对安全的临时度汛水位。

水库历史最高水位146.4m；大坝发生跌窝时库水位是145.7m，跌窝抢险完成时坝顶亦未发生明显的沉陷。因此，将145.7m作为1998年临时度汛水位，汛后要立即对水库除险加固。

(2) 临时度汛措施的确定。坝内涵洞是条石方涵，按规定是无压放水，流量仅为0.3m^3/s左右，因而涵洞是不能作为临时泄洪手段的。

溢洪道堰顶高程145.7m，无法控制度汛水位145.7m，经分析，在溢洪道上开挖断面宽8m、深5m的明渠，用做临时溢洪道。水库在遭遇50年一遇设计洪水时，最高库水位不超过145.7m。

(3) 加强观测与防守。第一，要注意跌窝的沉陷，一旦有沉陷，要及时填土，保持跌窝填土高于迎水坡面0.5m；第二，继续对渗流量和渗水浑浊度进行观测；第三，监测大坝沉陷和涵洞漏水情况；第四，配备一定的人力常驻大坝，以保证险情能及时发现和处理。

5. 几点启示

(1) 要加强小型水库的工程技术管理和安全鉴定工作。张田水库工程技术资料十分缺乏，无地质资料、施工图、竣工图、竣工总结；大坝运行后，亦无监测资料。险情发生后，很难对大坝安全作出准确的判断，给大坝抢险和临时度汛方案的决策带来很大困难。因此，要加强小型水库的工程技术管理，对重要的小(1)型水库应逐一建立工程技术档案；对于未进行规划设计的，通过行政手段将小(2)型水库加高培厚，使之成为小(1)型的水库，要重点进行安全鉴定。

(2) 应加快水库除险加固进度，切实做到防重于抢。该库渗漏问题长期存在，由于处理经费筹集困难等原因，工程隐患未能及早处理，以至酿成突发性重大险情。如果早着手处理存在的问题，不会造成张田水库出险的被动局面。

案例五：长江安徽广丰圩杨墩站涵洞抢险

1. 基本情况

杨墩站涵洞位于安徽省东至县广丰圩江堤，建于1959年。原穿堤涵洞1孔(1.8m×2.6m)长47.0m，底高程10.0m，细砂地基，为浆砌石拱结构。1995年改建为2孔(3m×3.5m)钢筋混凝土涵洞，洞身长65m，底高程9.0m。1995年9月18日动工，1996年5月28日穿堤涵建成，大堤回填，新泵房基本完成。

2. 出险情况

1996年8月14日凌晨，杨墩站新站汇流水箱处向上冒沙冒水，冒水孔直径约5cm，且逐渐增大；6时30分，江堤、启闭机、涵箱、机房开始下沉，当时外江水位16.84m，站前水位11.7m，水头差5.14m；7时，江堤连同涵箱整体塌陷1.0m，堤身多处裂缝，启闭机房明显倾斜；12时，堤顶下陷3.5～4.0m，沉陷段堤防上口宽30m，下口宽8m，裂缝影响范围65m。启闭机台、机房、竖井等严重倾斜，压力涵箱接头止水拉断。由于两孔闸有一孔开启高达2.7m，江水呈漩涡，裹着泥沙，向堤内倒灌，堤内出现3个较大的水柱，水柱出水高度达1m左右，总流量约60m^3/s，形势十分危急。出险位置如图6.4.5所示。

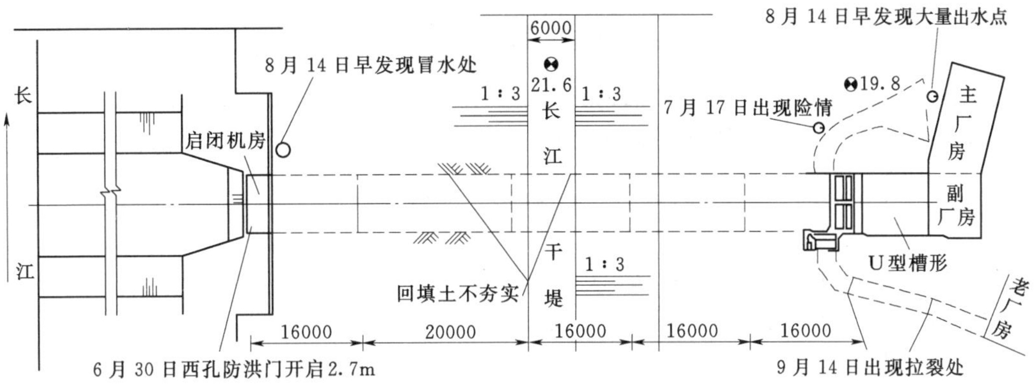

图 6.4.5 杨墩站出险示意图

3. 抢险措施

险情发生后，安徽省防汛指挥部会同市、县防汛部门立即研究制定抢险方案。根据该站周围的地形特点，决定在堤内引水渠内建新坝，做成长170m、宽40m左右的养水盆。8月14日23时，二道坝第一次堵口开始合龙，当缺口已堵至4m左右宽时，由于上游水位抬高后，流速加大，打下的桩断裂，堵口失败。失败的主要原因是：准备仓促，备料不足，抢险物料较轻，且堵坝的断面过小，依靠桩支撑，难以奏效。在此期间，为堵住漏洞，先后在堤外沉下了一条20t的船只、580包大米和用油布包着的上百吨的水泥及三条集装箱等，均未见成效。

第一次合龙失败后，抢险指挥部又重新布置，确定仍以二道坝堵口为重点，采取在大堤塌陷处加高加固、堤外打月堤等措施。

有关人员立即着手第二次堵口的准备工作。用了半天时间在二道坝缺口处打下了15根弧形桩、3层梅花桩，每根桩都用钢丝绳固定到对岸的大树上。与此同时，积极筹措抢险材料，派港监船拦截江面上船只运载石料、黄砂，省防指从安庆调运了大量的麻袋、块石、石子等抢险器材。还要求附近的工厂赶制200个1m见方的钢筋笼，以便合龙时使用。

第二次合龙是从15日11时30分开始，经过3h的艰苦奋战缺口被封住，此时二道坝上游水位猛涨，上下游水位差达3m多，梅花木桩发出"咯咯"脆响，仅10余min，二道坝再次被冲垮，缺口重新撕开10m多。

第三次合龙吸取了前两次失败的教训，成立了抢险专家组，专家组研究认为合龙成败的关键是抢险材料充分、开辟抢险道路、加快施工速度，并对堵坝的断面标准、坝体材料、施工程序及材料数量等作了详细规定。至8月18日晚22时，准备工作基本就绪。

第三次堵口开始，抢险指挥部在东、西坝各组成了由部队和武警战士组成的抢险突击队，为尽快形成合龙物料的支撑骨架，先抛下500多块预制板，然后推下去钢筋笼40个，效果明显。为配合下游合龙，上游闸门被关下1.70m。19日10时，二道堤合龙成功。随后立即进行闭气工程。

闭气工程程序为：先抛3m宽袋装碎石，后抛7m宽袋装土，最后抛10m宽散装土。8月27日闭气工程全部完成，抢险成功，保住了长江大堤。

学生工作任务书

<table>
<tr><td>课程名称</td><td colspan="3">水工建筑物监测与维护</td><td>项目六</td><td colspan="3">堤坝防汛抢险</td></tr>
<tr><td>班级</td><td></td><td>姓名</td><td></td><td>日期</td><td></td><td>学时</td><td></td></tr>
<tr><td>工作内容与目标</td><td colspan="7">①防汛抢险基本知识；
②堤坝各种险情的鉴别及抢护</td></tr>
<tr><td>工作步骤</td><td colspan="7">①老师布置任务；
②学生收集资料、学习资料；
③学生到水工管理仿真实训场进行各项实操训练；
④老师评价、总结；
⑤学生总结、自评、互评</td></tr>
<tr><td>提交成果</td><td colspan="7">①强化训练；
②实操成果；
③总结报告</td></tr>
<tr><td>考核要点（知识、技能、态度）</td><td colspan="7">①防汛指挥系统的组成；
②各级防汛机构的职责；
③堤坝漫溢、漏洞、管涌、风浪等险情的抢护措施；
④自主学习能力和分析能力，善于总结经验和创新；
⑤具有工作责任感和团结协作精神</td></tr>
<tr><td>考核方式</td><td colspan="7">①知识考核采用笔试、现场提问；
②技能考核依据实际操作情况和分析报告</td></tr>
<tr><td rowspan="3">工作评价</td><td colspan="5">教师评价：</td><td colspan="2">签名：</td></tr>
<tr><td colspan="5">自评：</td><td colspan="2">签名：</td></tr>
<tr><td colspan="5">小组内同学互评：</td><td colspan="2">签名：</td></tr>
</table>

强 化 训 练

一、填空题

1. 国家防汛抗旱总指挥部总指挥由________担任，现任是________，国家防指的办事机构是________，设在________。

2. 汛期堤坝常见的险情有________、________、________、________、________等。

3. 崩塌的抢护原则是________________。

4. 堤坝堵口的抢护原则是________________，一般堵口工程由________、________、________3部分组成。

5. 汛期涵闸常见的险情包括________、________、________、________、________、________等。

二、名词解释

1. 漏洞

2. 管涌

3. 立堵

三、简答题

1. 简述我国防汛系统的组成和各级防汛机构的职责。

2. 巡堤查险的任务是什么？

3．“五时”、“五到”、“三清”、“三快”指的是什么？

4．堤坝漫顶的原因和抢护措施是什么？

5．根据险情现象填写险情名称

（1）在汛期高水位情况下，下游坡及附近地面，土壤潮湿或有水流渗出。（　　）

（2）在堤坝背水坡附近，或堤脚以外的洼坑、水沟、稻田中出现孔眼冒沙翻水的现象。（　　）

（3）背河堤坡或堤脚附近有流水洞，流出浑水，或先流清水，逐渐由清变浑。（　　）

（4）堤坝、堤坡发生裂缝，随着土体下挫滑塌，裂缝发展。（　　）

任意选择其中一种险情，写出此险情抢护原则、抢护方法（至少写出两种方法的名称），具体介绍其中一种方法的施工工艺。

6．请说出汛期水闸滑动抢护的原则和具体措施。

参　考　文　献

[1] 黄国新，陈政新．水工混凝土建筑物修补技术及应用．北京：中国水利水电出版社，2000.

[2] 吴中如，顾冲时．碾压混凝土坝安全监测理论及其应用［M］．北京：科学出版社，2001.

[3] 吴中如．高新测控技术在水利水电工程中的应用［J］．水利水运工程学报，2001，3（1）.

[4] 赵志仁，赵永，贾文利，等。关于堤坝安全监测技术的研讨［J］．大坝与安全，2004（1）.

[5] 邢林生，谭秀娟．我国水电站大坝安全状况及修补处理综述［M］．大坝与安全，2001（5）.

[6] 蒋元驹，韩素芳．混凝土工程病害与修补加固［M］．北京：海洋出版社，1996.

[7] 邓进标，邹志晖，韩伯鲤．水工混凝土建筑物裂缝分析及其处理［M］．武汉：武汉水利电力大学出版社，1998.

[8] 水利部水利管理司．SL 60—94 土石坝安全监测技术规范［S］．北京：中国水利水电出版社，1995.

[9] 水利部丹江口水利枢纽管理局．SL 230—98 混凝土坝养护修理规程［S］．北京：中国水利水电出版社，1999.

[10] 湖北省水利厅．SL 210—98 土石坝养护修理规程［S］．北京：中国水利水电出版社，1998.

[11] 梅孝威．水利工程管理［M］．北京：中国水利水电出版社，2005.

[12] 王运辉．防汛抢险技术［M］．武汉：武汉水利电力大学出版社，1999.

